物联网及其数据处理

张　可　编著
贾宇明　主审

国防工業出版社
·北京·

内容简介

本书紧密围绕物联网工程中的数据处理问题并以其为重点进行讲解。全书从物联网概念,到物联网相关架构、关键技术与应用,紧密结合物联网系统中的智能数据处理应用,对物联网系统数据处理的算法、架构以及数据处理的多个关键技术进行深入讲解,包括物联网图像数据处理、数据融合、数据库技术及大数据处理算法等多个方面。最后结合多个物联网应用领域与案例,对物联网及其数据处理的实际应用展开较为深入的描述。

本书适合从事物联网及智能数据处理领域的所有研究人员、开发人员、用户和教师参考阅读,也可以用作高年级本科生或者一年级研究生的物联网及其数据处理相关导论教材。

图书在版编目(CIP)数据

物联网及其数据处理 / 张可编著. —北京: 国防工业出版社, 2018.7

ISBN 978-7-118-11582-6

Ⅰ. ①物… Ⅱ. ①张… Ⅲ. ①互联网络-应用②智能技术-应用③数据处理 Ⅳ. ①TP393.4②TP18③TP274

中国版本图书馆 CIP 数据核字(2018)第 141966 号

※

国防工业出版社出版发行

(北京市海淀区紫竹院南路 23 号　邮政编码 100048)

三河市德鑫印刷有限公司印刷

新华书店经售

*

开本 787×1092　1/16　印张 13　字数 292 千字

2018 年 7 月第 1 版第 1 次印刷　印数 1—3000 册　定价 65.00 元

国防书店:(010)88540777　　发行邮购:(010)88540776

发行传真:(010)88540755　　发行业务:(010)88540717

序

物联网被称为继计算机、互联网之后世界信息产业的第三次浪潮。物联网一方面可以提高行业经济效益，大大节约社会信息成本；另一方面可以为全球经济复苏提供技术动力。目前，美国、欧盟、日本等发达国家和地区都在投巨资深入研究和探索物联网，我国也高度关注、重视物联网的研究及其行业应用。物联网产业已经成为我国经济发展新的增长点，并将推动我国信息化建设在更高层面、更广领域向纵深发展。

而大数据技术是信息通信技术发展积累至今，按照自身技术发展逻辑，从提高生产效率向更高级智能阶段的自然生长。无处不在的物联网信息感知和采集终端为我们采集了海量的数据，而以云计算为代表的计算技术的不断进步，为我们提供了强大的计算能力，这就构建起了一个与物质世界相平行的数字世界。

在这个数字世界里，物联网毫无疑问是庞大的，其涉及的信息数量更是极其庞大，只有数据的收集能力远远不够，必须具备高级的数据分析处理能力。所以，在传感器收集信息之后，应由云计算、大数据、深度学习等各种智能技术分析、加工和处理出有意义的数据信息，以适应不同用户的不同需求，甚至再传输给其他物体，对物体实施智能控制。物联网的工作系统比互联网、移动互联网更复杂，物联网抵达的物体多样化，涉及的数据更加多样、复杂。因此，物联网涉及的数据处理技术尤为重要。

本书是有一定特色的，区别于传统的物联网、无线传感网等相关书籍，紧密围绕物联网工程中的数据处理并以其为重点进行讲解。从物联网的基础架构与前沿技术，到物联网涉及的信息传输技术，再到物联网后端的海量数据，特别是重点对于物联网数据处理技术的讲解，包括其中的数据存储、数据挖掘、并行计算、大数据处理分析等技术。

本书将从数据处理角度对物联网工程的专业学习给予更为充分的支持，便于打造全方位的物联网工程高级专业人才。毫无疑问，本书的出版在当今物联网、大数据与云计算的时代具有积极的意义。

刘鹏 教授

中国信息协会大数据分会副会长

中国最畅销的《云计算》书籍作者

2017 年 1 月 14 日

前 言

自古以来,人们是依靠感觉器官从外界获取信息,然后再经过大脑进行分析处理。然而人们自身的感觉器官与大脑的功能是有限的,人们需要改造的对象却越来越宏大、抽象,我们还需要开拓智慧城市、航空航天、智慧地球、人工智能等各种对象,而这些只依靠人的感官与思考能力是远远不够的。

物联网之所以可以牵动各行各业的神经,就是人们正尽力把"传感器"嵌入到机器、家居、交通、医疗等各种设备中,甚至包括宇宙开发、海洋探测今后都将遍布它的影子,从茫茫的太空,到浩瀚的海洋,人类触及的每一个角落都会安装传感器。

由于部署了海量的传感器,每个传感器都是一个信息源,相当于一个触觉,不同类别的传感器所捕获的信息内容和信息格式不同,传感器获得的数据具有实时性,可以按一定的频率周期性采集环境信息,不断更新数据,通过联网把这些大数据管理起来,再通过能力超级强大的中心计算机群,如云计算及大数据技术,对其中的人、机器、设备进行实时管理。这就实现人类与物理系统的整合,因此人类的生产方式和生活可以更加精细、准确和动态,达到万物合一的智能状态。

万物互联是物联网的核心,然而物联网的信息数量是极其庞大的,只有收集能力远远不够,必须具备高级的数据分析处理能力。所以,在传感器收集信息之后,再由云计算、模式识别等各种智能技术分析、加工和处理出有意义的数据,以适应不同用户的不同需求,再传输给其他物体,对物体实施智能控制。应该说,物联网的工作系统比互联网、移动互联网更复杂。因为物联网抵达的物体多样化,而且虚实结合,数据与物体互动,时而有形、时而无形。因此,物联网涉及的数据处理技术显得尤为重要。

本书区别于传统的物联网、无线传感网等相关书籍,将紧密围绕物联网工程中的数据处理并以其为重点进行讲解。全书共分9章,将从物联网概述,到物联网相关架构、关键技术与应用,紧密结合物联网系统中的智能数据处理应用,对物联网系统数据处理的算法、架构以及数据处理的多个关键技术进行深入讲解,包括物联网图像数据处理、数据融合、数据库技术及大数据处理算法等多个方面。最后将结合多个物联网应用领域与案例,对物联网及其数据处理的实际应用展开深入的描述。

我们知道,物联网及其数据处理技术正处于迅速发展的高峰阶段,由于篇幅的限制,本书不可能对这些发展做出面面俱到的介绍。同时由于作者水平有限,深感才疏学浅,对于本书中出现的错误与问题,请各位读者批评指正。

本书在编写出版的过程中,得到了电子科技大学通信与信息工程学院副院长贾宇明教授的全力帮助与热心指导,并担任了本书的主审工作。贾宇明教授从本书的策划、大纲的拟定,到每一章节的撰写与修订,均全程参与了本书的编著工作并付出了巨大的努力,在此再一次向贾宇明教授表示衷心的感谢。本书得到了国内著名云计算及大数据专家刘鹏教授的热心帮助与指导，同时感谢刘鹏教授为本书的精彩作序。得到了电子科技大学段昶博士后、电子科技大学蒋定德教授、郑植副研究员，唐东明博士、周伟博士以及英国牛津大学访问学者肖坤冰副研究员等专家的关心和帮助，电子科技大学硕士研究生王世晖、李慧玲、王鹏、许达、白晓勇、张杰等同学参加了本书的部分资料收集与编写工作，还有参与文字校订的研究生同学唐文佚、赵子天、程肯等，作者在此一并向他们表示衷心的感谢。本书还要感谢广东省东莞市以及松山湖高新区相关部门的各位领导与工作人员的热心帮助，也要感谢东莞市慧眼数字技术有限公司谢文总经理以及电子科技大学广东电子信息工程研究院对本书的大力支持。对于企业界的其他多位朋友在本书编写过程中的不断鼓励与支持，也在此深表感谢，与你们多次的交流与深入探讨，让作者从更多的维度去了解了物联网及其数据处理的内涵。

书中引用了国内外一些作者的论著及其研究成果，同时引用了一些互联网上检索的公开材料，我们在此向作者们表示深深的谢意，由于疏漏及篇幅等原因，未能在参考文献一一列出的，在此也向他们表示深深的歉意与感谢。作者同样要感谢电子科技大学的领导、同仁和国防工业出版社的领导与主管编辑老师，正是他们的大力支持才保证了本书的按期出版。

张可

2017 年 5 月

于电子科技大学清水河畔

目 录

第1章　物联网概述

1.1　万物互联

世界上存在多种生态系统，如整个大自然是一种生态系统，人类社会是一种生态系统，工业体系是一种生态系统，信息产业也是一种生态系统，且每种生态系统都有自己的循环结构。这些生态系统生生不息，不断自我完善，并且趋向平衡，系统与系统之间可能有一定的相互交集，也可能相对比较独立。

随着物联网的蓬勃发展，这些系统将打破原来的界限，走向共融，共同组建一个更包容的"大生态系统"，也就是万物互联。以目前常常被提及的"工业4.0"研究为例，渗透人类社会生活的物联网是"工业4.0"非常重要的组成部分，因此，"工业4.0"不仅是一场工业革命，更是一场社会革命。

在未来，人、花草、机器、手机、交通工具、家居用品等，几乎世界上所有东西都会超越空间和时间的限制被"连接"在一起。国际电信联盟早在2005年的报告中，曾描绘"物联网"时代的图景：当司机出现操作失误时，汽车会自动报警；公文包会提醒主人忘带了什么东西；衣服会"告诉"洗衣机对颜色和水温的要求；当装载超重时，汽车会自动告诉你超载了多少，同时它还会告诉你汽车空间还有多少剩余，轻重货怎样搭配；当快递人员卸货时，一只货物包装可能会大叫"请您轻拿轻放"或"请您不要太暴力，可以吗？"；当司机在和别人闲聊而耽误工作时，货车会模仿老板的声音怒吼"你这个家伙，该发车了！"

当时各项产业还相对初级，这些描述显得神乎其神，但现在看来，这些事情不到十年内都可以完全实现，很多也已经实现。其实物联网之所以可以实现人和物的沟通，先是得益于"传感器"技术的不断进步。在"工业4.0"中，首先要解决的问题就是获取准确、可靠的信息，传感器则是获取自然和生产领域中信息的主要途径与手段。

以往，人们依靠自身感觉器官进行感知，从外界获取信息，然后再经过大脑进行分析。但是人体自身感觉器官的功能是有限的，而人们需要感知的对象却越来越宏大、抽象。例如，宏观上要观察的茫茫宇宙，微观上要观察小到纳米级别的粒子世界，纵向上要观察长达演化、短到纳秒级别的瞬间反应等。显而易见，这些只依靠人的感官能力是不可能实现的。

传感器作为一种检测装置，它能获取被测量的信息，并能将获取到的信息按一定规则转换成数据信息或其他形式输出给另外一方，从而使对方"感知"相关信息。可以说，传感器的产生就是为了延伸人类的五官功能，所以传感器又称为"电五官"。

物联网之所以受到各行各业的重点关注，就是因为人们正尽力把"传感器"嵌入工业、家居、交通、医疗等各种设备，甚至在宇宙开发、海洋探测、文物保护中今后都将遍布它的影子。从茫茫的太空到浩瀚的海洋，甚至将来再到人体内的血管壁，人类触及的每一个角落都会安装传感器，因为它是实现自动检测和自动控制的首要环节。图 1-1 为类型多样的传感器产品的示意图。

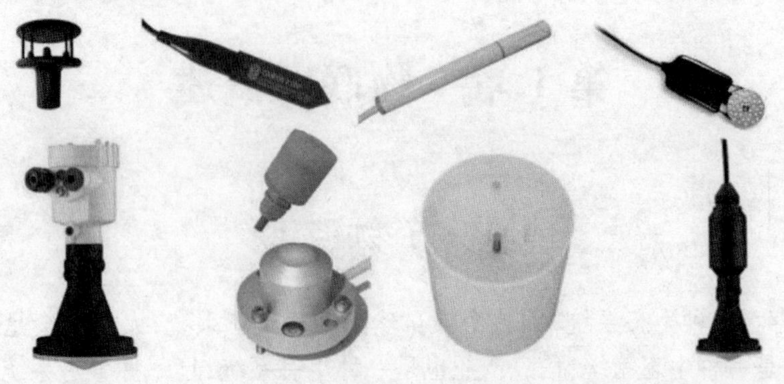

图 1-1 类型多样的传感器产品

在未来，海量的传感器将被部署在人类活动的几乎每个角落，每个传感器都是一个信息源，相当于一个触觉，并按一定的频率周期性采集环境信息，不断更新数据。而且，不同类别的传感器所捕获的信息内容和信息格式不同，因此，所感知的信息会具有海量性的特点。这些海量信息将在能力超级强大的中心计算机群的支持下，在云计算及大数据等技术的支撑下被有效保存、管理、利用，从而对所涉及的人、机器、设备进行实时管理。这就实现人类与物理系统的融合，因此人类的生产方式和生活可以更加精细、准确和动态感知，达到万物合一的智能状态。

由此可见，传感器就是物联网的神经末梢，它不仅是人类感知外界的核心元件，也是万物互相感知的的核心元件。伴随科技的发展，传感器的敏感度越来越高，传感器将让物体有“触觉”“味觉”和“嗅觉”等感官，让物体慢慢变得“活”起来。现在，各类传感器被大规模部署和应用，覆盖范围包括智能工业、智能安保、智能家居、智能运输、智能医疗等。这就相当于给世界布置了一套神经系统，有了这套神经系统，整个世界将变得更有灵性。

例如，物联网传感器产品已率先在上海浦东国际机场防入侵系统中得到应用，系统铺设了 3 万多个传感节点，覆盖地面、栅栏和低空探测，可以防止翻越、偷渡、恐怖袭击等攻击性入侵。

我们都知道“工业 4.0”研究项目将实现智能化生产，那么机器与机器之间，机器与产品之间就需要实现沟通，这也将依靠传感器完成。另外，每一个生产环节都要用各种传感器来监视和控制生产过程中的各项参数，使机器工作尽量处于最佳状态，并使产品达到最好的质量。因此可以说，没有众多优良的传感器，“工业 4.0”也就失去了硬件基础。

另外，例如在车联网、智慧交通领域，传感器可以用于感知车辆及交通相关的各项数据，如对前方障碍物的探测、胎压监测、导航及定位信息等。如果没有这些传感器，车联网及智慧交通就无法部署实施。图 1-2 是以某车型为例描述的车载多传感器示意图，由此可见传感器已经在日常生活中广泛普及。

显然，要获取大量人类感官无法直接获取的信息，没有相适应的传感器是不可能的。许多基础科学研究的障碍，首先在于对象信息的获取存在困难，而一些新机理和高灵敏度的检测传感器的出现，往往会导致该研究领域的突破。

人类这种对“智慧”的渴望，带来了传感器研究的春天和市场的繁荣。全球对于传感

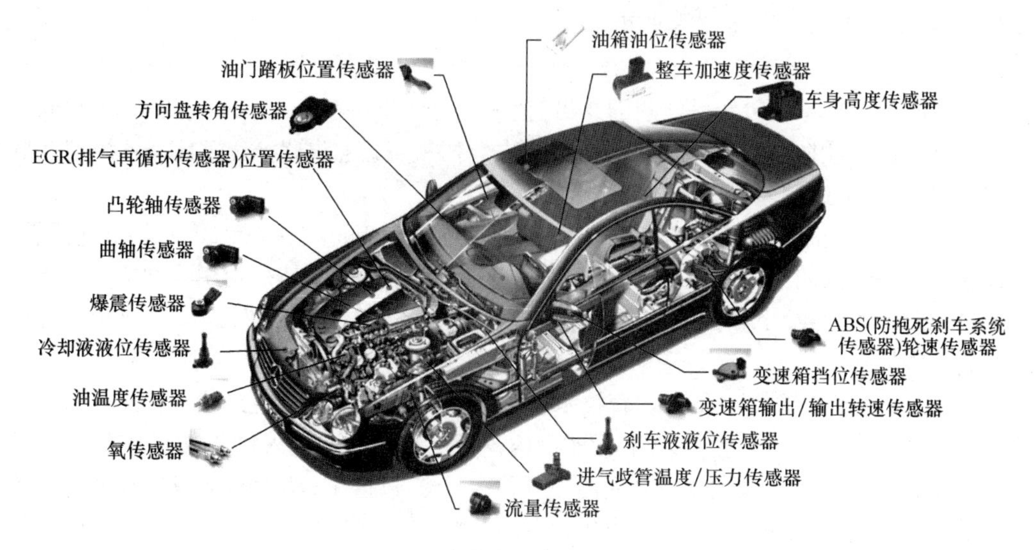

图 1-2　车载多传感器系统示意图

器的需求呈现爆发性增长。我国传感器市场从 2004 年的 154.3 亿元人民币增长到 2007 年的 307.8 亿元,2013 年突破了 1300 亿元,2014 年约合人民币 1624.4 亿元,2015 年之后,市场需求及销售额更是远超国内各行业平均增长率。其辐射和带动作用不可估量。

2014 年发布的《中国传感器产业发展白皮书》称,未来 5 年是中国传感器市场快速发展的 5 年,汽车电子、信息通信将成为增长最快的典型应用市场。流量传感器、压力传感器、温度传感器仍将占据市场主要份额。在长三角地区集中了全国半数传感器企业,中国传感器的蓬勃发展,也给物联网产业发展打下了一定的基础。

传感器是物联网的先决条件,而“万物互联”才是物联网的核心。物体的信息被收集之后,必须实时、准确地传递出去,而且这些信息的数量极其庞大,只具有收集能力远远不够,还必须具备优异的分析能力。所以,在传感器收集汇总信息之后,需要由云计算、模式识别等各种智能技术分析、加工和处理出有意义的数据,以适应不同用户的不同需求,对物体实施智能控制。应该说,物联网的工作系统比互联网、移动互联网更复杂。物联网涵盖物体呈现出多样化的特点,而且虚实结合,数据与物体互动,时而有形、时而无形。

例如,当你开车回到家,车库门自动开启、客厅灯光和空调自动打开、厨房里的电饭煲也开始预热。因为汽车、电器和所有其他装置都有侦测器和网络连接,可自行思考和行动。以下是“万物互联”让生活“更智能”的几个行业例子。

医疗方面,在物联网的帮助下,供病人使用的健康监测和可穿戴设备变得十分流行,它们能够把病人的生命体征数据实时发给医护人员。这类联网设备包括血糖仪、体重秤、心率和超声波监测器。医院能够更快、更准确地收集、记录和分析数据,这有助于医护人员进行诊断和治疗,护理水平也必然会大大改善。此外,老年人也越来越关注可穿戴设备。因为在紧急情况下,他们只需要按下按钮,就能及时通知医护人员。

农业方面,美国威斯康星州的古巴城有一名农场主叫 Matt Schweigert,他拥有 7000 英亩(1 英亩 $=4046.86\mathrm{m}^2$)玉米地和大豆,以及 25 辆拖拉机等生产工具,但这些生产工具都带有 GPS 传感器,它们可以帮助 Matt Schweigert 分辨种子密度、喷洒肥料数量,以及成熟日期和产量。而传感器获得了大量数据后也不需要 Matt Schweigert 和他的员工们进行计算分析，一切只需要上传到云端即可。

制造业方面，如今，全球工厂已有数十亿台无线设备和感应器联网。面包公司 King's Hawaiian 现在生产的面包量是之前的 2 倍，就是因为该公司在新工厂中安装了 11 台联网机器，使得员工可以实时查看数据，再结合历史数据就可以监控生产，而且该系统与互联网相连，又实现了远程监管。

零售业方面，很多商品开始用射频识别（Radio Frequency Identification，RFID）标签，这种标签与条形码的原理类似，当然它们可用于无线环境中，实体店使用这种标签就能有效地追踪库存，并持续更新商品信息，销售助理也能够立刻给出建议，这让实体店在与网店的竞争中拥有了优势。

所谓"密度越来越大"，是指随着技术发展，生活中的技术产品会呈现密度更大、技术集成水平更高的趋势。在业内，在相同空间内甚至更小空间内载入更多技术和功能，已经成为竞争的关键之一。这意味着今后的硬件设备会越来越小，功能却会越来越强大。不仅手机、平板电脑会更加轻薄，就连电视机、显示器也会在挂载更多功能的同时薄如蝉翼。

现在，一个纽扣大小的物体也能成为一个物联网中的数据记录仪，如 CES 展上推出的 ConnectedCycle，智能自行车踏板内置了小型的 GPS（全球定位系统）模块和运动传感器，用户通过手机应用即可追踪其所在的位置，同时还可以获得速度、行走距离、海拔等运动数据。

欧洲以及美、日、韩的企业都把目光关注到物联网市场。很多科技巨头对待物联网的态度从"畅想"开始走向"落地"。

三星公司 CEO BooKeunYoon 在主题演讲中谈到了打造物联生态链的重要性，并发布了两款最新的物联网传感器：一款是可以测出二十多种气味的传感器；另一款是可以测出 3D 距离的传感器。这暗示着三星公司未来会推出更多革命性的产品。另外，三星公司已宣布，2020 年之前将把旗下的所有产品联网。

英特尔公司发布了一款为物联网可穿戴设备开发的新芯片，物联网和可穿戴设备的发展意味着现在是"下一个消费技术浪潮的开端"。英特尔公司还称智能机器人将是未来物联网的核心元素，改变人类的生活。

苹果公司则充分利用智能手机的优势，开发出数个杀手锏级别的应用，通过应用商店让用户不费力气地搜寻、购买和安装这些应用，并确保开发者可以切切实实地赚到钱。应用商店的横空出世，使智能手机从独立的产品演变成"大生态系统"的中心。此外，苹果公司还在悄然推进其 HomeKit 智能家居平台。

Google 旗下的 Nest 公司已经推出了数个物联网设备，具有自学习能力的温控器和烟雾探测器，可以将信息随时随地发送到用户的手机。

大道至简，无论是互联网还是物联网，虽然发展过程很复杂，但是它们的系统越完善，整体就越"简单"。因为过程变成了一个瞬间，而规则会变得越来越清晰。

未来的世界里，每一件物体都有传感器，都有一个单独的"IP"，一切物体都可控、可交流、定位与协同工作。提出的智能交通、智慧城市、智能家居、智能消防等多个领域的概念，都以物联网为基础。

例如，你开着智能汽车，当前面有障碍物而你没有发现时，汽车就会自动提醒你，因为障碍物上面可能安装有传感器，或者车上安装有传感器，当汽车距离障碍物到一定距离时，障碍物或车载传感器就会提醒汽车发出警示。可以想象一下，未来世界上的每一件物体都有传感器，可以互相识别和协作，整个社会秩序就不再单纯以人的意志为转移，而是会遵守各种客观的秩序。当然这种秩序和规则也是人制定的，但这其中某些个人的干扰会越来越少，也就是说整个社会将更加规则，因此意料之外的事会越来越少。

因此，物联网不仅将整个世界组建成一个社会性的“大生态系统”，而且这个系统的规则会更加清晰明了，所谓的“主观”情况干扰会越来越少。我们知道，跟“人”打交道是一件最复杂的事情，因为人的七情六欲会时刻影响一个人的行为，“人性”在很多时候往往是一种阻碍。但是在未来，人和物、物和物之间的主要沟通将依靠数据，数据是很客观的，它将使人们遵守已制定好的规则，这也会帮人类省去不少烦恼，使人们越来越轻松。

Google 公司执行董事长预计互联网将消失，“我可以非常直接地说，互联网将消失。未来将有数量巨大的 IP 地址、传感器、可穿戴设备以及你感觉不到却与之互动的东西，无时无刻不伴随你。设想下你走入房间，房间会随之变化，有了你的允许和所有这些东西，你将与房间里发生的一切进行互动。世界将变得非常个性化、非常互动化和非常非常有趣”。

也许正如 ARM 公司创始人兼 CTO MikeMuller 所说：“互联网提供了一种简洁之美：您可通过同一个网络浏览器找到并控制您的灯泡，而不必知道或在意正在使用的是 WiFi 还是 3G。”物联网也需要这种简洁的力量，简洁到你感觉不到它的存在。

物联网来自于互联网，但是超脱于互联网，是一种“大网无网”的状态！正是这种状态，最好地诠释了“万物互联”。而“万物互联”是以人为中心的互联，它串联了人们生活中的所有事物，最终构建出一个以人为中心的智慧地球，正如图 1-3 所示，我们正处于这样一个以人为中心的“万物互联”的世界。

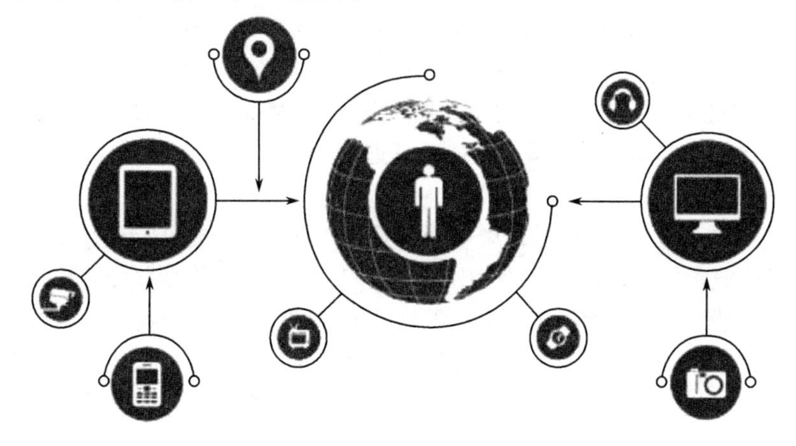

图 1-3　万物互联

1.2　物联网的前世今生

物联网是新一代信息技术的重要组成部分，也是“信息化”时代的重要发展阶段。其英文名称是：“Internet of Things(IoT)”，顾名思义，物联网就是物物相连的互联网，包括两层意思：一是，物联网的核心和基础仍然是互联网，是在互联网基础上的延伸和扩展的网络;二是其用户端延伸和扩展到了任何物品与物品之间,进行信息交换和通信,也就是物物相连。物联网通过智能感知、识别技术与普适计算等通信感知技术,广泛应用于网络的融合中,也因此被称为继计算机、互联网之后世界信息产业发展的第三次浪潮。物联网是互联网的应用拓展,与其说物联网是网络,不如说物联网是业务和应用。因此,应用创新是物联网发展的核心,以用户体验为核心的"创新 2.0"是物联网发展的灵魂。

1990 年,物联网的实践最早可以追溯到施乐公司的网络可乐贩售机(Networked Coke Machine)。

1995 年,比尔·盖茨在《未来之路》一书中也曾提及物联网,但未引起广泛重视。

1999 年,美国麻省理工学院(MIT)的 Kevin Ash - ton 教授首次提出物联网的概念。

1999 年,美国麻省理工学院建立了"自动识别中心(Auto - ID)",提出"万物皆可通过网络互联",阐明了物联网的基本含义。早期的物联网是依托射频识别技术的物流网络,随着技术和应用的发展,物联网的内涵已经发生了较大变化。

2003 年,美国《技术评论》提出,传感网络技术将是未来改变人们生活的十大技术之首。

2004 年,日本总务省(MIC)提出 u - Japan 计划,力求实现人与人、物与物、人与物之间的连接,希望将日本建设成一个随时、随地、任何物体、任何人均可连接的泛在网络社会。

2005 年 11 月 17 日,在突尼斯举行的信息社会世界峰会(WSIS)上,国际电信联盟(ITU)发布《ITU 互联网报告 2005:物联网》,引用了"物联网"的概念。物联网的定义和范围发生变化,覆盖范围有了较大的拓展,不再只是指基于 RFID 技术的物联网。

2006 年,韩国确立了 u - Korea 计划,旨在建立无所不在的社会(Ubiquitous Society),在民众的生活环境里建设智能型网络(如 IPv6、BcN、USN)和各种新型应用(如 DMB、Telematics、RFID),让民众可以随时随地享有科技智慧服务。2009 年,韩国通信委员会出台了《物联网基础设施构建基本规划》,将物联网确定为新增长动力,提出到 2012 年实现"通过构建世界最先进的物联网基础实施,打造未来广播通信融合领域超一流信息通信技术强国"的目标。

2008 年后,为了促进科技发展,寻找新的经济增长点,各国政府开始重视下一代的技术规划,将目光放在了物联网上。在中国,同年 11 月在北京大学举行的第二届中国移动政务研讨会"知识社会与创新 2.0"提出移动技术、物联网技术的发展代表着新一代信息技术的形成,并带动了经济社会形态、创新形态的变革,推动了面向知识社会的以用户体验为核心的下一代创新(创新 2.0)形态的形成,创新与发展更加关注用户、注重以人为本。而创新 2.0 形态的形成又进一步推动了新一代信息技术的健康发展。

2009 年,欧盟执委会发表了欧洲物联网行动计划,描绘了物联网技术的应用前景,提出欧盟政府要加强对物联网的管理,促进物联网的发展。

2009 年 1 月 28 日,奥巴马就任美国总统后,与美国工商业领袖举行了一次"圆桌会议",作为仅有的两名代表之一,IBM 首席执行官彭明盛首次提出"智慧地球"这一概念,建议新政府投资新一代的智慧型基础设施。当年,美国将新能源和物联网列为振兴经济的两大重点。

2009 年 2 月 24 日,在 2009IBM 论坛上,IBM 大中华区首席执行官钱大群公布了名为

"智慧的地球"的最新策略。此概念一经提出即得到美国各界的高度关注,甚至有分析认为 IBM 公司的这一构想极有可能上升至美国的国家战略,并在世界范围内引起轰动。

今天,"智慧地球"战略被美国人认为与当年的"信息高速公路"有许多相似之处,同样被他们认为是振兴经济、确立竞争优势的关键战略。该战略能否掀起如当年互联网革命一样的科技和经济浪潮,不仅为美国关注,更为世界所关注。

2009 年 8 月,温家宝"感知中国"的讲话把我国物联网领域的研究和应用开发推向了高潮,无锡市率先建立了"感知中国"研究中心,中国科学院、运营商、多所大学在无锡建立了物联网研究院,无锡市江南大学还建立了全国首家实体物联网工厂学院。自提出"感知中国"以来,物联网被正式列为国家五大新兴战略性产业之一,写入"政府工作报告",物联网在中国受到了全社会极大的关注,其受关注程度甚至是在美国、欧盟,以及其他各国不可比拟。

物联网的概念已经是一个"中国制造"的概念,它的覆盖范围与时俱进,已经超越了 1999 年 Ashton 教授和 2005 年 ITU 报告所指的范围,物联网已被贴上"中国式"标签。

物联网的技术也随着时间的推移不断发展。除了早期出现的 RFID、Zigbee 等技术,2016 年 6 月,NB - IoT 标准获得国际组织 3GPP 通过,并宣布在 2017 年初有望规模商用。

在产业链方面,2016 年 6 月底,华为公司正式面向全球发布了端到端 NB - IoT 解决方案,并于 2016 年 12 月底正式启动大规模商用,2017 年初,华为公司已经开始对其 NB - IoT 模块给予了一定数量的出货。NB - IoT 得到了众多通信企业的支持,如爱立信、诺基亚、华为和中兴等电信设备供应商,大型电信运营商如 AT&T、中国移动和中国联通,以及芯片解决方案供应商如高通、英特尔等。

LoRa(Long Range)则是由升特公司(Semech)发布的一种专用于无线电调制解调的技术,相比 NB - IoT,LoRa 是一种更加"开放"的系统。

LoRa 的优势是低功耗、易组网、成本低、传输距离远等,可以满足长时间的运作,电池供电使用时间长达数年。LoRa 很适合局部领域应用的需求,还可以覆盖到非常大的范围。目前,全球大概有数百万个物联网节点运用 LoRa 技术。值得一提的是,LoRa 非常适合大规模部署,如在智慧城市中的市政设施检测或者无线抄表等应用领域。LoRa 目前方案实施的成本也比 NB - IoT 低。而且 LoRa 技术发展比 NB - IoT 早,产业链也相对成熟。

目前,LoRa 技术最新的 LoRaWAN 协议 V1. 1 已经开始在小范围试用,特别是在基站漫游、位置定位等领域取得了突破性的进展。在产业链方面,LoRa 联盟也在不断发展壮大,在国外,如韩国电信 SKT、印度塔塔电信等公司都开始在全国实施 LoRa 骨干网络的部署。

预计到 2020 年,全世界联网设备将超过 2000 亿台,超过 40 亿人享受有网络的生活。届时,每个人将拥有数十样智能物品,包括且不仅包括汽车、房屋、钥匙、电话、电脑、医疗保健产品等。

1.3 物联网核心技术

物联网的体系架构由感知层、网络层、应用层组成,如图 1 - 4 所示。感知层主要实现感知功能,包括信息采集、捕获和物体识别。网络层主要实现信息的传送和通信。应用层则主要包括各类应用,如监控服务、智能电网、工业监控、绿色农业、智能家居、环境监测、公共安全等。

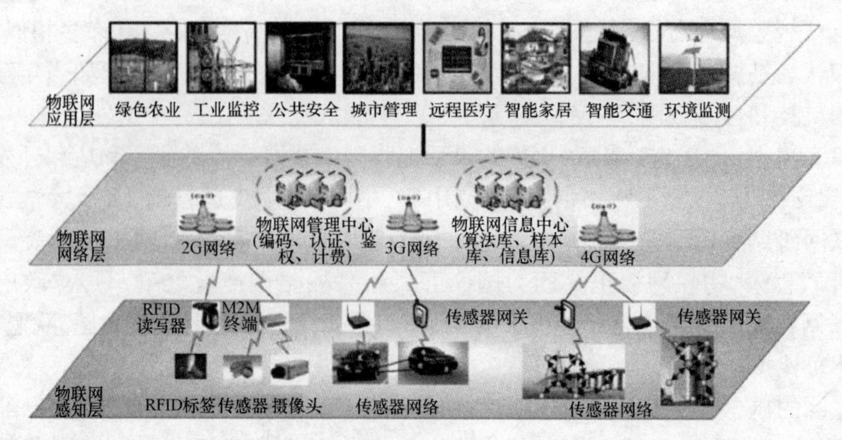

图 1-4　物联网技术体系

物联网的基本特征可概括为全面感知、可靠传送和智能处理。

全面感知:利用射频识别、二维码、传感器等感知、捕获、测量技术随时随地对物体进行信息采集和获取。

可靠传送:通过将物体接入信息网络,依托各种通信网络,随时随地进行可靠的信息交互和共享。

智能处理:利用各种智能计算技术,对海量的感知数据和信息进行分析并处理,实现智能化的决策和控制。

物联网至少包括以下 5 个方面的技术和围绕这些技术的庞大产业群。

(1) 以 RFID 为代表的物品识别技术。物品识别技术是实现物联网的基础。无线射频识别是当前最被看好的物品识别技术。一个完整的 RFID 标签由 RFID 芯片、天线以及封装媒介所组合。RFID 标签技术将带动材料技术、芯片及封装技术、能源技术等产业的发展。

(2) 传感与传动技术。物联网将实现人—物互动以及物—物互动,这就要求物体具备根据物理变化做出反应的能力。为赋予物体"智能"属性,传感与传动技术的应用将不可避免。传感与传动技术涉及领域极广,其需求将能够带动半导体、精密机械、电子元器件、光学、声学等多科技领域的进步。

(3) 网络和通信技术。在物联网时代,由于所有物体都处于随时接受数据并传输数据的状态中,由此所产生的海量数据传输需求将不是现有网络技术所能应对的,这将带动有线网络投资、无线网络升级、信息设备及软件、网络搜索等产业的发展。

(4) 数据处理与存储。物联网时代所产生的数据量将是难以想象的庞大,将对数据处理与储存技术提出前所未有的挑战。数据处理及存储需求将带动包括"云计算""人工智能""大数据"在内的计算机软硬件、半导体、电子元器件等产业的发展。

(5) 以 3C 融合为代表的智能物体技术。3C 指计算机(Computer)、通信(Communication)和消费类电子产品(Consumer Electrics)。现有人与物体的对话的应用主要体现在人与计算机之间的"人—机对话",在物联网时代,人与"物体"的对话将无处不在,3C 融合将得到进一步的发展和应用。3C 融合可行的手段就是通过标准化的智能型无线技术(如无线宽带),实现这些设备的无缝互连。智能物体的发展将是物联网对人类生活方式最直接的改进,对电子产业产生巨大的推动作用,消费电子、家电、汽车等产业都将迎来巨大的需求。同时,对智能装置的研究将可能促使智能机器人得到大范围应用。

1.4 物联网、云计算及大数据

《互联网进化论》一书中提出“互联网的未来功能和结构将与人类大脑高度相似,也将具备互联网虚拟感觉,虚拟运动,虚拟中枢,虚拟记忆神经系统”,并绘制了一幅互联网虚拟大脑结构图。该图可以较为直观地描述物联网、云计算以及大数据之间的关联关系,如图 1-5 所示。

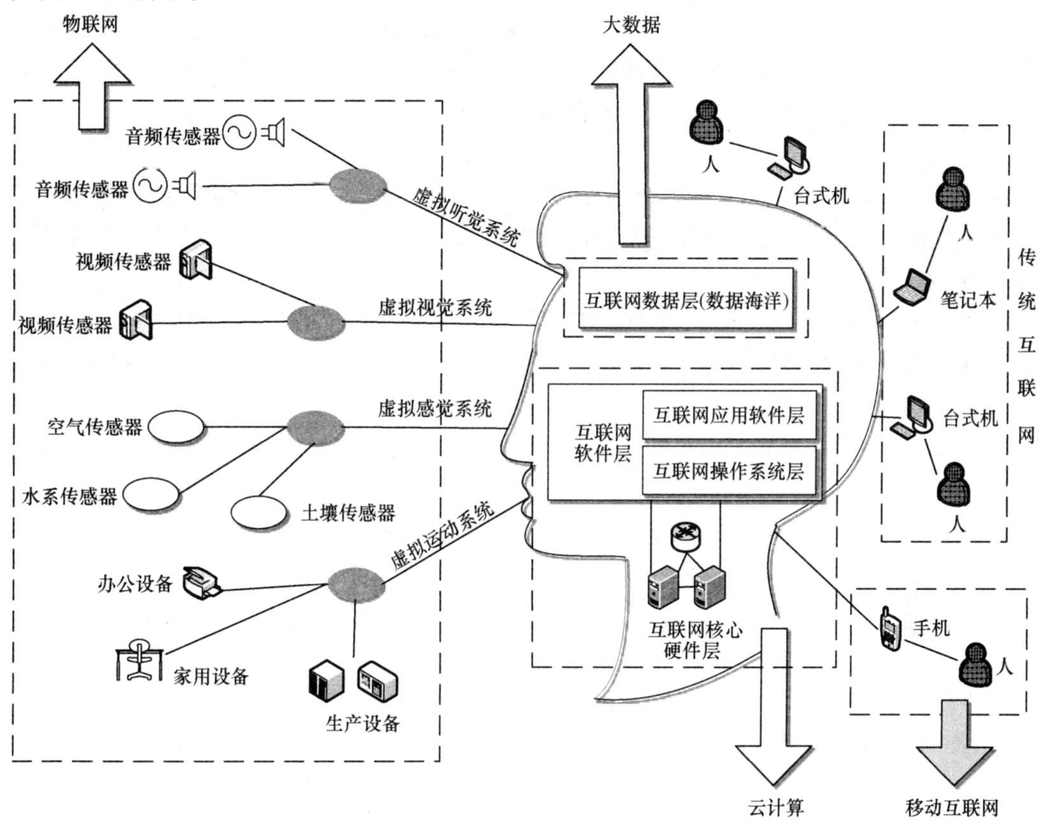

图 1-5 物联网、云计算及大数据关系示意图

从图 1-5 中可以看出:物联网对应了人类大脑的感觉和运动神经系统;云计算是互联网的核心硬件层和核心软件层的集合,也是人类大脑中枢神经系统萌芽;大数据代表了互联网的信息层(数据海洋),是互联网智慧和意识产生的基础;物联网、传统互联网、移动互联网在源源不断地向互联网大数据层汇聚数据和接受数据。

大数据时代的到来,是全球知名咨询公司麦肯锡最早提出的。麦肯锡公司称:“数据,已经渗透到当今每一个行业和业务职能领域,成为重要的生产因素。人们对于海量数据的挖掘和运用,预示着新一波生产率增长和消费者盈余浪潮的到来。”近几年,大数据一词的持续升温也带来了大数据泡沫的疑虑,大数据的前景与目前云计算、物联网、移动互联网等是分不开的。

从严格意义上来说,早在20世纪90年代,“数据仓库之父”Bill Inmon便提出了“大数据”的概念。大数据之所以在最近走红,主要归结于互联网、移动设备、物联网和云计算等快速崛起,全球数据量大大提升。可以说,移动互联网、物联网以及云计算等热点崛起在很大程度上是大数据成为关注热点的原因。

物联网、移动互联网再加上传统互联网,每天都在产生海量数据,而大数据又通过云计算的形式将这些数据筛选、处理、分析,提取出有用的信息,这就是大数据分析。

我们看到,各种行业都出现了使用大数据分析技术的趋势,如零售业商户要对零售业数据进行分析,气象工作者需要处理全球天气预报模型的数据,在基因学分析以及医学中也有相关的大数据应用,甚至电影、娱乐行业还有用于渲染的大型数据应用存在。

大数据能带来什么变化呢?里克·斯莫兰的“大数据人类面孔”项目讲述了许多故事:海象通过头顶的触角探索海洋;借助卫星击准蚊子;加纳用短信系统防止假药销售;智能手机可以预测谁正在变抑郁;信用卡在使用者离婚前两年就能预测离婚;药片直接将信息从人的身体传给医生。

通过对卫星以及全球数亿传感器、RFID标签、带GPS的相机和智能手机实时收集的数据做可视化处理,人类就可以感知、测量、理解和影响人类的生存方式,实现人类先辈们遥不可及的梦想。

2012年3月,里克·斯莫兰和JenniferErwitt发动全球各地100多位摄影师、编辑和作家来探索大数据的世界,以验证它是否像许多业界人士所说:代表了一种从未出现过的工具,可以帮助人类面对最大的挑战。

2012年9月25日到10月2日,全球各地参与者被邀请通过“大数据人类面孔”这一应用(五种语言的iOS和安卓版本免费下载)“测量我们的世界”。这一应用可以让人们用手机作为传感器参与一系列活动,同时比较全球其他参与者对一些值得深思的问题给出的答案。参与者可以绘制出自己每天的路径,分享那些带给他们好运的物品和仪式,了解其他人想要在一生中经历的特别体验,发现自己身边以前没有意识到的秘密。参与者还能够得出自己的“数字身影”。

2012年10月2日,邀请媒体出席在纽约、伦敦和新加坡举行的“指挥控制中心”大型活动,所有参与者的数据将在活动中加以分析、视觉化处理和诠释。大数据领域的专家们和创新者们将通过互动的“大数据实验室”分享他们的工作成果。全球各地的观众可以实时在线观看活动直播。

麦肯锡全球研究机构在发布的《大数据:创新、竞争和生产力的下一个前沿领域》中表示,充分利用大数据可帮助全球个人定位服务提供商增加1000亿美元收入、帮助欧洲公共部门的管理每年提升2500亿美元产值、帮助美国医疗保健行业每年提升3000亿美元产值,并可帮助美国零售业获得60%以上的净利润增长。

如果感觉此数据太过空泛,可以通过安防监控在大数据方面的应用进行详细了解。很多读者应该都看过电影《全民公敌》,威尔·史密斯饰演的律师出现在各地任意位置都会在第一时间被摄像头发现,这便是大数据的作用。从技术角度来看,从传统的海量存储监控到实现联网智能化监控便是大数据很好的应用。在国际大都市中,每年行驶的车辆数据可能会达到百亿级,从这些海量信息中提取车牌、车身颜色,就可以很快查出轨迹、违章等,而接下来的关联分析就是基于大数据基础展开的。

再以淘宝为例。天猫副总裁王文彬曾表示,“我们可以得到买家的访问量、固定频率、偏好商品等浅层分析。未来将有更多,不仅能看到商家销量的高低,甚至还可以看出其原因”。商家还可以通过对点击量、跨店铺点击、订单流转量甚至旺旺聊天信息等消费者购买行为的分析,进而有针对性地进行提高商品推荐准确度,达到提高销量的目的。

从人类文明出现到2003年,人类总共才产生了5EB的数据,但是当前的人类两天内就创造出了相同的数据量,全球90%的数据都是在过去两年中生成的,到2020年,全球数据使用量将需要大概376亿个1TB的硬盘进行存储。

当然,大数据并不等同于目前的海量数据。目前,全球均比较认可的对“大数据”的定义为:为了更经济地从高频率获取的、大容量的、不同结构和类型的数据中获取价值,而设计的新一代架构和技术。此定义也可以概括为四个特点,即高容量(Volume)、多样性(Variety)、速度(Velocity),以及价值(Value)四个V,包括基础架构、数据管理、分析挖掘和决策支持四个层面。当然,也有其他不同的观点,IBM对于大数据的定义便是规模性(Volume)、多样性(Variety)、高速性(Velocity)和真实性(Veracity)的“4V理论”,NetApp大中华区总经理陈文所理解的大数据包括A、B、C三个要素:大分析(Analytic)、高带宽(Bandwidth)和大内容(Content)。

物联网、移动互联网等是大数据的来源,而大数据分析则为物联网和移动互联网提供有用的分析,以获取价值。云计算又与大数据有什么关系呢?这个问题早在2011年就有人分析,例如,EMC World 2011的大会主题就是“当云计算遇见大数据”。

云计算与大数据两者之间有很多交集,业界主要从事云相关业务的公司如Google、Amazon等都拥有大量大数据。EMC公司总裁基辛格强调大数据应用必须在云设施上运行,这就是两者的关系——大数据离不开云。同时,支撑大数据以及云计算的底层原则是一样的,即规模化、自动化、资源配置、自愈性。因此基辛格认为大数据和云之间存在很多合力的地方。

另外,随着互联网信息量的激增,用户的单个数据集数以太字节计,有的客户甚至已达到拍字节。现有存储系统结构能处理的数据量级较小,而且只能处理单一数据源数据,处理大量级以及多数据源的数据能力非常弱。这也是EMC公司收购Greenplum,支持开源的Hadoop计划的目的。基辛格很明白,大数据的挑战不仅仅是存储和保护,数据分析能力的强弱将成为这个时代的关键点:我们已经解决了数据存储和保护的问题,所需要的只是时间,但是海量数据分析的问题,我们还没有在大数据到来时做好准备。

大数据的特点,一是数据规模是拍字节级,二是多数据源。如果能够把半结构化、非结构化和结构化的数据很好地融合起来,将对处理大数据提供极大帮助。同时,大数据环境具有实时、可迭代的特点,类似于Facebook环境,随时可以添加变量。

1.5 物联网综合应用

1. 零售行业

沃尔玛公司首先在零售领域运用物联网,通过使用RFID标签技术,零售商可实现对商品从生产、存储、货架、结帐到离开商场的全程监管,货物短缺或货架上产品脱销的概率得到了很大降低，商品失窃也得到遏制。RFID 标签未来也将允许消费者自已进行结算，而不再需要等待流水结账。可以预见，基于物联网技术的智慧商店将会越来越多地融入到人们的日常生活。

2. 物流行业

物流仓库将实现完全的自动化，包括商品的自动化进出，以及将订单自动传输给供应商；物联网将大大提高运输的管理效率，商品从生产到消费，将有望实现全程无人管理；对于生产商来说，将能够获取市场需求的直接反馈。目前，京东、Amazon 等电商网站均在一定程度上使用了物联网、机器人等技术进行物流的配货、发送等。图 1 - 6 为 Amazon Kiva 物流中心机器人系统，图 1 - 7 为国内厂家海康威视智能物流机器人。

图 1 - 6　Amazon Kiva 物流中心机器人系统

图 1 - 7　海康威视 Geek + 物流智能机器人

3. 医药行业

物联网在医药领域的应用已体现在生产、零售与物流的应用上，除此之外，在打击假药制造和提高药物的使用效果上，物联网将有很大的应用空间。RFID 芯片在打击假药制造上已经得到应用，未来 RFID 芯片在医药领域的全面应用将能够减少因服用假药、过量服药或者服用相克药物而失去生命的病例。图 1－8 为 RFID、条形码在医药供应链上的应用示例。

图 1－8　RFID、条形码在医药供应链上的应用

4. 食品行业

欧洲非常重视 RFID 技术在食品领域的应用。RFID 标签的应用，将使消费者能够跟踪食品的生产源头，并且也有助于保护农村的多样性与乡村生活。

5. 智能建筑

新加坡规定智能大厦须具备三个条件：一是具有保安、消防与环境控制等先进的自动化控制系统，以及自动调节大厦内的温度、湿度、灯光等参数的各种设施，以创造舒适安全的环境；二是具有良好的通信网络设施，使数据能在大厦内进行流通；三是能提供足够的对外通信设施与能力。

6. 智能电网

按照美国能源部的定义，智能电网是指一个完全自动化的电力传输网络，能够监视和控制每个用户和电网节点，保证从电厂到终端用户整个输配电过程中所有节点之间的信息和电能的双向流动，其构成包括数据采集、数据传输、信息集成、分析优化和信息展现五个方面。

7. 智能家居

智能家居可以定义为一个过程或者一个系统。即利用先进的计算机技术、网络通信技术、综合布线技术，将与家居生活有关的各种子系统有机地结合在一起，通过统筹管理，让家居生活更加舒适、安全、有效。

8. 智能医疗

通过结合纳米技术以及芯片技术，未来将有望研究出新的高效诊疗手段，通过嵌入在药物中的微型治疗设备，将能够有效监测预防某些疾病的发生，并且将能够实现在人体内对患病部位的精确定位治疗。

9. 智能交通

在物联网时代，轿车中的电子元器件数量将继续增加，使得轿车能够自动收集环境信息、不断重新规划路线、提醒驾驶者与前车保持合适的距离，甚至可以拒绝酒后驾车等危

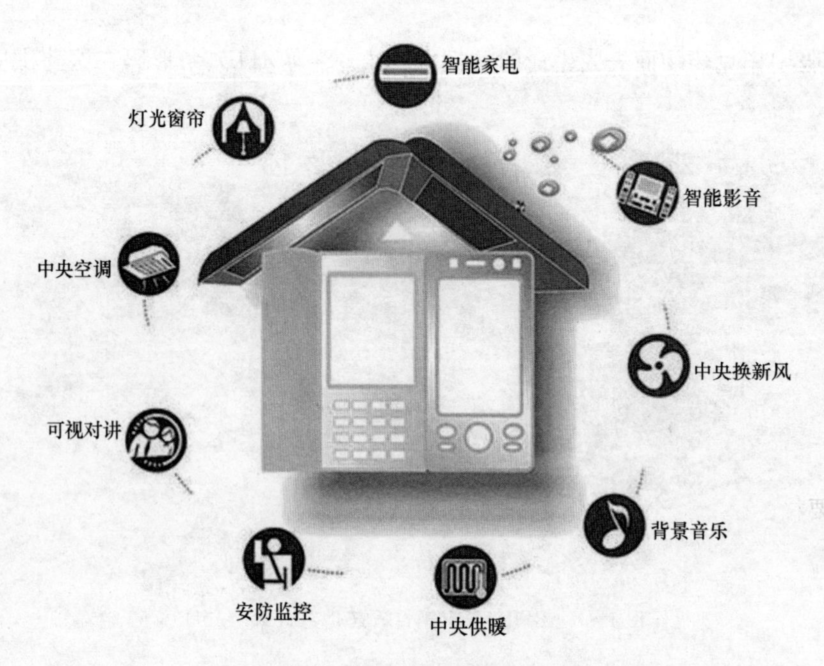

图1-9 智慧家居覆盖家用电器

险行为，使轿车在高速公路上完全自动驾驶、自动分析车况，甚至可以自动决定更新问题部件等。

第2章　无线传感器网络

2.1　信息感知技术

信息感知是指对客观事物的信息直接获取并进行认知和理解的过程。人类对事物的信息需求主要是对事物的识别与辨别、定位及状态和环境变化的动态信息。感知信息的获取需要技术的支撑，人们对于信息获取的需求促使研究人员不断研发新的技术来获取感知信息。

物联网是信息技术领域的一次重大变革，被认为是继计算机、互联网和移动通信网络之后的第三次信息产业浪潮。物联网是在互联网基础上延伸和扩展的网络，是通过信息传感设备，按照约定的协议，把任何物品与互联网连接起来，进行信息交换和通信，以实现智能化识别、定位、跟踪、监控和管理的一种网络。物联网的基本特征是信息的全面感知、可靠传送和智能处理，其核心是物与物以及人与物之间的信息交互。

信息感知技术是物联网的基本功能，但通过无线传感器网络等手段获取的原始感知信息具有显著的不确定性和高度的冗余性。

感知信息的不确定性主要表现在：

(1) 不统一性：不同性质、类型的感知信息，其形式和内容均不统一。

(2) 不一致性：由于时空映射失真造成的信息时空关系不一致。

(3) 不准确性：由于传感器采样和量化方式不同造成的信息精度差异。

(4) 不连续性：由于网络传输不稳定造成的信息断续。

(5) 不全面性：由于传感器感知域的局限性导致获取的信息不全面。

(6) 不完整性：由于网络和环境的动态变化造成的信息缺失。

感知信息的冗余性来源于数据的时空相关性，而大量冗余信息对资源受限的感知网络在信息传输、存储和处理以及能量供给方面提出了极大的挑战。因此，一方面需要研究信息感知的有效方法，对不确定信息进行数据清洗，将其整合为应用服务所需要的确定信息；另一方面需要研究信息感知的高效方法，通过数据压缩和数据融合等网内数据处理方法实现信息的高效感知。

信息感知为物联网应用提供了信息来源，是物联网应用的基础。信息感知最基本的形式是数据收集，即节点将感知数据通过网络传输到汇聚节点。但由于在原始感知数据中往往存在异常值、缺失值，因此在数据收集时要对原始感知数据进行数据清洗，并对缺失值进行估计。信息感知的目的是获取用户感兴趣的信息，大多数情况下不需要收集所有感知数据，况且将所有数据传输到汇聚节点会造成网络负载过大，因此在满足应用需求的条件下采用数据压缩、数据聚集和数据融合等网内数据处理技术，可以实现高效的信息感知。

2.1.1 数据收集

数据收集是感知数据从感知节点汇集到汇聚节点的过程。数据收集关注数据的可靠传输,要求数据在传输过程中没有损失。针对不同的应用,数据收集具有不同的目标约束,包括可靠性、高效性、网络延迟和网络吞吐量等。

1. 可靠性

数据的可靠传输是数据收集的关键问题,其目的是保证数据从感知节点可靠地传输到汇聚节点。目前,在无线传感器网络中主要采用多路径传输和数据重传等冗余传输方法来保证数据的可靠传输。多路径方法在感知节点和汇聚节点之间构建多条路径,将数据沿多条路径同时传输,以提高数据传输的可靠性。多路径传输一般提供端到端的传输服务。由于无线感知网络一般采用多跳路由,数据成功传输的概率是每一跳数据成功传输概率的累积,但数据传输的每一跳都有可能因为环境因素变化或节点通信冲突引发丢包。因此,构建传输路径是多路径数据传输的关键。数据重传方法则在传输路径的中间节点上保存多份数据备份,数据传输的可靠性通过逐跳回溯来保证。数据重传方法一般要求节点有较大的存储空间以保存数据备份。

2. 高效性

能耗约束和能量均衡是数据收集需要重点考虑和解决的问题。多路径方法在多个路径上传输数据,通常会消耗更多能量。而重传方法将所有数据流量集中在一条路径上,不但不利于网络的能量均衡,而且当路径中断时需要重建路由。为了实现高效的数据传输,可在网络中的每个节点都缓存来自感知节点的数据及数据的连续编码。如果数据的编码中断,则意味着该编码对应的数据没有传输成功,这时将该数据编码放入一个重传队列,并通过逐跳回溯的方法重传该数据。当网络路由发生变化或节点故障产生大规模数据传输失败时,逐跳重传已经不能奏效,这时采用端到端的数据传输方法。这种端到端和逐跳混合的数据传输方式实现了低能耗的可靠传输。

3. 网络延迟

对于实时性要求高的应用,网络延迟是数据收集需要重点考虑的因素。为了减少节点能耗,网络一般要采用节点休眠机制,但如果休眠机制设计不合理则会带来严重的“休眠延迟”和更多的网络能耗。例如,当下一跳节点处于休眠状态时,当前节点需要等待更长的时间,直到下一跳节点被唤醒。为了减小休眠延迟并降低节点等待能耗,可使用DMAC 和 STREE 等方法使传输路径上的节点轮流进入接收、发送和休眠状态,通过这种流水线传输方式使数据在路径上像波浪一样向前推进,从而减少等待延迟。也可以要求到汇聚节点具有相同跳数的节点同步进入休眠、接收和发送状态,从而将流水线式数据传输由线扩展到面,实现更高效的传输。

4. 网络吞吐量

网络吞吐量是数据收集需要考虑的另一个问题。数据收集“多对一”的数据传输模式以及基于 CSMA(Carrier Sense Multiple Access)的介质控制协议 MAC(Media Access Control)层控制机制,很容易产生“漏斗效应”,即在汇聚节点附近通信冲突和数据丢失现象严重,从而导致网络吞吐量降低。针对这种网络负载不平衡问题,需要采用新的 MAC 控制机制。如在汇聚节点周围采用一种 TDMA 协议,为每个数据链路都分配相应的时间片。为了处理突发事件,在一些预留的时间片内则采用 CSMA 协议,或者采用一种阻塞控制和信道公平的传输方法,该方法基于数据收集树结构,通过定义节点及其子节点的数据成功发送率,按照子树规模分配信道资源,实现网络负载均衡。

2.1.2 数据清洗

数据收集的目的是获取监测目标的真实信息。然而由于网络状态的变化和环境因素的影响,实际获取的感知数据往往包含大量异常、错误和噪声数据。因此,需要对获取的感知数据进行清洗和离群值判断,去除"脏数据"得到一致有效的感知信息。对于缺失的数据还要进行有效估计,以获得完整的感知数据。根据感知数据的变化规律和时空相关性,一般采用概率统计、近邻分析和分类识别等方法,在感知节点、整个网络或局部网络实现数据清洗。

概率统计方法需要建立数据的统计分布模型,通过计算观测值在分布模型下的概率来判定离群值。对于具有明确分布特性的数据,通常采用参数估计方法建立统计分布模型,常用的有高斯分布模型。参数估计方法利用节点数据的空间相关性,通过比较节点观测值与近邻节点观测值中位数的误差实现离群值的判定。但该方法没有考虑数据的时间相关性。为了同时考虑数据的时间和空间相关性,将观测值既与邻居的观测值比较,又与历史数据比较,综合判断离群值。针对数据非高斯分布的情形,采用对称稳定分布模型,对有脉冲噪声的节点观测数据进行滤波,即可得到满意的效果。

近邻分析方法利用感知数据在空间上的相关性,通过定义近邻节点观测值的相似度实现离群值判断。全局离群值检测方法基于节点观测值相似度的定义,将局部可疑离群值广播发送到近邻节点进行验证,如果近邻节点确认其为离群值,则继续通过广播方式向其他近邻节点寻求确认,最终实现全局离群值的检测。该方法采用广播方式发送信息,因此适用于不同的网络结构,但其通信开销较大。为了减少通信开销,可采用汇集树网络结构实现全局离群值的检测。在汇集树中每个节点将其子树中的部分数据发送给父节点,并最终汇集到汇聚节点。汇聚节点从收到的数据中,选择最大的若干个观测值向所有节点查询它们是否为全局离群值。如果存在节点否认某观测值为离群值,则该节点的子树将再次发送部分数据到汇聚节点。重复上述过程,直到所有节点同意某观测值为离群值。

分类识别方法将数据清洗问题看作模式识别问题,采用经典的机器学习和分类识别方法判定离群值,如支持向量机(SVM)、贝叶斯网络等。可利用节点一段时间的历史数据训练 SVM 模型,实现局部离群值的判定。基于贝叶斯网络的方法将节点数据的时空相关性描述为数据的概率依赖关系,基于历史观测数据学习贝叶斯网络参数,通过贝叶斯概率推理实现离群值判定。由于基于分类识别的数据清洗方法充分利用了样本信息,因此在实际中取得了较好的应用效果。

虽然目前已经提出了许多数据清洗方法,但面向复杂的物联网应用,由于网络受环境因素影响大,网络状态不稳定,网络资源受限,现有方法与实际应用要求还有一定差距。因此,需要进一步研究有效的物联网数据清洗方法,研究和解决数据清洗网络的能耗和负载均衡问题,研究能处理高维多源异构数据且适用于大规模网络应用的数据清洗方法。

2.1.3 数据压缩

数据可以进行压缩的原因,在于数据间存在冗余性、相关性。有效的数据压缩就是充

分利用冗余、相关等特性,以达到压缩的目的。数据压缩包括两个过程:

(1)压缩:压缩过程是对原始数据采用某种算法变成较少的数据代替原始数据的过程,便于存储和传输。

(2)解压缩:解压缩过程就是将经过压缩的少量数据采用某种算法的逆运算进行压缩数据的还原操作。

根据整个压缩过程中解压缩后的数据与原始数据是否相同,数据压缩技术一般分为无损压缩和有损压缩。

在某些信息中,有些符号多次出现,有些符号相对其余符号出现频率较高,有部分字符总会出现在可以预测的空间等,这种多余信息称为冗余信息。冗余信息可通过数据编码将存在的大量冗余数据消除,这种压缩具有可逆性,因此称为无损压缩。由于数据之间常存在着某种程度相关性,如采样数据在相近的时间点采集的数据近似相似或完全相同,因此可以通过某些变换最大程度地消除存在的相关性;但经过采用某种变换后,有时会导致原始数据的损失和预测数据与原始数据有较大的误差,这类压缩称为有损压缩。

对数据进行压缩的要求就是在减少码字总量的同时仍能保证信号质量。目前,应用于对数据进行压缩的方法有很多,但从本质上分析只有可逆的无损压缩和不可逆的有损压缩。数据压缩是以一定的质量损失为代价,但质量损失需要在条件允许的误差范围之内。

2.1.4 数据聚集

数据收集和数据压缩方法试图从感知网络获取全部或近似全部的感知信息,然而在大多数应用场合,信息感知的目的是获取一些事件信息或语义信息,而不是所有的感知数据。因此,多数情况下不需要将所有感知数据传输到汇聚节点,而只需传输观测者感兴趣的信息。数据聚集和数据融合,就是在满足应用要求的情况下,从原始感知数据中选择少量数据或提取高层语义信息进行传输,从而减少网络数据传输量。

数据聚集能够大幅减少数据传输量,节省网络能耗与存储开销,从而延长网络生存期。但数据聚集操作丢失了感知数据大量的结构信息,尤其是一些有重要价值的局部细节信息。因此,在对于要求保持数据完整性和连续性的物联网感知应用中,数据聚集并不适用。例如,对于突发和异常事件的检测,数据聚集损失的局部细节信息可能会导致事件检测的失败。

2.1.5 数据融合

数据融合是对多源异构数据进行综合处理获取确定性信息的过程。在物联网感知网络中,对感知数据进行融合处理,只将少量有意义的信息传输到汇聚节点,可以有效减少数据传输量。按照数据处理的层次,数据融合可分为数据层融合、特征层融合和决策层融合。对于物联网应用,数据层融合主要根据数据的时空相关性去除冗余信息,而特征层和决策层的融合往往与具体的应用目标密切相关。

在数据层采用传统的数据融合方法,如概率统计方法、回归分析和卡尔曼滤波等,可以消除冗余信息,去除噪声和异常值。针对来自多源异质网络节点的多类型不确定性数据,在特征层或决策层采用 D-S(Dempster/Shafer)证据理论、模糊逻辑、神经网络及语义融合等技术,可以实现事件检测、状态评估和语义分析等高层决策和判别。

除了研究数据融合方法之外,物联网数据融合还要考虑网络的结构和路由,因为网络结构和路由直接影响数据融合的实现。目前,在无线感知网络中经常采用树或分簇网络结构及路由策略。基于树的数据融合一般是对近源汇集树、最短路径树、贪婪增量树等经典算法的改进。

数据融合能有效减少数据传输量、降低数据传输冲突、减轻网络拥塞、提高通信效率,因此已成为物联网信息感知的关键技术和研究热点。

2.1.6 信息感知技术的种类

1. 识别技术

识别技术是通过感知技术所感知到的目标外在特征信息,证实和判断目标本质的技术。目标识别过程是将感知到的目标外在特征信息转换成属性信息的过程,即将目标的语法信息转换成主义信息和语用信息的过程。识别技术的重要作用是确定目标的敌我属性、区分目标的类型、辨别目标的真假及其功能等。

(1) 条码技术。条形码是由美国的 N. T. Woodland 在 1949 年首先提出的,是最古老、最成熟的一种识别技术,也是自动识别技术中应用最广泛和最成功的技术。由于条形码成本较低,有完善的标准体系,已在全球散播,所以已经被普遍接受。条形码是由宽度不同、反射率不同的条和空,按照一定的编码规则(码制)编制成的,用以表达一组数字或字母符号信息的图形标识符,即条形码是一组粗细不同、按照一定的规则安排间距的平行线条图形。它的基本工作原理为:由光源发出的光线经过光学系统照射到条码符号上面,被反射回来的光经过光学系统成像在光电转换器上,使之产生电信号,信号经过电路放大后产生模拟电压,它与照射到条码符号上被反射回来的光成正比,再经过滤波、整形,形成与模拟信号对应的方波信号,经译码器解释为计算机可以直接接受的数字信号。如图 2-1 所示为一个常见的条形码。

图 2-1 条形码示例

二维条码/二维码(2-Dimensional Bar Code)则是用某种特定的几何图形按一定规律在平面(二维方向上)分布的黑白相间的图形记录数据符号信息的。在代码编制上巧妙地利用构成计算机内部逻辑基础的“0”“1”比特流的概念,使用若干个与二进制相对应的几何形体表示文字数值信息,通过图像输入设备或光电扫描设备自动识读以实现信息自动处理。它具有条码技术的一些共性:每种码制有其特定的字符集;每个字符占有一定的宽度;具有一定的校验功能等。同时还具有对不同行的信息自动识别功能及处理图形旋转变化点的能力。

(2) 磁卡识别技术。我们常用的磁卡是通过磁条记录信息的。磁条技术应用了物理学和磁力学的基本原理。磁卡技术的优点在于:数据可读写,即具有现场改变数据的能力;数据的存储一般能满足需要;使用方便、成本低廉。这些优点使得磁卡技术的应用领域十分广泛,如信用卡、银行 ATM 卡、现金卡(如电话磁卡)、机票、公共汽车票、自动售货卡等。

磁卡技术的缺点是数据存储的时间长短受磁性粒子极性的耐久性限制,使用寿命短、信息容量小,常常依赖外界的数据库。另外,磁卡存储数据的安全性一般较低,如磁卡不小心接触磁性物质就可能造成数据的丢失或混乱,要提高磁卡存储数据的安全性能,就必须采用另外的相关技术。

(3) 生物识别技术。生物识别技术是指通过计算机利用人类自身生理或行为特征进行身份认定的一种技术,如指纹识别、虹膜识别技术以及近期出现的掌中脉纹等。图 2－2 为非接触式掌中脉纹识别技术示意图。生物统计识别技术广泛应用于安全控制领域。

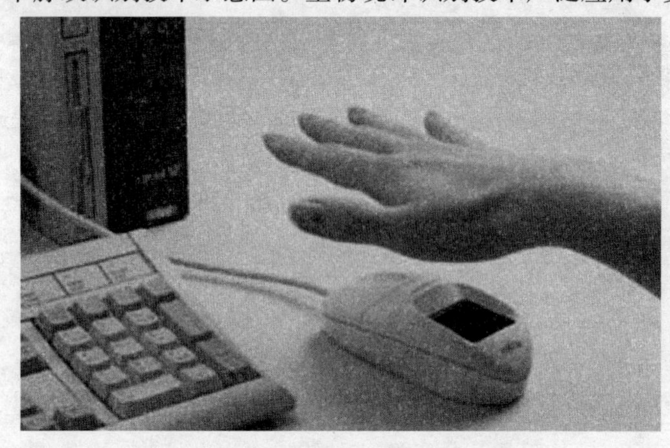

图 2－2　非接触式掌中脉纹识别技术

由于人体特征具有不可复制的特性,这一技术的安全系数较传统意义上的身份验证机制有很大的提高。然而技术的成本和复杂性一度限制了这种系统的应用,随着技术的发展,系统的成本持续下降,而系统的性能不断提高,生物识别技术在其他领域的应用也将逐渐扩大,它在不断增长的信息世界中的地位也会越来越重要。

2. 传感器技术

传感器技术是现代信息技术主要内容之一。现代信息技术包括计算机技术、通信技术和传感器技术。计算机相当于人的大脑,通信相当于人的神经,而传感器就相当于人的感官。

传感器是将能感受到的及规定的被测量信息按照一定的规律转换成可用输出信号的器件或装置,通常由敏感元件和转换元件组成。其中敏感元件是指传感器中能直接感受或响应被测量的部分;转换元件是指传感器中能将敏感元件感受或响应的被探测量转换成适于传输和测量的电信号的部分。

3. 物联网技术

物联网(Internet of Things, IoT)的定义是:通过射频识别、红外感应器、全球定位系统、激光扫描器等信息传感设备,按约定的协议,把任何物品与互联网连接起来,进行信息交换和通信,以实现智能化识别、定位、跟踪、监控和管理的一种网络。物联网就是“物物相连的互联网”。这有两层意思:一是物联网的核心和基础仍然是互联网,是在互联网基础上的延伸和扩展的网络;二是其用户端延伸和扩展到了任何物品与物品之间,进行信息交换和通信。

4. 数据挖掘技术

数据挖掘技术就是从大量的、不完全的、有噪声的、模糊的、随机的实际应用数据中,提取隐含在其中的、人们事先不知道的,但又是潜在有用的信息和知识的过程。这个定义包括几层含义:数据源必须是真实的、大量的、含噪声的;发现的是用户感兴趣的知识;发现的知识要可接受、可理解、可运用。

数据挖掘技术应具备自动预测趋势和行为、关联分析、聚类、概念描述、偏差检测五大功能。数据挖掘充分体现区域性与面向决策性,通过数据挖掘理论与算法的研究为智能决策提供依据。

2.2 无线传感器网络体系架构

集成了传感器技术、微机电系统和网络通信三大技术而形成的无线传感器网络是一种全新的信息获取、处理与传输技术。无线传感器网络定义为由一组传感器节点以自组织(Ad Hoc)方式构成的无线网络,其目的是协作地感知、采集和处理网络覆盖区域中感知对象的信息,发布给观察者。无线传感器网络在各行各业均具有广阔的应用与市场前景,在军事、环境监测、医疗保健、家庭网络,特别在战场环境监测和灾害地区灾难拯救等特殊的领域有其得天独厚的技术优势。

2.2.1 无线传感器网络概述

无线传感器网络由大量分布的无线传感器网络节点组成。节点彼此之间互相合作,通过自组织网络协议和算法进行网络通信。图 2-3 为一个典型的无线传感器网络架构示意图。

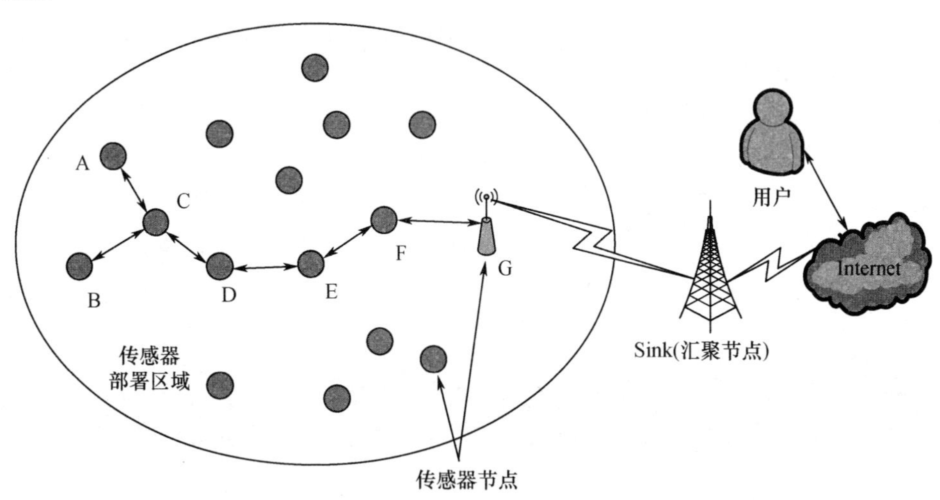

图 2-3　一个典型的无线传感器网络架构示意图

集成有传感器、数据处理单元和通信模块的微型嵌入式节点，借助内置的、形式多样的传感器监测所在环境周边的热、红外、声纳、图像、音频等众多我们感兴趣的物理现象。其处理能力、存储能力和通信能力相对较弱，并通过携带能量有限的电池供电。有的传感器节点则强调采集音频、图像等环境信息，并进行简单处理，同时还要完成对其他节点转发的数据进行融合、转发等。

无线传感器网络节点的设计在遵循低成本、扩展性和稳定性的基本原则下，应提高传感器节点能力以适应大数据量，实时性要求高的信息的获取与处理。对于无线传感器网络节点的设计主要分为四个部分：一是传感器模块，包括摄像头、麦克风采集设备以及振动、红外等传感器，其作用是采集环境媒体信息，实现对于整个环境的多种信息的收集；二是处理器模块，主要完成对于所采集信息数据的在网计算处理，节点任务管理、存储管理、电源管理、通信机制等；三是通信收发模块，采用无线电通信的方式，实现多节点相关的数据传输与通信；四是能量供应单元，保证传感器节点能够正常工作。这种节点结构的优势在于可实现不同传感器模块与处理通信模块之间的自由组合，灵活地满足不同应用的监测需求。

无线传感器网络有如下特点：

(1) 无线传感器网络是以数据为中心的网络，即网络主要用于信息的采集，获得监测环境数据信息。

(2) 无线传感器网络节点数目可能比一般移动网络大很多。巨大数量的传感器网络节点使得无线传感器网络比单个传感器能更详尽、精确地报告所监测运动物体的速度、方向、大小等属性。

(3) 无线传感器网络节点通常密集分布。密集的部署方式使得无线传感器网络更加有效，可以提供更高的精度。但如果部署不当，密集的传感器网络节点可能导致大量冲突和网络拥塞，增加数据延迟，降低网络的工作效率。

(4) 无线传感器网络在能量、计算量和存储量方面比一般移动网络所受限制要大，大部分传感器网络节点电源不能更换或补充，电源寿命决定节点寿命。

(5) 无线传感器网络拓扑结构可能经常变化。节点可能发生故障，或者由于能量耗尽而断电失效，网络加入新节点、节点移动，都会改变网络的拓扑结构。由于许多节点无法更换和修理，因此必须实现自组织和自重构，保障网络持续工作，动态响应网络环境的变化。

(6) 无线传感器网络通信的主要方式是广播而不是点对点通信。

(7) 无线传感器网络节点可以是静止不动的，也可以是移动的。

(8) 无线传感器网络经常需要决定采用节点处理还是全局处理，以减少冗余数据传输。也可使得某些节点具有簇领导功能，可以通过某些计算(如均值、求和、求极值等)进行数据融合，然后发送融合后的新信息，减少网络信息拥塞。

(9) 无线传感器网络具有信息查询能力。

2.2.2 无线传感器网络体系结构

无线传感器网络的体系结构直接关系到整个网络性能，而网络性能又影响着其可用性。无线传感器网络体系结构的设计需要考虑部署、能耗、扩展性、灵活性及容错性等方面。如何利用传感器节点构造功能强大、结构优化、性能优良的多无线传感器网络，是一个重要的问题。

在集中式的单层网络体系结构中,传感器节点间几乎没有协作,独立地完成数据采集和任务处理,并与控制主机(即汇聚节点)直接相连。在此结构中,控制主机瓶颈处理压力尤其突出,仅适合小规模的网络部署,很难适应日益扩大的传感器网络规模和海量的环境监测数据。因此,建立多层分布式的网络体系结构成为一种更合理的策略。

因此,按照层次结构的不同,可以将无线传感器网络分为单层、多层和混合 3 类。例如,多层结构中,传感器节点按照网络资源或能力的不同划分为多层。如两层结构中传感器节点分为簇头(Cluster Head)和成员节点两种,成员节点执行正常检测并触发簇头的高性能监测,进一步处理和上报监测结果到汇聚节点。例如,某一多层结构的无线传感器网络设计可以如图 2-4 所示,其中具有强大计算与通信能力的高层节点可以作为簇头,而其他低层节点可以作为成员节点。

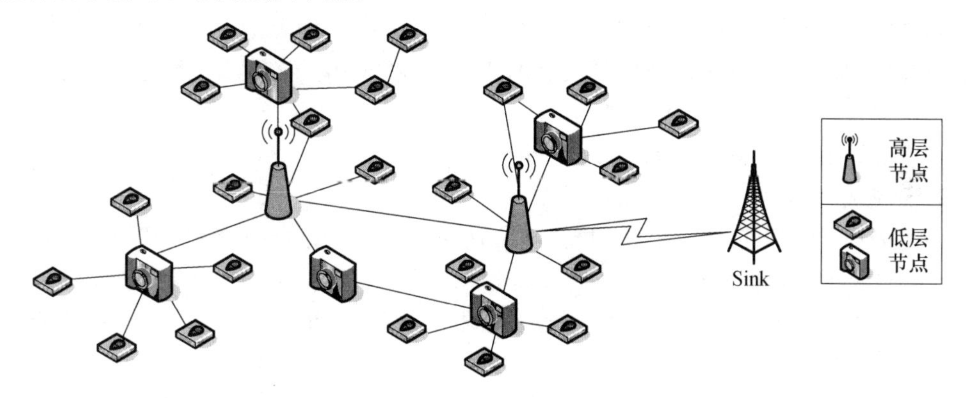

图 2-4　多层无线传感器网络结构示意图

该多层无线传感器网络节点主要由三种节点组成,其中底层节点分为异构的两种节点,分别实现不同信息的采集,其中包括图像、声音、红外以及振动。高层节点较为复杂,包含更强大的信息采集能力、计算处理能力以及通信能力。高层节点负责无线传感器网络与 Sink 节点的主要通信,收集处理底层节点传输来的数据信息。

根据无线传感器网络通信协议实现不同,网络体系结构分为单一通信协议结构和混合通信协议结构两种。早期,无线传感器网络大都采用单一通信协议结构,也就是说,网络多层间采用相同通信协议(如采用 802.11 或 802.15.4 等)。此种单一通信协议便于实现与管理,但未能充分考虑到网络中簇头与成员节点间资源与能力的差异。因此,可以采用在无线传感器网络混合使用多种通信协议的方法。在资源有限的簇内(成员节点—成员节点,成员节点—簇头)采用简单、数据传输速率较低的 802.15.4 协议进行无线通信,而簇间(簇头—簇头,簇头—汇聚节点)的通信采用提供较为丰富带宽资源的 802.11 标准。网络通过对两种无线传输协议混合使用,有效地兼顾了资源、能耗、传输率等多方面因素,为实现广泛的应用提供了较好的技术支持。

在多层协作的无线传感网络体系结构中,网络自底向上分层,同层间节点异构(软/硬件结构及组成)。而出于系统监测能力多样化考虑,异层间节点处理能力存在较大的差异,而且节点能力(感知、存储、处理等)自底向上逐层增强。低层节点通过对感知数据进行分析,以决定是否唤醒高层,以实现场景更为有效的监测。这种结构类似于主从结构,具有较好的灵活性,但同样需要额外的硬件来支持。网络中不同层节点性能的异构保证了监测任务的灵活性和多样性,在达到同样甚至更高监测能力的情况下,可以有效降低网络的总体造价。

根据无线传感器网络所具有的技术特点,在研究设计无线传感器网络时需要仔细考察以下几个指标。

1. 网络寿命

无线传感器网络寿命指从网络启动到停止为观察者提供需要的信息为止所持续的时间。影响无线传感器网络寿命的因素很多,既包括硬件设计局限的因素也包括软件能耗的因素,针对不同应用,都需要深入进行研究。在设计无线传感器网络的软硬件时,必须充分考虑能量的有效性,才能最大化网络的寿命。

2. 感知精度

无线传感器网络的感知精度是指观察者接收到所感知信息的精度。传感器精度、信息处理方法、通信协议等都对感知精度有所影响。感知精度、时间延迟和能量消耗之间具有密切的关系。在无线传感器网络设计中,需要权衡三者的得失,使系统能在最小能量开销条件下最大限度地提高感知精度、降低时间延迟。

3. 能量有效性

无线传感器网络能量有效性是指该网络在有限的能量条件下能够处理的请求数量。能量有效性是无线传感器网络的一个重要性能指标。到目前为止,无线传感器网络的能量有效性还没有被模型化以及量化,还没有提出被普遍接受的标准,需要进行深入研究。

4. 时间延迟

无线传感器网络延迟时间指从观察者发出请求到其接收到响应信息所需要的时间。影响无线传感器网络时间延迟的因素非常多。时间延迟与具体的网络应用密切相关,其直接影响无线传感器网络的可用性和应用范围。目前的相关研究还相对较少,需要进一步深入研究。

5. 可扩展性

无线传感器网络的可扩展性表现在传感器节点的数量、网络覆盖的区域、网络寿命、时间延迟、感知精度等方面的可扩展能力。给定可扩展性的级别,无线传感器网络必须提供支持该可扩展性级别的机制和方法,保证扩展需求。目前还不存在可扩展性的精确描述和具体标准,需要进一步深入研究。

6. 容错性

无线传感器网络中的传感器节点经常会由于电源耗尽或被破坏等原因而失效。由于部署环境或其他原因,维护或替换失效传感器节点常常十分困难或不可能达到。因此,无线传感器网络的软硬件必须具有很强的容错性,以保证系统具有高强壮可靠性。当网络的软硬件出现某一故障时,系统能够通过自动调整或自动重构来纠正错误,保证网络正常工作。无线传感器网络容错性需要进一步模型化和定量化。容错性和能量有效性之间存在密切关系,在设计无线传感器网络时,需要认真权衡两者的利弊。

上述几个最为典型的无线传感器网络性能指标不仅是评价网络性能的标准,而且是无线传感器网络性能优化的目标。为了提高这些指标,大量的研究工作正在进行,涉及无线传感器网络软硬件各个层面。从网络构成及其运行过程而言,节点各个子系统指标又相互影响,针对单一子系统的指标控制策略不能从根本上解决问题。因此,必须结合具体应用,从元器件选型、算法的有效性和复杂度、数据通信量和网络运行机制等多个方面并兼顾各个子系统功能特点和性能要求,整体上来评估各个指标。总的来说,无线传感器网络的指标还不具有被普遍接受的标准,需要更进一步深入研究。

无线传感器网络在军事与安全救灾领域、现代交通领域以及现代农业领域都有广阔无比的应用前景。目前,在世界各国开展的无线传感器网络研究中,已经有了一系列的典型应用,例如,在军事与安全救灾领域实施的美军沙地直线项目、基于微型网络化传感器战场目标探测、战场机动目标分类识别跟踪、枪声定位反恐装备系统以及矿井安全救灾的传感器网络系统等;在现代交通领域的无线传感器网络协同智能交通系统、基于传感器网络的路面情况信息监测技术以及基于传感器网络的车辆管理系统等;在现代农业方面的无线传感器网络通用平台、智能大田灌溉 ZigBee 网络系统、精准农业传感器网络系统等。

无线传感器网络的应用众多,涉及如下多个领域。

在军事应用领域,无线传感器网络具有快速部署、自组织和健壮性等特点,可以用于战场的实时监视、目标定位、战场评估等。例如可采用综合成像与无人值守地面传感器系统,以被动方式探测、分类和确定人员与车辆的行进方向,并能就所探测的场景提供高分辨率图像。

在智能交通领域,无线传感器网络可以应用于交通枢纽、环线公路以及高速公路的交通情况实施监控,以统计通过的车数、是否有非法目标停靠、是否有故障车辆,还可以提供有关道路堵塞的最新情况,推荐最佳行车路线以及提醒驾驶员避免交通事故等。也可以用于智能泊车,引导驾驶员安全停靠车辆等。

在安全监控领域,可以用于对矿井、电站、煤窑等安全敏感工作环境实时监控。如将一系列便携式、智能化、无线传感器节点配合在工作人员身上,在有线系统达不到的地方形成无线感知网络,由此实现图像语音信号的传输,随时了解工作位置、环境状况以及工作进度等。

在智能家居领域,可以建立如智能幼儿园,监测孩童的早期教育环境,跟踪孩童的活动轨迹,可以让家长和老师全面地研究学生的学习生活过程;对人物(尤其是独居老人、残疾人)行为活动实施监测,针对人的站立/坐/跌倒等形体特征进行监测识别,判断可能发生的危险状况,并发出警报。

在公共及自然安全监测领域,无线传感器网络还可广泛应用于机场、火车站、海关、体育场馆、停车场等公共集会场所的安全监测,突发情况下(如火灾、地震)环境的实时监控和预报等,也可以用于地质灾害频发地区的智能监测,及时报告险情,将危害降到最低。

此外,在未来必将大规模应用的物联网应用领域,由于无线传感器网络作为物联网的应用基础,用途广泛,遍及智能交通、环境保护、政府工作、公共安全、平安家居、智能消防、工业监测、老人护理、个人健康等多个领域。据相关领域专家预计,这一技术将会发展成为一个上万亿元规模的高科技市场,具有广阔的工程应用前景。

2.2.3 无线传感器网络的中间件和平台软件

无线传感器网络应用支撑层、无线传感器网络基础设施和基于无线传感器网络应用业务层的一部分共性功能以及管理、信息安全等部分组成了无线传感器网络中间件和平台软件。其基本含义是,应用支撑层支持应用业务层为各个应用领域服务,提供所需的各种通用服务,在这一层中核心的是中间件软件;管理和信息安全是贯穿各个层次的保障。无线传感器网络中间件和平台软件体系结构主要分为四个层次:网络适配层、基础软件层、应用开发层和应用业务适配层,其中网络适配层和基础软件层组成无线传感器网络节点嵌入式软件(部署在无线传感器网络节点中)的体系结构,应用开发层和基础软件层组成无线传感器网络应用支撑结构(支持应用业务的开发与实现)。网络适配层:在网络适配层中,网络适配器是对无线传感器网络底层(无线传感器网络基础设施、无线传感器操作系统)的封装。基础软件层:基础软件层包含无线传感器网络各种中间件。这些中间件构成无线传感器网络平台软件的公共基础,并提供了高度的灵活性、模块性和可移植性。无线传感器网络应用系统架构如图 2 - 5 所示。

(1) 网络中间件:完成无线传感器网络接入服务、网络生成服务、网络自愈合服务、网络连通等。

(2) 配置中间件:完成无线传感器网络的各种配置工作,例如路由配置、拓扑结构的调整等。

(3) 功能中间件:完成无线传感器网络各种应用业务的共性功能,提供各种功能框架接口。

(4) 管理中间件:为无线传感器网络应用业务实现各种管理功能,如目录服务、资源管理、能量管理、生命周期管理。

(5) 安全中间件:为无线传感器网络应用业务实现各种安全功能,如安全管理、安全监控、安全审计。

无线传感器网络中间件和平台软件采用层次化、模块化的体系结构,使其更加适应无线传感器网络应用系统的要求,并用自身的复杂性换取应用开发的简单性,而中间件技术能够更简单明了地满足应用的需要。一方面,中间件提供满足无线传感器网络个性化应用的解决方案,形成一种特别适用的支撑环境;另一方面,中间件通过整合,使无线传感器网络应用只需面对一个可以解决问题的软件平台,因而以无线传感器网络中间件和平台软件的灵活性、可扩展性保证了无线传感器网络安全性,提高了无线传感器网络数据管理能力和能量效率,降低了应用开发的复杂性。

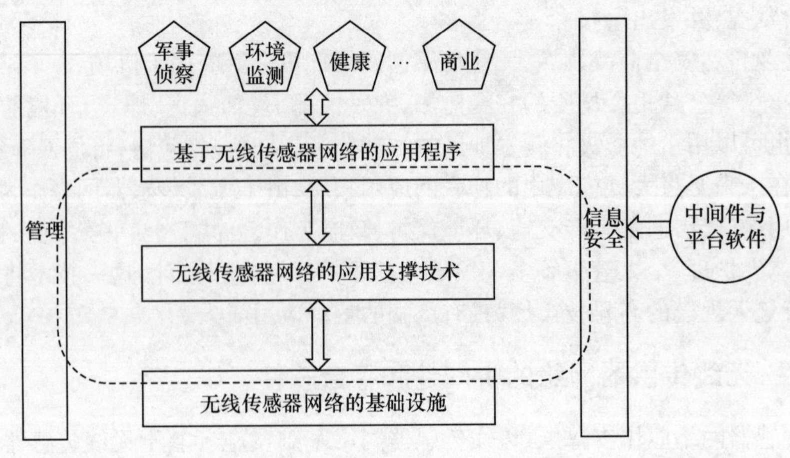

图 2 - 5　中间件和平台软件示意图

2.2.4 无线传感器网络通信体系

无线传感器网络的实现需要自组织网络技术，相对于一般意义上的自组织网络，无线传感器网络有以下特点，需要在体系结构的设计中特殊考虑。

（1）无线传感器网络中的节点数目众多，这就对传感器网络的可扩展性提出了要求，由于传感器节点的数目多、开销大，传感器网络通常不具备全球唯一的地址标识，这使得传感器网络的网络层和传输层相对于一般网络而言有很大的简化。

（2）自组织传感器网络最大的特点就是能量受限，传感器节点受环境的限制，通常由电量有限且不可更换的电池供电，所以在考虑传感器网络体系结构以及各层协议设计时，节能是设计的主要考虑目标之一。

（3）由于传感器网络应用的环境的特殊性，无线信道不稳定以及能源受限的特点，传感器网络节点受损的概率远大于传统网络节点，因此自组织网络的健壮性保障是必须的，以保证部分传感器网络的损坏不会影响全局任务的进行。

（4）传感器节点高密度部署，网络拓扑结构变化快。对于拓扑结构的维护也提出了挑战。

根据以上特性分析，传感器网络需要根据用户对网络的需求设计适应自身特点的网络体系结构，为网络协议和算法的标准化提供统一的技术规范，使其能够满足用户的需求。无线传感网络通信体系结构如图2－6所示，即横向的通信协议层和纵向的传感器网络管理面。通信协议层可以划分为物理层、数据链路层、网络层、传输层、应用层。而网络管理面则可以划分为能耗管理面、移动性管理面以及任务管理面，管理面的存在主要是用于协调不同层次的功能以求在能耗管理、移动性管理和任务管理方面获得综合考虑的最优设计。

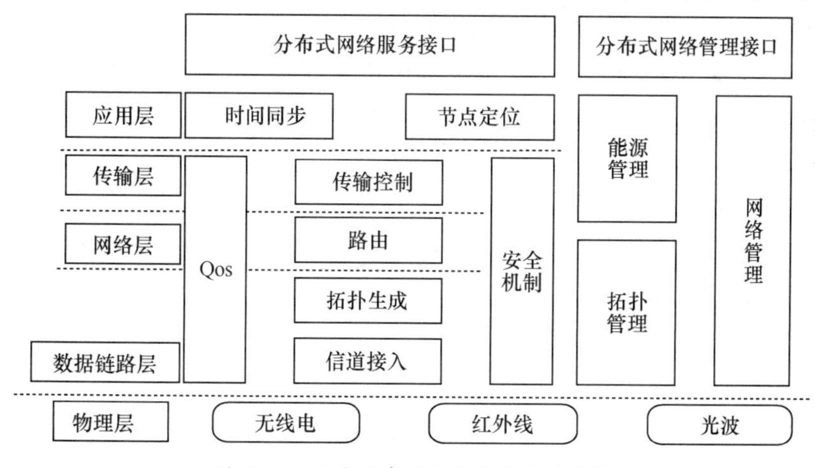

图2－6 无线传感器网络通信体系结构

2.2.5 无线传感器网络节点的分类

无线传感器网络节点按照功能划分可以分为无线传感器节点、汇聚节点和管理节点。

1. 传感器节点

传感器模块负责监测待测区域内信息的采集和数据转换；处理器模块负责控制无线传感器节点的具体操作，存储和处理无线传感器节点采集的数据以及其他节点发来的数据;无线通信模块则与其他无线传感器节点进行无线通信、交换控制信息以及接收和发送节点采集到的数据;能量供应模块负责为无线传感器节点提供运行所需的能量,提供两种供能方式,一种是无线传感器自带电池,另一种是配备电源适配器。

2. 汇聚节点

汇聚节点主要是将无线传感器节点收集到的信息汇集到一起,再通过无线通信方式传送到管理节点,起到中间连接的作用。无线传感器节点监测的数据沿着其他节点逐跳地进行传输,在传输过程中监测数据可能被多个节点按需处理,经过多跳路由到达汇聚节点,最后通过互联网或卫星到达管理节点。

3. 管理节点

管理节点是终端监测平台,用户通过管理节点对无线传感器网络进行配置和管理,发布监测任务以及收集监测数据。

2.3 无线传感器网络硬件平台

在传感器网络中,传感器节点具有端节点和路由的功能:一方面实现数据的采集和处理;另一方面实现数据的融合和路由,对本身采集的数据和收到的其他节点发送的数据进行综合,转发路由到网关节点。网关节点通常个数有限,在一般情况下能量能够得到补充。网关节点可以使用多种方式(如 Internet、卫星或移动通信网络等)与外界通信。而传感器节点数目非常庞大,通常采用不能补充的电池提供能量。传感器节点的能量一旦耗尽,那么该节点就不能进行数据采集和路由的功能,直接影响整个传感器网络的健壮性和生命周期。因此,传感器网络主要研究的是传感器网络节点。具体应用不同,传感器网络节点的设计也不尽相同,但是其基本结构类似。

如图 2-7 所示,一个典型的传感器节点由传感器模块、处理器模块无线通信模块和能量供应模块四部分组成。每一个模块的功能如下所示:

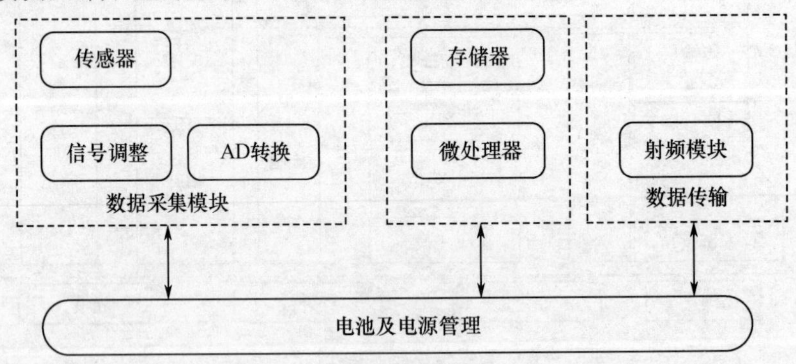

图 2-7 传感器节点结构图

(1) 传感器模块:负责感知区域内信息的采集和数据转换。

(2) 处理器模块:负责控制整个传感器节点的操作,存储处理本身采集的数据以及其他节点发来的数据。

(3) 无线通信模块:无线通信模块负责与其他传感器节点进行无线通信,交换控制信息和收发采集数据。

(4) 能量供应模块:为传感器节点提供运行所需的能量,通常采用微型电池。

一种典型的传感器节点架构如图 2-8 所示。

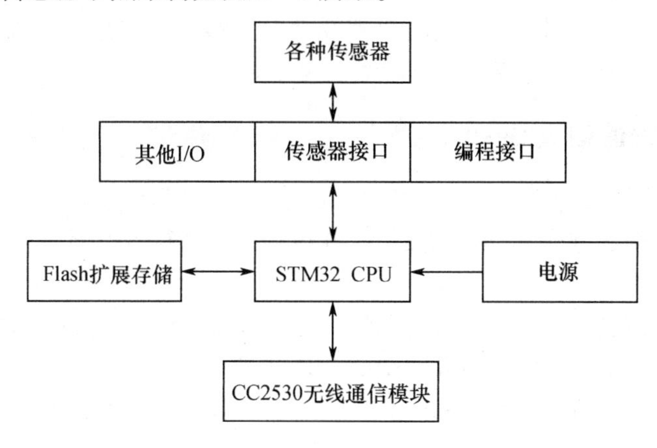

图 2-8　传感器节点架构示例

2.3.1　传感器模块

传感器种类很多,可以检测温湿度、光照、噪声、振动、磁场、加速度等物理量。传感器电源的供电电路设计对传感器模块的能量消耗来说非常重要。对于小电流工作的传感器(几百微安)可由处理器 I/O 口直接驱动,当不用该传感器时,将 I/O 口设置为输入方式。这样外部传感器没有能量输入,也就没有能量消耗,例如温度传感器 DS18B20 可以采用这种方式。对于大电流工作的传感器模块,I/O 口不能直接驱动传感器,通常使用场效应管来控制后级电路能量输入。当有多个大电流传感器接入时,通常使用集成的模拟开关芯片来实现电源控制。

传感器模块是硬件平台中真正与外部信号量接触的模块,一般包括传感器探头和变送系统两部分。探头根据实际需要和被测物理信号特征选择合适的传感器采集外部的如光照、压力、振动、湿度、温度、土壤盐碱等需要传感的信息,将其送入变送系统。后者完成将上述物理量转化为系统可以识别的原始电信号,并且通过积分电路、放大电路的整形处理,最后,经过 ADC 转换成数字信号。

2.3.2　处理器模块

处理器模块是无线传感器节点的核心,负责整个节点的设备控制、任务分配与调度、数据整合与转储等多个关键任务。考虑到无线传感器网络的实际特点,作为硬件平台的中心模块,除了应具备一般单片机的基本性能外,还应该有适应整个网络需要的特点,即尽可能高的集成度、尽可能低的能源消耗、尽量快的运行速度、尽可能多的 I/O 口和扩展接口、尽可能低的成本等。

处理器单元是传感器网络节点的核心,和其他单元一起完成数据的采集、处理和收发。从处理器的角度看,无线传感器网络节点基本可以分为两类。一类采用以 ARM 处理器为代表的高端处理器。该类节点的能量消耗比采用微控制器大很多,多数支持 DVS(动态电压调节)或 DFS(动态频率调节)等节能策略,但是其处理能力也强很多,适合图像等高数据量业务的应用;此外,采用高端处理器作为网关节点也是不错的选择,但是高端处理器功耗明显比低端微控制器高很多。另一类是以采用低端微控制器为代表的节点。该类节点的处理能力较弱,但是能量消耗功率也很小。在选择处理器时应该首先考虑系统对处理能力的需要,然后再考虑功耗问题。

2.3.3 无线通信模块

无线通信模块用于传感器节点间的数据通信。需要解决无线通信中载波频段选择、信号调制方式、数据传输速率、编码方式等,并通过天线进行节点间、节点与基站间数据的收发。

可以利用的传输媒体有空气、红外、激光、超声波等,常用的无线通信技术有:Wi-Fi、ZigBee、蓝牙(Bluetooth)、UWB、RFID、IrDA、NB-IoT、LoRa 等,如表 2-1 所列。此外,还有很多芯片双方通信的协议由用户自己定义,这些芯片一般工作在 ISM 免费频段。

表 2-1 无线通信技术对比

无线技术	频率	距离/m	功耗	传输速度/Kb/s
蓝牙	2.4GHz	10	低	1000
Wi-Fi	2.4GHz	100	高	11000
RFID	50kHz~5.8GHz	<5	—	200
Zigbee	2.4GHz	10~75	低	250
IrDA	红外线	1	低	16000
UWB	3.1~10.6GHz	10	低	100000

1. 蓝牙

蓝牙工作在 2.4GHz ISM(工业、科学、医学)频段,传输速率为 1Mb/s,传输距离大约为 10m,只要是两个可以支持蓝牙通信的设备,即可在传输距离内实现数据传输。

新的蓝牙 4.0 技术标准主要包括三项内容:传统蓝牙技术、高速蓝牙和低功耗蓝牙技术。除去电池续航时间、支持设备种类增加之外,蓝牙 4.0 技术其有效传输距离提升到了 60m。

蓝牙 4.0 的兼容性很强,可以兼容蓝牙所有版本,但是蓝牙 2.0 不能兼容高级版本的蓝牙设备。蓝牙 2.0 的传输速度只能达到当前速率的 3 倍左右,但是蓝牙 4.0 的传输速度是非常快的,而且还可以多设备连接,最少的时候可以是 8 个,最多的时候可以达到 27 个。

由于蓝牙传输协议和其他 2.4G 设备一样,都是共用这一频段的信号,这也难免导致信号互相干扰的情况出现。此外,蓝牙协议并不是一项免费的技术,任何使用这项技术的厂商都要向该组织交纳一笔专利费,而这部分费用也会体现在成本中,目前蓝牙音频设备价格依旧高于普通产品。

蓝牙 4.2 发布于 2014 年 12 月 2 日,它为 IoT 推出了一些关键性能,是一次硬件更新。但是一些旧有蓝牙硬件也能够获得蓝牙 4.2 的一些功能,如通过固件实现隐私保护更新。图 2-9 为一个典型的蓝牙模块示意图。

2. Wi-Fi

Wi-Fi,又称是 IEEE 802.11b 标准,是在 IEEE 802.11a 的网络规范基础上发展来

图 2-9　蓝牙模块示例

的,能将有线网络信号置换为无线信号,带宽可达 54Mb/s,在 2.4GHz 频段工作,通信距离最高可达 100m,视通信区域的封闭性而定,对于较封闭的区域,通信距离会短些。

Wi-Fi 使用简单,只要手头有支持 Wi-Fi 连接的设备,在热点覆盖的区域即可随时联网。其现在广泛应用在 PC、平板、手机等设备中,成为人们最熟悉的短距离通信方式。但是其安全性也广受怀疑,在很多免费提供 Wi-Fi 热点的地方,很多人会顾虑到自己的资料是否会被泄露,但是即使有这方面的顾虑,Wi-Fi 仍然越来越多地被引入到公共场合,为的就是提供一种便捷的、廉价的网络入口选择。只要安全性解决了,其会成为一种最优的联网选择。

3. RFID

RFID 标签无需像条码标签那样瞄准读取,只要置于读取设备形成的电磁场内就可以准确读到,适合与各种自动化的处理设备配合使用,同时减少甚至排除因人工干预数据采集而带来的人力资源、效率降低、产生差错以及纠错的成本。

RFID 每秒钟可进行上千次的读取,能同时处理许多标签,高效且高度准确,从而使企业能够在既不降低(甚至提高)作业效率,又不增加(甚至减少)管理成本的前提下,大幅度提高管理精细度,让整个作业过程实时透明,从而创造巨大的经济效益。

RFID 标签上的数据可反复修改,既可以用来传递一些关键数据,也使得 RFID 标签能够在企业内部进行循环重复使用,将一次性成本转化为长期摊销的成本,在进一步节约企业运行成本的同时,降低企业采用 RFID 技术的风险成本。

RFID 标签的识读,不需要以目视可见为前提,因为它不依赖于可见光,因而可以在那些条码技术无法适应的恶劣环境下使用,如高粉尘污染、野外等,这样能进一步扩大自动识别技术的应用范围。

虽然 RFID 具有上述优点,但是缺点也不容忽视,RFID 技术在现阶段还存在成本较高、难以适应复杂应用场景等问题。

4. ZigBee

ZigBee 技术是一种先进的近距离、低复杂度、低功耗、低数据速率、低成本、高可靠性、高安全性的双向无线通信技术，其基础是 IEEE 802.15.4 国际标准协议。目前在世界范围内，Zigbee 技术已经在医疗、农业、汽车、通信、电力、智能化控制多种行业获得了广泛的应用。

Zigbee 技术的主要优点是数据传输速率低、功耗低、抗干扰性强、成本低、时延短、高安全性、高可靠性、网络容量大、优良的网络拓扑能力、工作频段灵活等。

5. IrDA

IrDA 是一种利用红外线进行点对点通信的技术，最高速度标准为 4Mb/s，通信距离在 1m 以内，同时在点对点通信时要求接口对准角度不能超过 30°，红外信号要求视距传输，方向性强，对邻近区域的类似系统也不会产生干扰，并且窃听困难。在应用上，IrDA 技术和蓝牙技术有惊人的相似之处，笔记本电脑、手持设备、计算机外设等也是 IrDA 目前重要的应用领域。

IrDA 的主要优点：

（1）无需专门申请特定频率的使用执照，这一点在当前频率资源匮乏、频道使用费用增加的背景下是非常重要的。

（2）具有移动通信设备所必需的体积小、功率低的特点。HP 公司目前已推出结合模块应用的约从 2.5mm×8.0mm×2.9mm 到 5.3mm×13.0mm×3.8mm 的专用器件，与同类技术相比，耗电量最低。

传输速率在适合于家庭和办公室使用的无线通信技术中是最高的，由于采用点到点的连接，数据传输所受到的干扰较少，速率可达 4Mb/s。

IrDA 的局限性：

尽管 IrDA 技术免去了线缆，使用起来仍然有许多不便，实际应用中由于红外线具有很高的背景噪声，受日光、环境照明等影响较大，一般要求的发射功率较高。同时，它不仅通信距离短，而且还要求必须在视线上直接对准，中间不能有任何阻挡。另外，IrDA 技术只限于在 2 个设备之间进行链接，不能同时链接多个设备。红外线 LED 作为 IrDA 设备的核心部件，是一种不耐用的器件，频繁使用会大大缩短其使用寿命。

6. NB-IoT

物联网世界存在大量的传感类、控制类连接需求，这些连接速率要求很低，但对功耗和成本非常敏感，且分布很广、海量，现有 3G/4G 技术从成本上无法满足需求；目前 2G 虽然已在承担一部分对功耗要求相对不高的业务需求，但明显还有大量需求无法满足，也不是长期的发展方案。这类低功耗、广覆盖的业务称为低功耗广域（Low Power Wide Area，LPWA）类业务。LPWA 类业务连接是全球产业关注的重要市场，也是公司面向大连接战略应当考虑满足的场景之一，但现有 2G/3G/4G 网络难以承担这类业务。

LPWA 类业务急需解决的问题有：

（1）终端功耗过高。

（2）无法满足海量终端需求。

（3）典型场景网络覆盖不足。

（4）综合成本太高。

NB-IoT 采用超窄带、重复传输、精简网络协议等设计，以牺牲一定速率、时延、移动性性能，获取面向 LWPA 物联网的承载能力。

NB－IoT 的 200kHz 带宽，易于 2G 网络升级支持，同时子载波采 15/3.75kHz（与 LTE 子载波相同或 1/4），可以独立部署，也可以与 LTE 共载波部署；NB－IoT 初步满足大连接要求，未来还可以进一步满足 5G 需求，成为 5G 的一部分。

NB－IoT 具备 4 大特点：

（1）广覆盖，将提供改进的室内覆盖，在同样的频段下，NB－IoT 比现有的网络增益 20dB，覆盖面积扩大 100 倍。

（2）具备支撑海量连接的能力，NB－IoT 一个扇区能够支持 10 万个连接，支持低延时敏感度、超低的设备成本、低设备功耗和优化的网络架构。

（3）更低功耗，NB－IoT 终端模块的待机时间可长达 10 年。

（4）更低的模块成本，企业预期的单个接连模块不超过 5 美元。

2016 年 6 月 16 日，在韩国釜山召开的 3GPPRAN 全会第七十二次会议上，NB－IoT 作为大会的一项重要议题，其对应的 3GPP 协议相关内容获得了全会批准，标志着受无线产业广泛支持的 NB－IoT 标准核心协议的相关研究全部完成。标准化工作的成功完成也标志着 NB－IoT 即将进入规模商用阶段，物联网产业发展蓄势待发。

7. LoRa

LoRa 作为低功耗广域网（LPWAN）中的一种无线技术，相对于其他无线技术（如 Sigfox、NB－IOT 等），LoRa 产业链较为成熟、商业化应用较早。Semtech 也与一些半导体公司（如 ST、Microchip 等）合作提供芯片级解决方案，有利于客户获得 LoRa 产品并采用 LoRa 无线技术并实现物联网应用。

LoRa 是物理层或无线调制用于建立长距离通信链路。许多传统的无线系统使用频移键控（FSK）调制作为物理层，因为它是一种实现低功耗的非常有效的调制。LoRa 是基于线性调频扩频调制，它保持了与 FSK 调制相同的低功耗特性，但明显地增加了通信距离。由于其可以实现长通信距离和干扰的鲁棒性，线性扩频已在军事和空间通信领域使用了数十年，但是 LoRa 是第一个用于商业用途的低成本实现。

2016 年 1 月 28 日，中兴微电子与美国 Semtech 公司签署了战略合作协议，双方将在 LoRa 芯片及应用层面进行深入合作，并在智慧城市领域开展网络的建设，促进产业链的发展。中兴微电子以及各厂家将围绕 LoRa 技术在各行业应用创新展开工作，积极推动标准进展，制定统一的 LoRa 应用规范。积极打造中国 LoRa 应用的“技术交流平台”“方案验证平台”“市场合作平台”、“资源对接平台”和“创新孵化平台”。

2.3.4 能量供应模块

能量供应模块作为整个无线传感器节点的基础模块，是节点正常工作的保证。由于是无线网络，所以无法采用普通的工业电能，只能够使用自身已存储的能源或者是自然界的给予。因此，采用什么能源、采取什么样的供电方式显得尤为重要。能量供应模块中，必须解决好能源消耗与网络运行可靠性的关系。

一般采用干电池或者太阳能电池。电池种类很多，电池储能大小与形状、活动离子的扩散速度、电极材料的选择等因素有关。无线传感器网络节点的电池一般不易更换，所以选择电池非常重要，DC－DC 模块的效率也至关重要。另外，还可以利用自然界的能源来补充电池的能量。按照能否充电，电池可分为可充电电池和不可充电电池；根据电极材料，电池可以分为镍铬电池、镍锌电池、银锌电池和锂电池、锂聚合物电池等。一般不可充电电池比可充电电池能量密度高，如果没有能量补给来源，则应选择不可充电电池。在可充电电池中，锂电池和锂聚合物电池的能量密度最高，但是成本也比较高。镍锰电池和锂聚合物电池是唯一没有毒性的可充电电池。无线传感器网络节点一般工作在户外，可以利用自然能源来补给电池的能量。自然界可利用的能量有太阳能、电磁能、振动能、核能等。由于可充电电池的次数是有限的，而且大多数可充电电池有记忆效应，因此不能频繁对电池充电，否则会大大缩短电池的使用寿命。

2.3.5 唤醒机制

在电源总量很难增加的情况下，通过提高电源利用率可以有效地延长传感器网络的寿命。睡眠唤醒机制是解决电源利用率的主要途径，有许多很好的方案供选择。目前，比较普遍的是采用周期性睡眠唤醒的方法，这种方法的工作原理是让网络内的节点周期性睡眠和唤醒。

无线传感器网络节点唤醒方式分全唤醒模式、随机唤醒模式、由预测机制选择唤醒模式和任务循环唤醒模式。

（1）全唤醒模式：这种模式下，无线传感器网络中的所有节点同时唤醒，探测并跟踪网络中出现的目标，虽然这种模式下可以得到较高的跟踪精度，然而是以网络能量的巨大消耗为代价的。

（2）随机唤醒模式：这种模式下，无线传感器网络中的节点由给定的唤醒概率 p 随机唤醒。

（3）由预测机制选择唤醒模式：这种模式下，无线传感器网络中的节点根据跟踪任务的需要，选择性的唤醒对跟踪精度收益较大的节点，通过当前的信息预测目标下一时刻的状态，并唤醒节点。

（4）任务循环唤醒模式：这种模式下，无线传感器网络中的节点周期性地处于唤醒状态，这种工作模式的节点可以与其他工作模式的节点共存，并协助其他工作模式的节点工作。

其中由预测机制选择唤醒模式可以获得较低的能耗损耗和较高的信息收益。

2.4 无线传感网络协议

无线传感器网络的通信协议栈通常包括物理层、数据链路层、网络层、传输层和应用层，如图 2-10 所示，与互联网协议栈的五层协议相对应。另外，协议栈还包括能量管理平台、移动管理平台和任务管理平台。这些管理平台使得传感器节点能够按照能源情况高效的方式协同工作，在节点移动的传感器网络中转发数据，并支持多任务和资源共享。

2.4.1 物理层

物理层主要实现了信号的调制、发送与接收。物理层的主要工作是负责频段的选择、信号的调制以及数据的加密等。对于距离较远的无线通信来说，从实现的复杂性和能量的消耗来考虑，代价都是很高的。

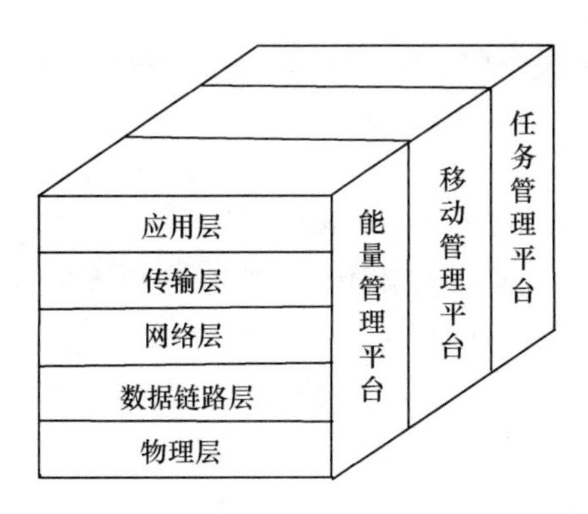

图 2-10　无线传感器网络通信协议栈

无线传感器节点一般由四个基本模块组成，包括传感模块、处理模块、通信模块和电源模块。传感模块包含传感器和模数转换器(ADC)两个子模块。传感器采集的模拟信号经过模数转换器转成数字信号后传给处理模块，处理模块根据任务需求对数据进行预处理，并将结果通过通信模块送到网上。

能耗和成本是无线传感器网络的最主要的两个性能指标，也是指导无线传感器网络物理层协议设计的关键因素。

物理层协议涉及无线传感器网络采用的传输媒体、选择的频段以及调制方式。目前，无线传感器网络采用的传输媒体主要包括无线电、红外线和光波等。无线电波易于产生，传播距离较远，容易穿透建筑物，在通信方面没有特殊的限制，比较适合无线传感器网络在未知环境中的自主通信需求，是目前无线传感器网络的主流传输方式。

2.4.2　数据链路层

数据链路层用于解决信道的多路传输问题。数据链路层的工作集中在数据流的多路技术、数据帧的监测、介质的访问和错误控制，保证了无线传感器网络中点到点或一点到多点的可靠连接。

数据链路层就是利用物理层提供的数据传输功能，将物理层的物理连接链路转换成逻辑连接链路，从而形成一条没有差错的链路，保证链路的可靠性。

数据链路层也向它的上层——网络层提供透明的数据传送服务，主要负责数据流多路复用、数据帧监测、媒体介入和差错控制，保证无线传感器网络内点到点以及点到多点的连接。

无线传感器网络的数据链路层研究的主要内容就是介质控制协议(MAC)层协议和差错控制。

怎样实现无线传感器网络中无线信道的共享，即 MAC 的实现是无线传感器网络数据链路层研究的一个重点，MAC 协议的好坏直接影响网络的性能优劣。

按节点接入方式划分，发送节点发送数据包给目的节点，目的节点接收到数据包的通知方式通常可分为侦听、唤醒和调度三种 MAC 协议；

(1) 侦听 MAC 协议主要采用间断侦听的方式。

(2) 唤醒 MAC 协议主要采用基于低功耗的唤醒接收机来实现，当然也有集合侦听和唤醒两种方式的 MAC 协议，如低功耗前导载波侦听 MAC 协议。

(3) 调度 MAC 协议主要使用于广播中,广播的数据信息包含了接收节点何时接入信道与何时控制接收节点开启接收模块。

2.4.3 网络层

网络层对传输层提供的数据进行路由。大量的传感器节点散布在监测区域中,需要设计一套路由协议来供采集数据的传感器节点和基站节点之间的通信使用。

在无线传感器网络中,路由协议主要用于确定网络中的路由,实现节点间的通信。但是由于受节点能量和最大通信范围的限制,两个节点之间往往不能直接进行数据交换,而需要以多跳的形式进行数据的传输。无线传感器的网络层就主要负责多跳路由的发现和维护,这一层的路由协议主要包括 2 个方面:

(1) 路由的选择:即寻找一条从源节点到目的节点的最优路径。

(2) 路由的维护:保证数据能够沿着这条最优路径进行数据的转发。

无线传感器网络网络层路由协议具有以下几个要点:

(1) 由于无线传感器中电池不可替换,高效、均衡地利用能量是好的协议所必须考虑的首要因素。

(2) 无线传感器网络中协议应尽量精简,无复杂的算法,无大容量的冗余数据需要存储,控制开销少。

(3) 网络的互联通过 Sink 节点来完成,其余节点不提供网外的通信。

(4) 网络中无中心节点,多采用基于数据或基于位置的路由算法机制。

(5) 由于节点的移动或失效,一般采用多路径备选。

2.4.4 传输层

传输层是是最靠近用户数据的一层,主要负责在源和目标之间提供可靠的、性价比合理的数据传输功能。为了实现传输层对上层透明,可靠的数据传输服务,传输层主要研究端到端的流量控制和拥塞的避免,保证数据能够有效无差错地传输到目的节点。

传统的 Internet 主要采用 TCP/IP 协议,也有的使用 UDP 协议,其中 UDP 采用的是无连接的传输,虽然能够保证网络的实时性,时延非常小,但其数据丢包率较高,不能保证数据可靠传输,不适用于无线传感器网络。TCP 协议提供的是端到端的可靠数据传输,采用重传机制来确保数据被无误地传输到目的节点。

由于无线传感器网络自身的特点,TCP 协议不能直接用于无线传感器网络,原因如下:

(1) TCP 协议提供的是端到端的可靠信息传输,而无线传感器网络中存在大量的冗余信息,要求节点能够对接收到的数据包进行简单的处理。

(2) TCP 协议采用的三次握手机制,而且无线传感器网络中节点的动态性强,TCP 没有相对应的处理机制。

(3) TCP 协议的可靠性要求很高,而无线传感器网络中只要求目的节点接收到源节点发送的事件,可以有一定的数据包丢失或者删除。

(4) TCP 协议中采用的 ACK 反馈机制,这个过程中需要经历所有的中间节点,时延非常高且能量消耗也特别大;而无线传感器网络中对时延的要求比较高,能量也非常有限。

(5) 对于拥塞控制的无线传感器网络协议来说,有时非拥塞丢包是比较正常的,但是在 TCP 协议中,非拥塞的丢包会引起源端进入拥塞控制阶段,从而降低网络的性能。

(6) 最后一点也最重要,在 TCP 协议中,每个节点都被要求有一个独一无二的 IP 地址,而在大规模的无线传感器网络中基本上不可能实现的,也是没有必要的。

传输层用于维护传感器网络中的数据流,是保证通信服务质量的重要部分。当传感器网络需要与其他类型的网络连接时,例如基站节点与任务管理节点之间的连接就可以采用传统的 TCP 或者 UDP 协议。但是在传感器网络的内部是不能采用这些传统协议的,它需要一套代价较小的协议,如 2.5 节介绍的 Zigbee 协议。

无线传感器网络传输层的关键问题包括拥塞控制、丢包恢复和优先级策略。

1. 拥塞控制

造成无线传感器网络拥塞的原因有很多,如节点收到数据过多过快、处理能力有限、冗余数据太多、缓存区太小等都可能造成拥塞,而无线传感器网络的汇聚特性更加剧了靠近 Sink 节点附近网络的拥塞,因此快速检测并控制拥塞就变得非常有意义

2. 丢包恢复

如果在无线传感器网络中采用端到端的传输和丢包恢复,则需要追踪整条链路的路径,传输延迟高,而且能量消耗也非常大,明显不适于对实时性要求高的无线传感器网络。在反馈过程中,反馈控制消息需要经过所有中间节点,在此过程中还需要维护每个节点的路径信息,而这些工作在逐跳网络中是根本不必要的,而且浪费能量。

3. 优先级策略

在无线传感器网络中,优先级可以被分为两类。

(1) 基于事件的优先级:在不同的源节点采集不同的数据时,这些数据本身就有不同的优先级,如战场数据优先级高,因此在数据包中这种事件要被标成紧急事件,这是采用的在数据包头填充进优先级变量,变量值越大则证明这个数据包应该先被处理。

(2) 基于节点的优先级:节点类型不同,所在的位置不同,节点的优先级也不同,例如接近汇聚节点附近的节点由于容易发生拥塞,因此应该给予这些节点发送的数据包比较高一点的优先级。

2.4.5 应用层

根据应用的具体要求的不同,不同的应用程序可以添加到应用层中。

无线传感器网络应用层软件具有如下基本功能:

(1) 通信功能:实现上位机应用层软件系统与汇聚节点的通信及上位机服务器与客户端应用层软件间的通信,并提供数据抽取、校验和出错重发、超时判断等机制,提高网络通信性能。

(2) 数据管理功能:利用数据库技术对传感器网络数据进行合理的有针对性的存储和管理,实现基于该数据库的数据查询和统计等操作。

(3) 用户交互功能:包括无线传感器网络参数配置、历史数据上传、历史数据查询和实时监控模块。各模块主要通过 UI 设计并调用本软件封装的相关后台组件程序提供用户对传感器网络的操控和数据查询。

2.4.6 能量管理平台

能量管理平台可以帮助传感器节点在较低的能耗的前提下协作完成某些任务。能量管理平台可以管理一个节点怎样使用它的能量。例如,一个节点接收到它的一个邻近节点发送过来的消息之后,它就把它的接收器关闭,避免收到重复的数据。同样,一个节点的能量太低时,它会向周围节点发送一条广播消息,以表示自己已经没有足够的能量来帮它们转发数据,这样它就可以不再接收邻居发送过来的需要转发的消息,进而把剩余能量留给自身消息的发送。

传感器节点大多由能量十分有限的电池供电,并且长期在无人值守的状态下工作。由于传感器网络中节点个数多、分布区域广、所处环境复杂,通过更换电池的方式来补充能源是不现实的,必须对无线传感器网络节点进行能量管理,采用有效的节能策略降低节点的能耗,延长网络的生存期。

传感器节点中的传感模块的能耗比计算模块和通信模块低得多,因此,通常只对计算模块和通信模块的能耗进行讨论。最常用的节能策略是采用休眠机制,即把没有传感任务的传感器节点的计算和通信模块关掉或者调节到更低能耗的状态,从而达到节省能量的目的。此外,动态电压调节和动态功率管理、数据融合、减少控制报文、减小通信范围和短距离多跳通信等方法也可以降低网络的能耗。

2.4.7 移动管理平台

移动管理平台能够记录节点的移动,同时与任务管理平台进行协作。任务管理平台用来平衡和规划某个监测区域的感知任务,因为并不是所有节点都要参与到监测活动中,在有些情况下,剩余能量较高的节点要承担多一点的感知任务,这时需要任务管理平台负责分配与协调各个节点的任务量的大小,有了这些管理平台的帮助,节点可以以较低的能耗进行工作,可以利用移动的节点来转发数据,可以在节点之间共享资源。

2.4.8 任务管理平台

任务管理平台能够控制任务的启动、暂停、终止,能够获取任务的执行结果和进行多任务间的通信协作。

2.5 基于 ZigBee 的无线传感器网络

近年来,随着电子技术和网络技术的飞速发展,无线网络始终是一个热门的话题。在智能家庭和工业控制领域,人们迫切希望能够产生出一个短距离、低比特率、低功耗的无线网络。为了实现这个目标,在国内外的有关研究机构、生产厂商进行了不懈的努力之后,ZigBee 网络层标准和 IEEE802.15.4 数据链路层标准应运而生。

无线传感器网络是集信息采集、信息传输、信息处理于一体的综合智能信息系统,具有低成本、低功耗、低数据速率、自组织网络等特点。而 ZigBee 技术是为低速率传感器和控制网络设计的标准无线网络协议栈,是一种适合无线传感器网络的标准。ZigBee 无线传感器网络是基于 ZigBee 技术的无线传感器网络。在许多行业有巨大的应用潜力,如在环境监控、物流管理、医疗监控、交通管理和军事侦察等方面的应用。

如图 2-11 所示为 ZigBee 开发套件示意图。

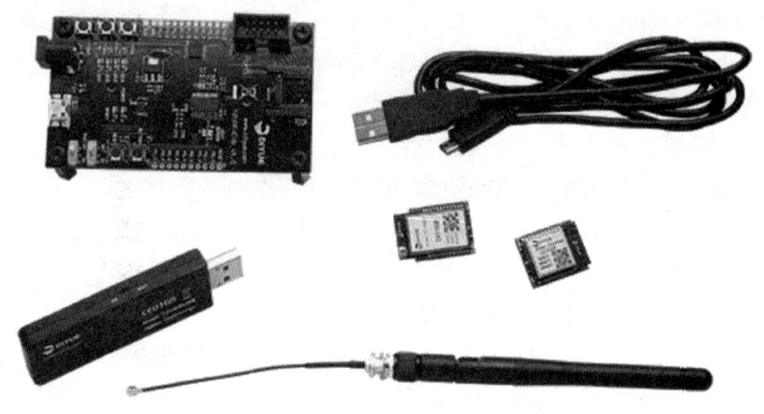

图 2-11　ZigBee 开发套件示意图

2.5.1　ZigBee 标准与协议

IEEE 标准化协会针对无线传感器网络需要低功耗、短距离的无线通信技术为低速无线个人区域网络(Low - Rate Wireless Personal Network, LR - WPAN)制定了 IEEE 802.15.4 标准。该标准把低能量消耗、低速率传输、低成本作为重点目标,旨在为个人或者家庭范围内不同设备之间低速互连提供统一标准。IEEE 802.15.4/ZigBee 协议栈结构如图 2-12 所示。协议栈中物理层与 MAC 层由 IEEE 定义,网络层与应用程序框架由 ZigBee 联盟定义,上层应用程序由用户自行定义。

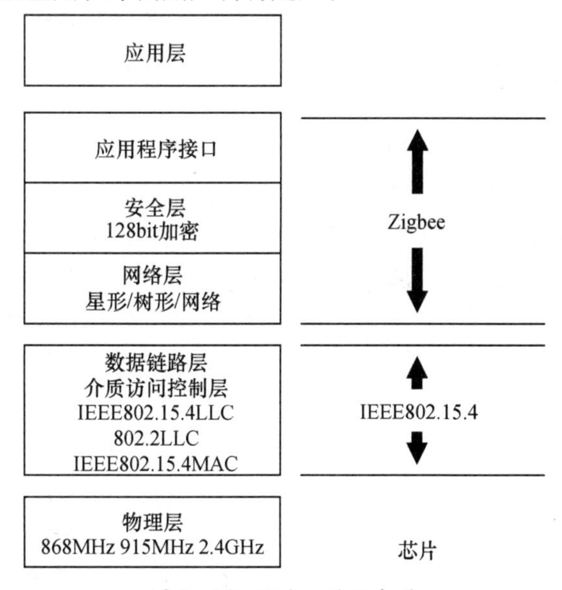

图 2-12　Zigbee 协议分层

1. 应用层

应用层用于把不同的应用映射到 ZigBee 网络层上,其中包括安全与鉴权、多个业务数据流的汇聚、设备发现及业务发现。

2. 网络/安全层

网络层主要实现节点加入或离开网络、接收或抛弃其他节点、路由查找及传送数据等功能,支持 Cluster - Tree、AODVjr、Cluster - Tree + AODVjr 等多种路由算法,支持星形(Star)、树形(Cluster - Tree)、网格(Mesh)等多种拓扑结构,提供合适的连接应用层的接口。其中数据服务入口实现网络级协议数据单元、协议特定路由;管理入口实现配置一个新设备、启动一个网络、加入或离开网络、地址分配等。安全方面的规范涉及 ZigBee 所提供的安全性方法,包括密钥建立、密钥传输、框架保护、设备管理等。

3. MAC

MAC 层遵循 IEEE802.15.4 协议,负责设备间无线数据链路的建立、维护和结束;确认模式的数据传送和接收,可选时隙,实现低延迟传输;支持各种网络拓扑结构。网络中每个设备为 16 位地址寻址。MAC 子层中有 4 种类型的帧:数据帧、标志帧、命令帧及确认帧。为了提高传输数据的可靠性,IEEE 802.15.4 采用了 CSMA/CA 的信道接入方式和完全握手协议。

4. 物理层(PHY)

IEEE802.15.4 定义了 2.4GHz 物理层和 868/915MHz 物理层两个物理层标准,两个物理层都基于直接序列扩频(Direct Sequence Spread Spectrum,DSSS),使用相同的物理层数据包格式,区别是工作频率、调制技术、扩频码片长度和传输速率不同。2.4GHz 波段为全球统一的 ISM 频段,无需申请,有助于 ZigBee 设备的推广和生产成本的降低。ZigBee 协议具有 16 个信道,能够提供 250Kb/s 的传输速率,物理层采用的是 O - QPSK 调制。

ZigBee 协议主要采用了 3 种组网方式:星型网络、网状网络及混合网络。为了降低产品功耗,ZigBee 规范定义了 3 种类型的设备:协调器、全功能设备、精简功能设备。

ZigBee 协调器是启动和配置网络的一种设备,包含所有的网络消息,是 3 种设备类型中最复杂的一种,存储容量最大、计算能力最强。发送网络信标、建立一个网络、管理网络节点、存储网络节点信息、寻找一对节点间的路由消息、不断地接收信息。它承担了网络协调者的功能,作为网络节点的集中组织者、协调者,可以同网络中的任何设备通信,可存在于任何拓扑结构中;协调器可以保持间接寻址用的绑定表格,支持关联,同时还能设计信任中心和执行其他活动。一个 ZigBee 网络只允许有一个 ZigBee 协调器。ZigBee 网络最初是由协调器发动并且建立。协调器首先进行信道扫描,采用一个其他网络没有使用的空闲信道,同时规定 Cluster - Tree 的拓扑参数,如最大的儿子数、最大层数、路由算法、路由表生存期等,协调器可以即时掌握网络的所有节点信息,维护网络信息库。

全功能设备可以担任网络协调者,形成网络,让其他的全功能设备或精简功能装置连接,全功能设备具备控制器的功能,可提供信息双向传输。全功能设备附带由标准指定的全部 802.15.4 功能和所有特征,其更多的存储器、计算能力可使其在空闲时起网络路由器作用,也能用作终端设备。

精简功能设备能传送信息给全功能设备或从全功能设备接收信息。附带有限的功能来控制成本和复杂性,在网络中通常用作终端设备。

2.5.2 ZigBee 网络的拓扑形式

ZigBee 技术具有强大的组网能力,可以形成星型、树型和网状网络,可以根据实际项目需要来选择合适的网络结构。

星形拓扑是最简单的一种拓扑形式,如图 2 - 13 所示。星形拓扑包含一个协调器和一系列的终端节点。每一个终端节点只能和协调器节点进行通信。如果需要在两个终端节点之间进行通信必须通过协调器节点进行信息的转发。

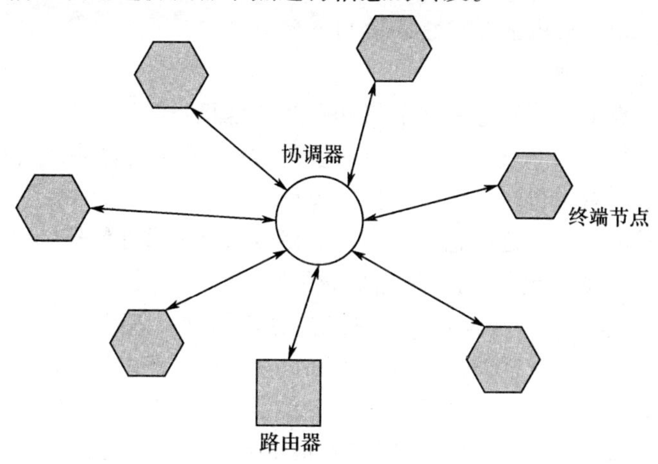

图 2 - 13 星形拓扑

星形拓扑形式的缺点是节点之间的数据路由只有唯一的一个路径。协调器有可能成为整个网络的瓶颈。实现星形网络拓扑不需要使用 ZigBee 的网络层协议,因为本身 IEEE 802. 15. 4 的协议层就已经实现了星形拓扑形式,但是这需要开发者在应用层做更多的工作,包括自己处理信息的转发。

树形拓扑包括一个协调器以及一系列的路由器和终端节点。协调器连接一系列的路由器和终端节点,协调器的子节点的路由器也可以连接一系列的路由器和终端节点,这样可以重复多个层级。树形拓扑的结构如下图 2 - 14 所示。

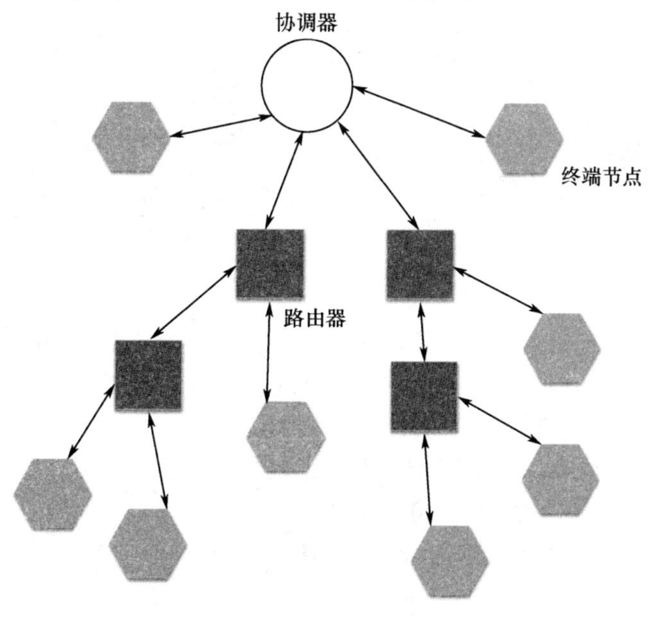

图 2 - 14 树形拓扑

需要注意的是：

(1) 协调器和路由器节点可以包含自己的子节点。

(2) 终端节点不能有自己的子节点。

(3) 有同一个父节点的节点之间称为兄弟节点。

(4) 有同一个祖父节点的节点之间称为堂兄弟节点。

树形拓扑中的通信规则：

(1) 每一个节点都只能和他的父节点和子节点之间通信。

(2) 如果需要从一个节点向另一个节点发送数据，那么信息将沿着树的路径向上传递到最近的祖先节点然后再向下传递到目标节点。

树形拓扑方式的缺点就是信息只有唯一的路由通道。另外信息的路由是由协议栈层处理的，整个的路由过程对于应用层是完全透明的。

Mesh 网状拓扑包含一个协调器和一系列的路由器和终端节点。这种网络拓扑形式和树形拓扑相同，但是，网状网络拓扑具有更加灵活的信息路由规则，在可能的情况下，路由节点之间可以直接的通信。这种路由机制使得信息的通信变得更有效率，而且意味这一旦一个路由路径出现了问题，信息可以自动地沿着其他的路由路径进行传输。网状拓扑的示意图如图 2-15 所示。

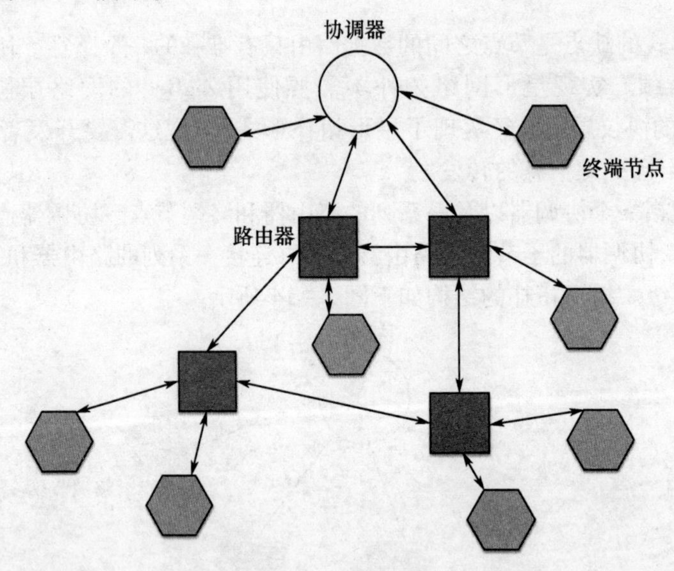

图 2-15　网状拓扑

通常在支持网状网络的实现上，网络层会提供相应的路由探索功能，这一特性使得网络层可以找到信息传输的最优化的路径。需要注意的是，以上所提到的特性都是由网络层来实现，应用层不需要进行任何的参与。

Mesh 网状网络拓扑结构的网络具有强大的功能，包括：

(1) 网络可以通过“多级跳”的方式来通信。

(2) 该拓扑结构还可以组成极为复杂的网络。

(3) 网络还具备自组织、自愈功能。

星型和树型网络适合点对多点、距离相对较近的应用。

2.5.3 Zigbee 协议的优点

1. 功耗低

由于 ZigBee 的传输速率低，发射功率仅为 1mW，而且采用了休眠模式，功耗低，因此 ZigBee 设备非常省电。据估算，ZigBee 设备仅靠两节 5 号电池就可以使用 6 ~ 2 年，这是其他无线通信设备望尘莫及的。

2. 成本低

ZigBee 模块的初始成本在 6 美元左右，估计很快就能降到 1.5 ~ 2.5 美元，并且 ZigBee 协议是免专利费的。低成本对于 ZigBee 应用的普及也是一个关键的因素。

3. 时延短

通信时延和从休眠状态激活的时延都非常短。典型的搜索设备时延为 30ms，休眠激活的时延是 15ms，活动设备信道接入的时延为 15ms。因此，ZigBee 技术适用于对时延要求苛刻的无线控制（如工业控制场合等）应用。

4. 网络容量大

一个星型结构的 ZigBee 网络最多可以容纳 254 个从设备和 1 个主设备，而且网络组成非常灵活。

5. 可靠

采用碰撞避免策略，同时为需要固定带宽的通信业务预留了专用时隙，避开了发送数据的竞争和冲突。MAC 层采用了完全确认的数据传输模式，每个发送的数据包都必须等待接收方的确认信息。如果传输过程中出现问题，可以进行重发。

6. 安全

ZigBee 提供了基于循环冗余校验（CRC）的数据包完整性检查功能，支持鉴权和认证，采用了 AES - 128 的加密算法，各个应用可以灵活确定其安全属性。

第3章　RFID与物联网

3.1　RFID技术

RFID是一种无线通信技术，也是自动识别技术的一种，俗称电子标签。该技术是一项利用射频信号通过空间耦合实现非接触式信息传递，并通过所传递的信息达到识别目的的技术。它通过无线射频方式获取物体的相关数据，并对物体加以识别，识别工作无须人工干预，可工作于各种恶劣环境。RFID技术无需识别系统与特定目标之间建立机械或者光学接触，即可完成信息的输入与处理，能够迅速、实时、准确地采集和处理信息。

RFID技术以电子标签来标志某个物体，电子标签包含电子芯片和天线，电子芯片用来存储物体的数据，天线用来收发无线电波。电子标签的天线通过无线电波将物体的数据发射到附近的RFID读写器，RFID读写器就会对接收到的数据进行收集和处理。

无线电的信号是通过调成无线电频率的电磁场，把数据从附着在物品上的标签上传送出去，以自动辨识与追踪该物品。某些标签在识别时从识别器发出的电磁场中就可以得到能量，并不需要电池；也有标签本身拥有电源，并可以主动发出无线电波（调成无线电频率的电磁场）。标签包含了电子存储的信息，数米之内都可以识别。与条形码不同的是，射频标签不需要处在识别器视线之内，也可以嵌入被追踪物体之内。图3-1为某款典型的RFID电子标签。

图3-1　典型的RFID电子标签

RFID技术利用无线射频技术进行非接触数据交换，可以识别高速运动的物体，实现远程读取，并可同时识别多个目标。RFID是一种突破性的技术，一是可以识别单个的非常具体的物体，而不是像条形码那样只能识别一类物体；二是其采用无线电射频，可以透过外部材料读取数据，而条形码必须靠激光来读取信息；三是可以同时对多个物体进行识读，而条形码只能一个一个地读。此外，储存的信息量也非常大。

许多行业都运用了 RFID 技术。将标签附着在一辆正在生产中的汽车,厂方便可以追踪此车在生产线上的进度。仓库可以追踪药品的所在。射频标签也可以附于牲畜与宠物上,方便对牲畜与宠物的积极识别(积极识别意思是防止数只牲畜使用同一个身份)。RFID 的身份识别卡可以使员工得以进入锁住的建筑部分,汽车上的射频应答器也可以用来征收收费路段与停车场的费用。RFID 技术作为一种自动识别与数据采集技术快速进入制造业、交通、物流以及矿业等领域,并得到了广泛应用,且应用行业不断扩大、发展和完善,正成为一个跨专业的独立领域。

RFID 技术与传统的条码识别技术相比,有如下几个优势。

(1) 体积小型化,形状多样化。RFID 在读取上并不受尺寸大小与形状限制,不需为了读取精确度而配合纸张的固定尺寸和印刷品质,而且 RFID 标签正往小型化与多样形态发展,以应用于不同产品。图 3-2 为种类繁多的 RFID 产品。

图 3-2 种类繁多的 RFID 产品

(2) 容量大。RFID 芯片数据容量很大,而且随着技术发展,容量还有增大的趋势。RFID 标签的容量可达二维条码的几十倍,随着记忆载体的发展,数据的容量会日益增大,从而能满足信息流量不断增大和信息处理速度不断提高的需要。

(3) RFID 抗污损能力强。RFID 芯片与 RFID 读卡器对水、油和化学药品等物质具有很强抵抗性。并且传统的条码载体都是纸张,它经常附着在纸箱和熟料带上面,十分容易折损。若条码受到污损,将会影响到物体信息的正确识别。

(4) 更加精准。RFID 技术识别相比传统智能芯片更精确,识别的距离更灵活,可以做到穿透性和无屏障阅读,并且内部数据内容经由密码保护,使其内容不易被伪造及变造。

(5) RFID 是催生与促进物联网的动力。要实现物联网,首先要将物理世界中那些不具备有智能的种种“物”互联起来。RFID 采用电子芯片存储信息,可以随时随地对新增、修改、删除内部储存数据的变化进行信息的更新。

(6) 安全性。RFID 内部数据内容经由密码保护,使其内容不易被伪造及变造。

然而,RFID 技术在推广中也存在一定的劣势:

(1) 价格成本过高。RFID 从标签到芯片再到读写器、中间件的一整套设备的价格较高,再加上系统布设成本、系统维护成本以及可能存在的市场接受风险,严重阻碍了 RFID 的市场推广。例如,很长一段时间内,国内读写器的均价在 5000 元以上,超高频读写器则达到 10000 元以上。

(2) 技术限制。RFID 技术尚未完全成熟,具体体现在三个方面。一是应用于某些特殊的产品,如液体或金属罐等,大量 RFID 标签会出现无法正常工作的情况。二是传统的电子标签制作工艺仍然相对繁杂。需要将标签进行化学浸泡方可进行贴码,标签失效率很高。三是 RFID 标签与读写器有方向性,信号很容易被物体阻断,即使贴上双重标签,还是有 3% 标签无法被读取。

(3) 标准化问题。RFID 至今没有形成统一的行业标准。在技术层面上,RFID 读写器与标签的技术没有形成统一,会出现无法一体化使用情况。在行业内部,不同制造商所开发的标签通信协议、使用频段、封包格式不同,会造成使用时的困惑和混乱。

(4) 安全问题和隐私保护。RFID 标签一旦接近读写器,就会无条件自动发出信息,无法确定读写器是否合法。无源 RFID 系统没有读写能力,无法使用密钥验证方法来进行身份验证。这就涉及到个人隐私和商业安全的保护问题。

3.2 RFID 技术发展

RFID 射频识别技术是 20 世纪 90 年代开始兴起的一种非接触式自动识别技术。与传统识别技术相比,RFID 自动识别技术可以瞬间读取许多电子标签的信息,而不需手工依次读取,RFID 技术还具有条形码所不具备的防水、防磁、耐高温、使用寿命长、读取距离大、标签上数据可以加密、存储数据容量大、存储信息更改自如等优点,被认为是未来条形码标签的替代品。

3.2.1 RFID 技术的出现

任何技术的产生,都是由人们的实际应用需要而催生出来的。RFID 的产生与发展也是如此。

RFID 技术起源于 20 世纪 40 年代,在第二次世界大战期间,由于雷达技术的产生和改进,从而成为了 RFID 技术产生的基础。在军事领域,RFID 技术用来在空中作战行动中进行敌我识别,产生了第一个“敌我识别系统”。这种技术在 20 世纪 50 年代成为现代空中交通管制的基础。随着技术的进步,RFID 应用领域日益扩大,已经涉及人们日常生活的各个方面,并且成为未来信息社会建设的一项基础性技术。现在随着物联网的推广,RFID 技术将会发挥越来越大的作用。目前,对各类新型 RFID 的技术研究从未停止,更是不断向前发展。

3.2.2 RFID 前期探索阶段

RFID 直接继承了雷达系统的概念,并由此发展出一种生机勃勃的 AIDC(自动识别与数据采集)新技术——RFID 技术。1948 年哈里·斯托克曼发表的“利用反射功率的通信”奠定了 RFID 的理论基础。

在 20 世纪中,无线电技术的理论与应用研究是科学技术发展最重要的成就之一。

1951—1960 年,RFID 主要处于实验室实验研究。早期系统组件昂贵而庞大,但随着集成电路、可编程存储器、微处理器,以及软件技术和编程语言的发展,创造了 RFID 技术推广和部署的基础。

3.2.3 RFID 技术发展

1960 年以后,RFID 技术逐步实现,并且越来越成熟。由于一些微处理器、可编程存储器的发展,为 RFID 技术的商业化奠定了基础。例如在 20 世纪 60 年代后期,出现了一些电子物品监控系统,这是 RFID 技术的第一个商业应用系统,从此之后,RFID 技术逐步进入商业应用阶段,RFID 技术慢慢成为现实。

1. 1960—1970

有些公司(如 Sensormatic 和 Checkpoint Systems)开始推广较为简单的 RFID 系统的商用,主要用于电子物品监控(Electronic Article Surveillance,EAS),保证仓库、图书馆等等的物品安全和监视。这种早期的商业 RFID 系统,称为 1 - bit 标签系统,相对容易构建、部署和维护。但是这种 1 - bit 系统只能检测被表示的目标是否在场,不能有更大的数据容量,甚至不能区分被标识目标之间的差别。但是这些技术奠定了后来 RFID 技术的发展。

2. 1970—1980

RFID 技术与产品研发处于一个大发展时期,各种 RFID 技术测试得到加速,出现了一些最早的 RFID 应用。制造、运输、仓储等行业都试图研究和开发基于 IC 的 RFID 系统的应用,例如,工业自动化、动物识别、车辆跟踪等。在此期间,基于 IC 的标签体现出了可读写存储器、更快的速度、更远的距离等优点。但这些早期的系统仍然是专有的设计,没有相关标准,也没有功率和频率的管理。

3. 1980—1990

20 世纪 80 年代是 RFID 技术应用的成熟期,更加完善的 RFID 技术和应用的出现,并且不断应用到不同的领域,西方国家在不同的领域都安装并使用了 RFID 系统,如铁路车辆的识别、农场动物和农产品的跟踪。

4. 1990—2000

道路电子收费系统在大西洋沿岸得到广泛应用,从意大利、法国、西班牙、葡萄牙、挪威,到美国的达拉斯、纽约和新泽西。这些系统提供了更完善的访问控制特征,因为它们集成了支付功能,也成为综合性的集成 RFID 应用的开始。从 20 世纪 90 年代开始,多个区域和公司开始注意这些系统之间的互操作性,即运行频率和通信协议的标准化问题。只有标准化,才能使 RFID 的自动识别技术得到更广泛的应用。例如,这时期美国出现的 E - ZPass 系统。同时,作为访问控制和物理安全的手段,RFID 卡钥匙开始流行起来,试图取代传统的访问控制机制。这种称为非接触式的 IC 智能卡具有较强的数据存储和处理能力,能够针对持有人进行个性化处理,也能够更灵活地实现访问控制策略。

RFID 技术标准化问题日趋得到重视,RFID 产品得到广泛采用,RFID 产品逐渐成为人们生活中的一部分。

5. 2001 以后

标准化问题日趋为人们所重视,RFID 产品种类更加丰富,有源电子标签、无源电子标签及半无源电子标签均得到发展,电子标签成本不断降低,规模应用行业扩大。

RFID 技术的理论得到丰富和完善。单芯片电子标签、多电子标签识读、无线可读可写、无源电子标签的远距离识别、适应高速移动物体的 RFID 逐步成为现实。

3.2.4 RFID 广泛应用

从 20 世纪 90 年代末期到现在,零售巨头如 Wal – Mart、Target、Metro Group 以及一些政府机构,如美国国防部(DoD),都开始推进 RFID 应用,并要求他们的供应商也采用此技术。同时,标准化的纷争出现了多个全球性的 RFID 标准和技术联盟,主要有 EPC Global、AIM Global、ISO/IEC、UID、IP – X 等。这些组织主要在标签技术、频率、数据标准、传输和接口协议、网络运营和管理、行业应用等方面试图达成全球统一的平台。

RFID 系统常见有以下几种应用方式。

1. 通道管理

通道管理包括人员和车辆或者物品,实际上就是对进出通道的人员或物品通过识别和确认,决定是否放行,并进行记录,同时对不允许进出的人员或物品进行报警,以实现更加严密的管理,常见的门禁、图书管理、超市防盗、不收费的停车场管理系统等都属于通道管理。

2. 数据采集与身份确认系统

数据采集系统是使用带有 RFID 阅读器的数据采集器采集射频卡上的数据,或对射频卡进行读写,实现数据采集和管理,如我们常用的身份证识别系统、消费管理系统、社保卡、银行卡、考勤系统等都属于数据的采集和管理。

3. 定位系统

定位系统用于自动化管理中对车辆、人员、生产物品等进行定位。阅读器放置在指定空间、移动的车辆、轮船上或者自动化流水线中,射频卡放在移动的人员、物品、物料、半成品、成品上,阅读器一般通过无线的方式或者有线的方式连接到主信息管理系统,系统对读取射频卡的信息进行分析判断,确定人或物品的位置和其他信息,实现自动化管理,常见的应用如博物馆物品定位、监狱人员定位、矿井人员定位、生产线自动化管理、码头物品管理等。

RFID 技术广泛应用于通信传输、工业自动化、商业自动化、交通运输控制管理和身份认证等多个领域,而在仓储物流管理、生产过程制造管理、智能交通、网络家电控制等方面也有较大的发展空间。

目前,这些行业大多数都运用了 RFID 技术。RFID 的身份识别卡可以使员工得以进入锁住的建筑部分,汽车上的射频应答器也可以用来征收收费路段与停车场的费用。在交通信息化方面的应用主要是城市“公交一卡通”工程、公路和铁路的调度和统计系统,以及高速公路的不停车收费系统、智能化停车场等。“公交一卡通”工程使用非接触式 IC 卡作为地铁、出租、公交的电子车票,电子标签使用 13.56MHz 频率下的 ISO/IEC14443 标准,交易便捷、快速通过、可靠性高,而且越来越多的城市正在为准备使用的电子车票增加更多的功能。

在工业自动化方面,准时制等现代生产方式对各个环节的协同提出了越来越高的要求,借助 RFID 技术能够实现存货管理的自动化,零部件的数量和位置全在掌控之中——当任何一处的存货水平降低到额定值以下时,系统就会自动发出补货指令。目前国内的生产制造企业,像一些大的汽车制造企业如北京现代、上汽集团和第一汽车制造厂等和一些 IT 生产企业,已在其生产线上采用 RFID 电子标签,这些电子标签的应用有效地改善了生产线的制造工艺,提高了劳动生产效率。一些知名发动机企业也在积极筹备在生产中应用 RFID 电子标签。

在物流与供应链管理中,从供应商供货到仓库储存以及最终产品销售,RFID 技术都有所应用。目前为业内熟知的有海尔立体仓库、白沙物流以及香港溢达棉包物流管理等。新的应用主要是针对客户订单跟踪管理和即时出货、建立中央数据库储存关于周围环境的信息和客户需求、记录物品在供应链当中流动时的时间和位置信息。制造商、零售商以及最终用户都可以利用这个中央数据库来获知产品的实时位置、交付确认信息以及产品损坏情况等信息。在供应链的各个环节当中,RFID 技术都可以通过增加信息传输的速度和准确度来节省供应链管理成本。

在社会媒体领域里,RFID 被用于链接虚拟世界和现实世界。社会媒体中的射频识别于 2010 年 Facebook 年会上首次亮相。

除此之外,RFID 技术在全网通信、民航行李和邮政速递包裹管理、图书和文档管理、医药卫生、食品安全、检验检疫、港口生产、海关监管、汽车防盗、车辆管理、货物(危险品)和动物体以及人员的追踪管理与监控、运动计时、资产管理等方面也有所应用,其他一些新的应用也在不断运用与开拓。

3.3 RFID 技术分析

3.3.1 RFID 系统基本构成

RFID 的原理是利用发射无线电波讯号来传送信息,以进行无接触式的信息辨识与存取,可达到身份及物品识别或信息存储的功能。RFID 系统在具体的应用过程中,根据不同的应用目的和应用环境,系统的组成会有所不同,但从 RFID 系统的工作原理来看,系统最基本的构成一般都由射频卡、读写器两部分组成。

1. 电子标签(Tag,即射频卡)

在 RFID 系统中,信号发射机为了不同的应用目的,会以不同的形式存在,典型的形式是射频卡。标签相当于条码技术中的条码符号,用来存储需要识别传输的信息,另外,与条码不同的是,标签必须能够自动或在外力的作用下,把存储的信息主动发射出去。

电子标签是 RFID 的核心部件,由 IC 芯片和天线构成,是 RFID 系统的数据载体,存储被识别物品的相关信息,通常置于物品上。它被装置于被识别的物体上,存储着一定格式的电子数据,即关于此物体的详细信息。标签一般是带有线圈、天线、存储器与控制系统的低电集成电路。

在 RFID 系统中,电子标签的价格远比读写器低,但电子标签的数量很大,应用场合多样,组成、外形和特点各不相同。RFID 技术以电子标签代替条码,对商品进行非接触自动识别,可以实现自动收集物品信息的功能。

(1) 电子标签的组成。电子标签一般由天线、解调器、编码器、控制器、时钟以及存储器等组成。

时钟把电路功能时序化,以使存储器中的数据在精确的时间内被传送到读写器。储存器中的数据是应用系统规定的唯一性编码,在电子标签被安装在识别对象前已被写入。数据读出时,编码器把存储器中存储的数据编码,调制器接收由编码器编码后的信息,并通过天线电路将信息发射/反射到读写器。数据写入时,由控制器控制,将天线接收到的信号解码后写入到存储器。电子标签结构图如图 3-3 所示。

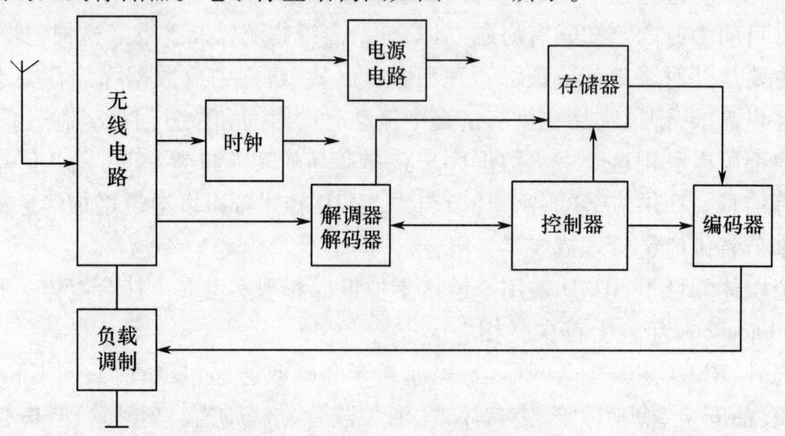

图 3-3 电子标签结构图

(2) 电子标签的种类和特点。

① 按照供电方式进行分类:分为有源标签以及无源标签。

有源标签是指内部有电池提供电源的电子标签。有源标签的作用距离较远,但是寿命有限、体积较大、成本较高,并且不合适在恶劣环境下工作,需要定期更换电池。

无源标签是指内部没有电池提供电源的电子标签。无源标签将接收到读写器的射频能量转化为直流电源,以便为标签内的电路供电。无源标签的作用距离相对有源标签要近,但是其寿命较长,并且对工作环境要求不高。

② 按工作方式进行分类:分为主动式标签以及被动式标签。

主动式标签就是利用自身的射频能量主动发射数据给读写器的电子标签,主动式标签一般含有电源,与被动式标签相比,它的识别距离更远。

被动式标签是在读写器发出查询信号触发后进入通信状态的电子标签。它使用调制散射方式发射数据,必须利用读写器的载波来调制自己的信号,主要应用于门禁或交通系统中。

③ 按照工作频率进行分类:分为低频标签、中高频标签以及超高频与微波标签。

低频标签工作频率范围为 30 ~ 300kHz。低频电子标签典型的工作频率有两种:125kHz、133kHz。低频标签一般为无源标签,其工作能量通过电感耦合方式从读写器耦合线的辐射近场中获得。低频标签与读写器之间传送数据时,低频标签需位于读写器天线辐射的近场区内。低频标签的阅读距离一般情况下小于 1m。

中高频标签的典型工作频段为 3 ~ 30MHz,中高频标签典型的工作频率为 13.56MHz,采用电感耦合方式工作。中高频标签一般也采用无源标签,其工作能量通过电感(磁)耦合方式从读写器耦合线圈的辐射近场中获得标签与读写器进行数据交换时,标签必须位于读写器天线辐射的近场区内,中高频标签的阅读距离一般情况下也小于1m。中高频标签可以方便地做成卡状,典型应用包括电子车票、电子身份证、电子闭锁防盗(电子遥控门锁控制器)等。

超高频与微波标签的典型工作频率为:433.92MHz、862(902)~928MHz、2.45GHz和5.8GHz。超高频与微波标签可分为有源标签与无源标签两类。工作时,射频标签位于读写器天线辐射场的远场区内,标签与读写器之间的耦合方式为电磁耦合方式读写器天线辐射场为无源标签提供射频能量,将有源标签唤醒(激活)射频识别系统阅读距离一般大于1m,典型情况为4~7m。最大可达10m以上读写器天线一般均为定向天线,只有在读写器天线定向波束范围内的射频标签可被读/写。

(3) 电子标签的封装。

① 纸标签:电子标签可以被制作为带有自粘功能的纸标签的形式,用来粘贴到被识别的物品上。这种标签的价格比较便宜,一般由面层、芯片线路层、胶层和底层组成。

② 塑料标签:塑料标签是采用特定的工艺将芯片和天线用特定的塑料材质封装而成的电了标签,常用丁对机械要求很高的应用中,如门禁卡、钥匙牌、手表签、动物牌、信用卡等。

③ 玻璃标签:玻璃标签一般是将芯片和天线用一种特殊的固定物质(软胶粘剂等)植入到一定大小的玻璃容器中,封装成玻璃标签。在这个只有12~32mm长的小玻璃管里,有一个装在载体上的微芯片以及用于稳定所获得的供应电压的芯片电容器。

(4) 射频标签天线与读写器天线之间的耦合方式。

① 密耦合系统:密耦合系统的典型读取距离范围为0~1cm。实际应用中,通常需要将射频标签插入阅读器中或将其放置到读写器的天线的表面。密耦合系统利用的是射频标签与读写器天线无功近场区之间的电感耦合(闭合LC磁路)构成无接触的空间信息传输射频通道工作的。密耦合系统的工作频率一般局限在30MHz以下的任意频率。由于密耦合方式的电磁泄漏很小、耦合获得的能量较大,因而可适合要求安全性较高、作用距离无要求的应用系统,如在一些安全要求较高的门禁系统。

② 遥耦合系统:遥耦合系统的典型读取距离可以达到1m。遥耦合系统又可细分为近耦合系统(典型作用距离为15cm)与疏耦合系统(典型作用距离为1m)两类。遥耦合系统利用的是射频标签与读写器天线无功近场区之间的电感耦合(闭合LC磁路)构成无接触的空间信息传输射频通道工作的。遥耦合系统的典型工作频率为125kHZ和13.56MHz,也有一些其他频率,如6.75MHz、27.125MHz等,只是这些频率在使用中并不常见。遥耦合系统目前仍然是低成本射频识别系统的主流,其读卡方便、成本较低,使其广泛应用在门禁、消费、考勤及车辆管理中。

③ 远距离系统:远距离系统的典型读取距离为1~15m,有的甚至可以达到上百米的读取距离。所有的远距离系统均是利用射频标签与读写器天线辐射远场区之间的电磁耦合(电磁波发射与反射)构成无接触的空间信息传输射频通道工作的。

远距离系统的典型工作频率为433MHz、915MHz、2.45GHz,此外,还有一些其他频率,如5.8GHz等。远距离系统一般情况下均采用反射调制工作方式实现射频标签到读写器方向的数据传输。远距离系统一般具有典型的方向性，射频卡和读卡器的成本还比较高，一般使用在车辆管理、人员或物品定位、生产线管理、码头物流管理中。

2. 读写器

读写器由射频信号发射单元、高频接收单元和控制单元组成，用于写入或读取电子标签里的信息，可接入其他系统进一步处理储存数据。读写器先发射特定的询问信号，电子标签感应到后给出应答信号，读写器接收应答信号后对其进行处理。

读写器基本的功能就是提供与标签进行数据传输的途径。另外，读写器还提供相当复杂的信号状态控制、奇偶错误校验与更正功能等。标签中除了存储需要传输的信息外，还必须含有一定的附加信息，如错误校验信息等。识别数据信息和附加信息按照一定的结构编制在一起，并按照特定的顺序向外发送。读写器通过接收到的附加信息来控制数据流的发送。一旦到达读写器的信息被正确地接收和译解后，读写器通过特定的算法决定是否需要发射机对发送的信号重发一次，或者通知发射器停止发信号，这就是"命令响应协议"。使用这种协议，即便在很短的时间、很小的空间阅读多个标签，也可以有效地防止"欺骗问题"的产生。

一般读写器要和射频卡对应使用，同时读写器还要配合相应的控制和运算设备，如一般读写器都需配置相应的控制器，读写器和控制器之间的通信方式常见的有 RS－485、W26、W34、RS－232 等，主要是要将读取的数据传动到控制器，以便实现更加复杂的通信、识别与管理。

有的读写器还有写入功能，通过控制将数据写入卡的扇区中，通过将数据写入射频卡，可以使系统在离线的情况下依然实现消费和管理，在公交和城市一卡通中显得尤为重要。

每个读写器都必须配有天线，天线是射频卡与读写器之间传输数据的发射、接收装置。在实际应用中，除了系统功率，天线的形状大小和相对位置也会影响数据的发射和接收，周围的电磁场都会对读写距离产生巨大影响，在实际使用中要充分考虑现场环境的干扰。读写器实物示例如图 3－4 所示。

图 3－4　RFID 读写器示例

读写器的基本组成如图3-5所示。

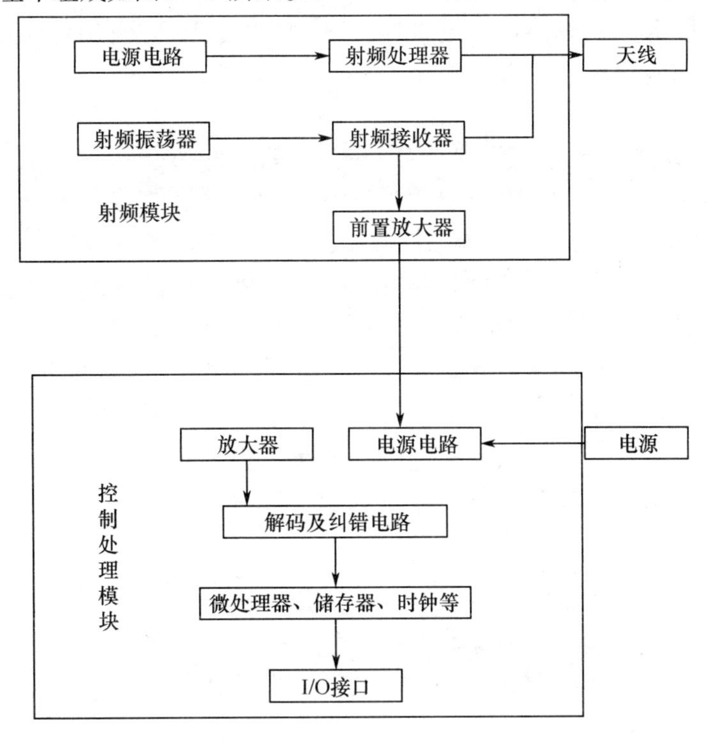

图3-5　读写器的基本组成

读写器的射频接口模块主要包括发射器、射频接收器、时钟发生器和电压调节器等。该模块是读写器的射频前端，同时也是影响读写器成本的关键部位，主要负责射频信号的发射及接收。其中的调制电路负责将需要发送给电子标签的信号加以调制，然后再发送；解调电路负责将解调标签送过来的信号并进行放大；时钟发生器负责产生系统的正常工作时钟。

读写器的逻辑控制模块是整个读写器工作的控制中心、智能单元，是读写器的"大脑"，读写器在工作时由逻辑控制模块发出指令，射频接口模块按照不同的指令做出不同的操作。它主要包括微控制器、存储单元和应用接口驱动电路等。微控制器可以完成信号的编解码、数据的加解密以及执行防碰撞算法；存储单元负责存储一些程序和数据；应用接口是负责与上位机进行输入或输出的通信。

读写器的I/O接口形式包括以下几种。

RS-232串行接口：计算机普遍适用的标准串行接口，能够进行双向的数据信息传递。它的优势在于通用、标准，缺点是传输距离不会达到很远，传输速度也不会很快。

RS-485串行接口：也是一类标准串行通信接口，数据传递运用差分模式，抵抗干扰能力较强，与RS-232相比传输距离较远，传输速度与RS-232差不多。

以太网接口：阅读器可以通过该接口直接进入网络。

USB接口：也是一类标准串行通信接口，传输距离较短，传输速度较高。

读写器主要有两种工作方式：一种是读写器先发言方式(Reader Talks First, RTF)；另一种是标签先发言方式(Tag Talks First, TTF)。在一般情况下，电子标签处于等待或休眠状态，当电子标签进入读写器的作用范围被激活以后，便从休眠状态转为接收状态，接收读写器发出的命令,进行相应的处理,并将结果返回给读写器。这类只有接收到读写器特殊命令才发送数据的电子标签被称为 RTF 方式;与此相反,进入读写器的能量场即主动发送数据的电子标签被称为 TTF 方式。

3. 天线

在标签和读取器间传递射频信号,天线的示例如图 3-6 所示。

天线是标签与阅读器之间传输数据的发射、接收装置。在实际应用中,除了系统功率,天线的形状和相对位置也会影响数据的发射和接收,需要专业人员对系统的天线进行设计、安装。在电子标签和阅读器间传递射频信号。阅读器上连接的天线一般做成门框形式,放在被测物品进出的通道口,它一方面给无源的电子标签发射无线电信号提供电能以激活电子标签;另一方面也接收电子标签上发出的信息。每个电子标签也有自己的微形天线,用于和阅读器进行通信。

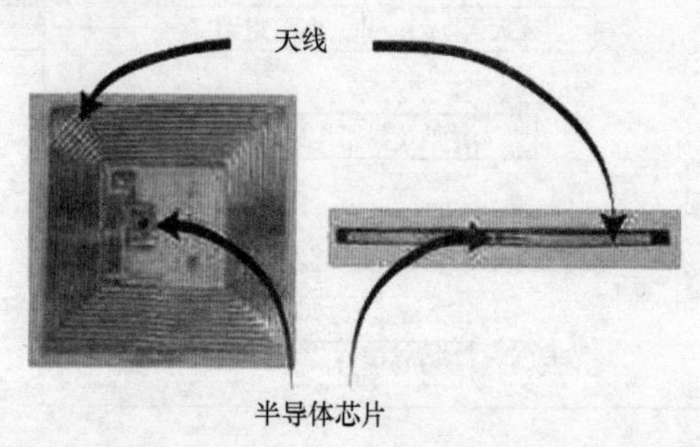

图 3-6 RFID 天线

4. 上层系统

上层系统管理一个或者多个读写器,可通过接口向读写器发送命令,实际应用中,可以包含数据库以存储和管理收集到的数据。

简单的 RFID 系统只有一个读写器,它一次只对一个电子标签进行操作。

复杂的 RFID 系统会有多个读写器,每个读写器要同时对多个电子标签进行操作,并要实时处理数据信息,这就是系统高层需要完成的任务。上层系统是计算机网络系统,数据交换由管理计算机网络完成,读写器可以通过标准接口与计算机网络连接,计算机网络完成数据处理、传输和通信的功能。

3.3.2 RFID 频率与识别

无线电分配上有一点要特别注意,就是干扰问题,无线电频率可供使用的范围是有限的。频谱是自然界的一大资源。现在国际的频率划分虽然是确定的,但是各国还可以在此基础上根据各自国家的具体情况和政策,给予具体的分配。

不同频率的电磁波对应的波长不同,低频和高频 RFID 的工作波长较长,基本都是采用电感耦合的识别方式。

对一个 RFID 系统来说,它的频段概念是指读写器通过天线发送、接收并识读的标签信号频率范围。从应用概念来说,射频标签的工作频率也就是 RFID 系统的工作频率,直接决定系统应用的各方面特性。在 RFID 系统中,系统工作就像我们平时收听调频广播一样,射频标签和读写器也要调制到相同的频率才能工作。射频标签的工作频率不仅决定着 RFID 系统工作原理（电感耦合还是电磁耦合）、识别距离，还决定着射频标签及读写器实现的难易程度和设备成本。RFID 应用占据的频段或频点在国际上有公认的划分，即位于 ISM 波段。典型的工作频率有 125kHz、133kHz、13.56MHz、27.12MHz、433MHz、902～928MHz、2.45GHz、5.8GHz 等。按照工作频率的不同，RFID 标签可以分为低频（LF）、高频（HF）、超高频（UHF）和微波等不同种类。不同频段的 RFID 工作原理不同，LF 和 HF 频段 RFID 电子标签一般采用电磁耦合原理，而 UHF 及微波频段的 RFID 一般采用电磁发射原理。每一种频率都有它的特点，被用在不同的领域，因此要正确使用就要先选择合适的频率。各个频段的特点与应用如表 3－1 所列。

表 3－1　各个频段的特点及应用

频率	频段	读取距离	优点	缺点	应用
低频	30～300kHz	<0.5m	对金属和液体环境反应最好	读取速度慢，距离近	动物追踪管理、门禁管理
高频	3～30MHz	<1m	世界标准，比低频速度快	读取距离近	智能卡、图书馆管理、智慧货架
超高频	860～960MHz	3～10m	速度快，读取距离远	对金属和液体环境反应差	物流、货柜追踪、国防
微波	2.45GHz 或 5.8GHz	<1m	传输速度快	读取距离近	高速公路电子收费系统、铁路

低频段电子标签：低频段电子标签，简称为低频标签，低频电子标签安全保密性差。其工作频率范围为 30～300kHz。

RFID 技术首先在低频得到广泛的应用和推广。该频率主要是通过电感耦合的方式进行工作，也就是在读写器线圈和感应器线圈间存在着变压器耦合作用。通过读写器交变场的作用在感应器天线中感应的电压被整流，可作供电电压使用。磁场区域能够很好地被定义，但是场强下降得太快。

低频标签的典型应用有动物识别、容器识别、工具识别、电子闭锁防盗（带有内置应答器的汽车钥匙）等。低频标签有多种外观形式，应用于动物识别的低频标签外观有项圈式、耳牌式、注射式、药丸式等。典型应用的动物有牛、信鸽等。

低频标签的主要优势体现在：标签芯片一般采用普通的 CMOS 工艺，具有省电、廉价的特点；工作频率不受无线电频率管制约束；可以穿透水、有机组织、木材等；非常适合近距离的、低速度的、数据量要求较少的识别应用（如动物识别）等。

低频标签的劣势主要体现在：标签存储数据量较少；只能适合低速、近距离识别应用；与高频标签相比，标签天线匝数更多，成本更高一些。

中频电子标签：中高频段电子标签的工作频率一般为 3～30MHz。典型工作频率为 13.56MHz。因其工作原理与低频标签完全相同，即采用电感耦合方式工作，所以宜将其归为低频标签类中。典型应用包括电子车票、电子身份证、电子闭锁防盗（电子遥控门锁控制器）、小区物业管理、大厦门禁系统等。

超高频与微波标签：在该频率的感应器不再需要线圈进行绕制，可以通过腐蚀或者印刷的方式制作天线。感应器一般通过负载调制的方式进行工作，也就是通过感应器上的负载电阻的接通和断开促使读写器天线上的电压发生变化,实现用远距离感应器对天线电压进行振幅调制。如果人们通过数据控制负载电压的接通和断开,那么这些数据就能够从感应器传输到读写器。

超高频与微波频段的电子标签,简称为微波电子标签,超高频标签的阅读距离大。其典型工作频率为:433.92MHz,862(902)~928MHz,2.45GHz,5.8GHz。超高频标签主要用于铁路车辆自动识别、集装箱识别,还可用于公路车辆识别与自动收费系统中。

微波电子标签的典型应用包括移动车辆识别、电子身份证、仓储物流应用等。相关的国际标准有 ISO10374,ISO18000-4(2.45GHz)、-5(5.8GHz)、-6(860-930 MHz)、-7(433.92 MHz),ANSI NCITS256-1999 等。

RFID 识别系统在读写器和电子标签之间通过射频无线信号自动识别目标对象,并获取相关数据与信息。读写器和电子标签之间传输射频无线信号主要有两种方式,一种是电感耦合方式,另一种是电磁反向散射方式,这两种方式使用的原理不同,频率也不同,方式也不同。

1. RFID 电感耦合方式

关于电感耦合方式的 RFID 射频识别系统,其模型就是变压器模型,其工作能量通过电感耦合方式从读写器天线的近场中获得。电子标签在读写器之间传递数据时,电子标签需要位于读写器附近,通信和能量传输由读写器和电子标签谐振电路的电感耦合来实现。在电感耦合方式中,读写器和电子标签的天线是线圈,这样读写器的线圈的周围会产生磁场,当电子标签通过读写器附近时,电子标签线圈会产生感应电压,整流后可为电子标签上的微型芯片供电,从而使得电子标签开始工作。电感耦合方式一般适合于中、低频工作的近距离射频识别系统。RFID 电感耦合方式如图 3-7 所示。

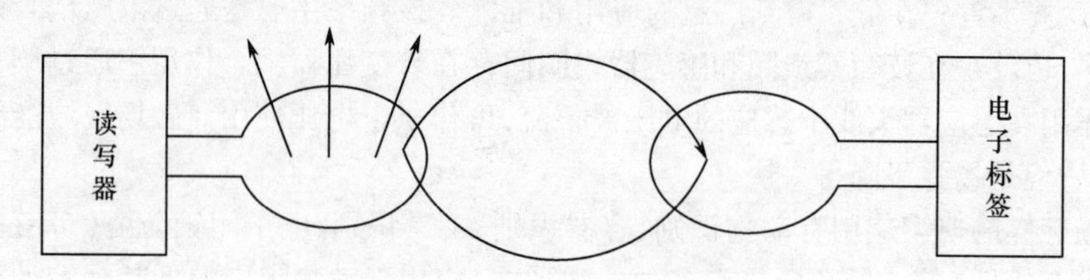

图 3-7 RFID 电感耦合方式

2. 电磁反向散射方式

电磁反向散射方式的 RFID 系统,其模型是雷达原理模型,发射出去的电磁波,碰到目标后反射,同时携带回目标信息,依据的是电磁波的空间传播规律。电磁反向散射耦合方式一般适合于高频、微波工作的远距离射频识别系统。电磁反向散射方式如图 3-8 所示。

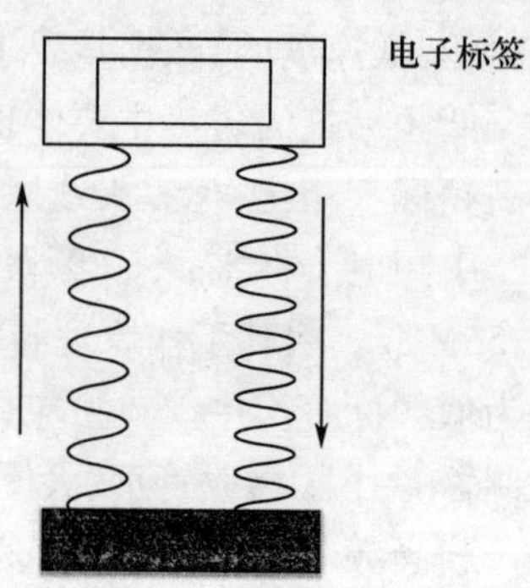

图 3-8 电磁反向散射方式

和收音机原理一样,射频卷标和阅读器也要调制到相同的频率才能工作。LF、HF、UHF 就对应着不同频率的射频。

不同的国家所使用的 RFID 频率也不尽相同。欧洲的超高频是 868MHz,美国的则是 915MHz,日本目前不允许将超高频用到射频技术中。各国政府也通过调整阅读器的功率来限制它对其他设备的影响，有些组织例如全球商务促进委员会正鼓励政府取消限制，卷标和阅读器生产厂商也正在开发能使用不同频率的系统以避免这些问题。

3.3.3 RFID 系统的分类

参照电子标签，RFID 系统的分类方法很多，常用的分类方法有按照频率分类、按照供电方式分类、按照耦合方式分类、按照技术方式分类、按照信息存储方式分类、按照系统档次分类和按照工作方式分类等。RFID 系统常用的分类方式如下。

1. 按照频率分类

RFID 系统工作频率的选择，要顾及其他无线电服务，不能对其他服务造成干扰和影响。通常情况下，读写器发送的频率称为系统的工作频率或载波频率，根据工作频率的不同，RFID 系统通常可以分为低频、高频和微波系统。

低频系统：低频系统的工作频率范围为 30 ~ 300kHz，RFID 常见的低频工作频率为 125kHz 和 134.2kHz。低频系统的特点是电子标签内保存的数据量较少，阅读距离较短，电子标签外形多样，阅读天线方向性不强。目前低频系统比较成熟，一般都有相应的国际标准，主要用于短距离、数据量低的射频识别系统中。

高频系统：高频系统的工作频率范围为 3 ~ 30MHz，RFID 常见的高频工作频率是 6.75MHz、13.56MHz 和 27.125MHz。高频系统的特点是可以传送较大的数据，是目前应用比较成熟、使用范围较广的系统。目前高频系统一般都有相应的国际标准，电子标签及读写器成本较高，标签内保存的数据量较大。

微波系统：微波系统的工作频率大于 300MHz，RFID 常见的微波工作频率是 433MHz、860/960MHz、2.45GHz 和 5.8GHz 等，其中 433MHz、860/960MHz 也常称为超高频频段。微波系统主要应用于同时对多个电子标签进行操作，需要较长的读写距离和高读写速度的场合，其天线波束方向较窄，系统价格较高。微波系统是目前 RFID 系统研发的核心，是物联网的关键技术。

2. 按照供电方式分类

电子标签按供电方式分为无源电子标签、有源电子标签和半有源电子标签三种，对应的 RFID 系统分别称为无源供电系统、有源供电系统和半有源供电系统。

(1) 无源供电系统：无源供电系统的电子标签内没有电池，电子标签利用读写器发出的波束供电，电子标签将接收到的部分射频能量转化成直流电，为标签内电路供电。无源电子标签作用距离相对较短，但寿命长且对工作环境要求不高，在不同的无线电规则限制下，可以满足大部分实际应用系统的需要。无源供电系统读写器要发射较大的射频功率，识别距离相对较近，电子标签所在物体的运动速度不能太高。

(2) 有源供电系统：有源供电系统电子标签内有电池，电池可以为电子标签提供全部能量。有源电子标签电能充足，工作可靠性高，信号传送的距离较远，读写器需要的射频功率较小。但有源电子签寿命有限，寿命只有 3 ~ 10 年，随着标签内电池电力的消耗，数据传输的距离会越来越小，影响系统的正常工作。有源电子标签的缺点是体积较大、成本较高，且不适合在恶劣环境下工作。有源 RFID 具备低发射功率、通信距离长、传输数据量大、可靠性高和兼容性好等特点，与无源 RFID 相比，在技术上的优势非常明显，被广泛地应用于公路收费、港口货运管理等。

半有源供电系统：半有源电子标签内有电池，但电池仅对维持数据的电路及维持芯片工作电压的电路提供支持。电子标签未进入工作状态前，一直处于休眠状态，相当于无源标签，标签内部电池能量消耗很少，因而电池可以维持几年，甚至长达10年。电子标签进入读写器的工作区域后，受到读写器发出射频信号的激励，标签进入工作状态，电子标签的能量主要来源于读写器的射频能量，标签内部电池主要用于弥补标签所处位置射频场强的不足。

3. 按照技术方式分类

按照读写器读取电子标签数据的技术实现方式，RFID系统可以分为主动广播式、被动倍频式和被动反射调制式3种方式。

(1) 主动广播式：主动广播式是指电子标签主动向外发射信息，读写器相当于只收不发的接收机。在这种方式中，电子标签采用有源工作方式，电子标签用自身的射频能量主动发送数据，这种方式的优点是电能充足、工作可靠性高、信号传送距离远，缺点是标签的使用寿命受到限制、产生电磁污染、保密性差。

(2) 被动倍频式：被动式电子标签内部不带电池，要靠外界提供能量才能正常工作。被动式电子标签是指读写器发射查询信号，电子标签被动接收。被动式电子标签具有长久的使用期，常常用于标签信息需要频繁读写的地方，并且支持长时间数据传输和永久性数据存储。被动倍频式是指电子标签返回读写器的频率是读写器发射频率的2倍，读写器发射和接收载波占用2个频点。

(3) 被动反射调制式：依旧是读写器发射查询信号，电子标签被动接收，但此时电子标签返回读写器的频率，与读写器发射频率相同。在有障碍物的情况下，用被动技术方式，读写器的能量必须来去穿过障碍物两次，而主动方式信号仅穿过障碍物一次，因此在主动工作方式中，读写器与电子标签的距离可以更远。

4. 按照保存信息方式分类

电子标签保存信息的方式有只读式和读写式两种，具体分为如下4种形式。

(1) 只读电子标签：这是一种最简单的电子标签，电子标签内部只有只读存储器(Read Only Memory，ROM)，在集成电路生产时，电子标签内的信息即以只读内存工艺模式注入，此后信息不能更改。

(2) 一次写入只读电子标签：内部只有ROM和随机存储器(Random Access Memory，RAM)。ROM用于存储发射器操作系统程序和安全性要求较高的数据，它与内部的处理器或逻辑处理单元完成操作控制功能。这种电子标签与只读电子标签相比，可以写入一次数据，标签的标识信息可以在标签制造过程中由制造商写入，也可以由用户自己写入，但是一旦写入，就不能更改了。

(3) 现场有线可改写式：这种电子标签应用比较灵活，用户可以通过访问电子标签的存储器进行读写操作，电子标签一般将需要保存的信息写入其内部存储区，改写时需要采用编程器或写入器，改写过程中必须为电子标签供电。

(4) 现场无线可改写式：这种电子标签类似于一个小的发射接收系统，电子标签内保存的信息也位于其内部存储区，电子标签一般为有源类型，通过特定的改写指令用无线方式改写信息。一般情况下，改写电子标签数据所需的时间为秒级，读取电子标签数据所需的时间为毫秒级。

3.4 RFID 与物联网

物联网是在网络联通的基础上利用 RFID 等技术,构造一个全球物品信息实时共享的网络。以简单 RFID 系统为基础,结合已有的网络技术、数据库技术、中间件技术等,构筑一个由大量联网的阅读器和无数移动的标签组成的,比互联网更为庞大的物联网成为 RFID 技术发展的趋势。

RFID 正是能够让物品"开口说话"的一种技术。在"物联网"的构想中,RFID 标签中存储着规范而具有互用性的信息,通过无线数据网络把它们自动采集到中央信息系统,实现物品(商品)的识别,进而通过开放性的计算机网络实现信息交换和共享,实现对物品的"透明"管理。在前面章节中已经就 RFID 的广泛应用有了一个基本的介绍,接下来看一看 RFID 和在物联网典型应用中的一些具体的方向。

1. 交通管控上的 RFID

不停车收费系统(ETC)是以现代通信技术、电子技术、自动控制技术、计算机和网络技术等高新技术为主导,实现车辆不停车自动收费的智能交通电子系统。当装有 RFID 标签的车辆在距离 0~10m 范围内接近 ETC 读写器时,ETC 读写器受控发出微波查询信号,安装在受查车辆固定位置的电子标签收到读写器的查询信号后,将此信号与电子标签自身的数据信息(如高速里程)反射回读卡器。这种技术无疑可以减少人为的乱收费现象,同时提高通关速度、防止堵车,这显然已是一种物联网典型应用了。ETC 系统要求 RFID 能够实现至少 10m 的远距离识别。由于技术要求和实际情况的不同,所采用的读卡器的型号也不同。日本、美国、中国等大多数国家的标准定在 5.8~5.9GHz 频段。在我国选用 5.8GHz 频段具有如下优点:首先,我国通信系统标准体系靠近欧洲体系,无线电频率资源的分配大致相同;其次,5.8GHz 频段背景噪声小,而且解决该频段的干扰和抗干扰问题要比解决 915MHz、2.45GHz 更容易。

目前,ETC 技术已经广泛应用于我国的高速公路系统。图 3-9 为我国高速公路的 ETC 系统。

图 3-9 我国高速公路的 ETC 系统

2. 监狱司法上的 RFID

监狱智能管理系统是可以安全可靠地区分识别劳动教育人员、管理人员,将管理系统中每个人的信息和现实中的每个人一一对应,从真正意义上实现劳教所管理信息化。其应用是在服刑人员佩带腕式标签,在监狱的主要出入口装上阅读器和定位器,当服刑人员到达定位器的有效感应区域的时候,定位器就把自身的位置信息发送给腕式标签,腕式标签再将接收到的位置信号和自身的 ID 信息传递给阅读器,由阅读器将信息传递给电脑系统,并统一分析腕式标签的 ID、信息和地址信息是否正常,腕式标签的活动状态是否异常。如果发现异常则发出警报,通知监狱管理人员。

感应式电子巡更通过采用 RFID 技术,将巡逻人员在巡更巡检工作中的时间、地点及情况自动准确记录下来,是使得该项工作更加科学化、规范化管理的全新产品,是治安管理中人防与技防一种有效科学的整合管理方案。感应式电子巡更和标签无需接触,即可通过相互之间的电波对射达到读卡效果,避免接触带来的磨损。这种腕带对服刑人员的个人信息和活动信息能够实时监控。

3. 防伪领域的 RFID

目前,国际防伪领域逐渐兴起的 RFID 技术,其优势已经引起了广泛的关注:非接触、多物体、移动识别;企业加入防伪功能简单易行;防伪过程几乎不用人工干预;防伪过程中标签数据不可见,无机械磨损,防污损;支持数据的双向读写;与信息加密技术结合,使得标签不易伪造;易于与其他防伪技术结合使用进行防伪。工作频率在 UHF(860MHz,960MHz)的 RFID 技术读写距离达到 10m,而且无源被动式射频标签成本低,因此在供应链管理领域受到了广泛的关注。它利用无线射频方式进行非接触双向通信,以达到识别目的并交换数据。无线射频识别技术防伪,与其他防伪技术如激光防伪、数字防伪等技术相比,其优点在于:每个标签都有一个全球唯一的 ID 号码——UID,UID 是在制作芯片时放在 ROM 中的,无法修改,无法仿造,无机械磨损,防污损,读写器具有不直接对最终用户开放的物理接口,保证其自身的安全性;数据安全方面,除标签的密码保护外,数据部分可用一些算法实现安全管理。

4. 流通领域的 RFID

在流通领域,RFID 技术使得合理的产品库存控制和智能物流技术成为可能。它在物流行业的应用流程是:每个产品出厂时都被附上电子标签,然后通过读写器写入唯一的识别代码,并将物品的信息录入到数据库中。此后装箱销售、出口验证、到港分发、零售上架等各个环节都可以通过读写器反复读写标签。标签就是物品的“身份证”。借助电子标签,可以实现对产品原料、半成品、成品、运输、仓储、配送、上架、最终销售,甚至退货处理等环节进行实时监控。

第4章　物联网智能图像处理

4.1　智能图像处理技术

数字图像处理学科所涉及的知识非常广泛,具体的方法种类繁多。传统的图像处理技术主要集中在图像的获取、变换、增强、压缩编码、分割与边缘提取等方面,并且随着新工具、新方法的不断出现,这些图像处理技术也在不断地更新发展。

近十多年来,随着信息技术的发展,人们在图像特征分析、图像配准、图像融合、图像分类、图像识别、基于内容的图像检索与图像数字水印等领域的图像处理技术取得长足的进展。这些图像处理技术反映了人类的智力活动,它在计算机上模仿、延伸和扩展了人的智能,具有智能化处理功能,因而被称为智能图像处理技术。

智能图像处理技术是在传统的图像处理技术基础上发展起来的,并以传统的图像处理技术作为预处理技术。智能图像处理技术是图像处理向智能化发展的必然结果,它能够更好地满足人类的信息处理需求以及数字化、智能化需求。

4.1.1　图像识别技术

图像识别技术是人工智能中的一个重要领域,为了编制模拟人类图像识别活动的计算机程序,人们提出了不同的图像识别模型。图像识别技术兴起的时间并不长,智能化图像识别技术是近年才逐渐发展起来的一门学科。对图像中一个特征进行分析,能够分辨出图像中的一些内容并进行理解,这就是图像识别技术。其本质就是通过传感器,将光或波等信息转化为电信息。信息可以是二维的图像,如文字,图像可以是一维的波形,如声波、心电图、脑电图;也可以是物理量与逻辑值。结构、统计和神经网络法分别是图像识别软件技术的三种方法,这三种方法都有自身的特点,在图像识别技术实际的运用当中,根据自身所需来选择相对应的方法。图像识别在计算机中的过程非常的复杂,这个时候我们经常选择统计法,利用统计法建立起一个模型,对图像中出现的元素进行统计,并分析其中的规律来分辨识别图像上的内容,但是统计法还是有一定的局限性,所以就延伸地发展出了结构法,完善了图像的识别技术,使得此技术能更为广泛地运用。在近年来又发展出了一种新的方法就是神经网络法,基于模拟人体神经的特点,能够识别非常困难复杂的图像,因为基于人脑的特点,该种方法由一定的智能性,目前图像识别采取的主要方法就是神经网络。总的来说,人们已经认识到图像识别技术在国民经济和军事等各领域的重要性,但图像识别智能化的发展还需要更多的研究与发展。

4.1.2　数字图像处理

数字图像处理(Digital Image Processing)是将图像信号转换成数字信号并利用计算机

对其进行处理。数字图像处理起源于20世纪50年代,在20世纪60、70年代随着计算机技术与数字电视技术的普及和发展得到迅速发展。直到20世纪80、90年代才形成独立的科学体系。早期数字图像处理的目的是改善图像的质量,它以人为对象,以改善人的视觉效果为目的。目前该技术已被广泛应用于科学研究、工农业生产、生物医学工程、航空航天、军事、工业、机器人产业、政府职能机关、文化文艺等多个领域。并在其中发挥着越来越大的作用,已成为一门引人注目、前景广阔的新型学科。图像处理技术发展到今天,已经被应用到工程学、计算机科学、信息科学、统计学、物理学、化学、生物学、医学甚至社会科学等多个学科,并成为这些学科获取信息的重要来源及利用信息的重要手段,图像处理科学也已经成为了一门与国计民生紧密相连的应用科学。

总的来说,数字图像是以二维数字组形式表示的图像,图像处理则是对图像信息进行加工以满足人的视觉心理和应用需求的行为。数字图像处理是指利用计算机或其他数字设备对图像信息进行各种加工和处理,它是一门新兴的应用学科,其发展速度异常迅速,应用领域极为广泛。对图像进行处理(或加工分析)的目的有三个方面:

(1) 提高图像的视感质量,如进行图像的亮度彩色变换,增强抑制某些成分,对图像进行几何变换等,以改善图像的质量。

(2) 提取图像中所包含的某些特征或特殊信息,这些被提取的特征或信息往往为计算机分析图像提供便利。提取特征或信息的过程是计算机或计算机视觉的预处理。提取的特征可以包括很多方面,如频域特征灰度或颜色特征、边界特征、区域特征、纹理特征、形状特征、拓扑特征和关系结构等。

(3) 图像数据的变换、编码和压缩,以便于图像的存储和传输。不管是何种目的的图像处理,都需要由计算机和图像专用设备组成的图像处理系统对图像数据进行输入、加工和输出。

4.1.3 数字图像处理系统

一个基本的数字图像处理系统由图像输入、图像存储、图像输出、图像通信、图像处理和分析5个模块组成。下面会对各个模块分别进行介绍,如图4-1所示。

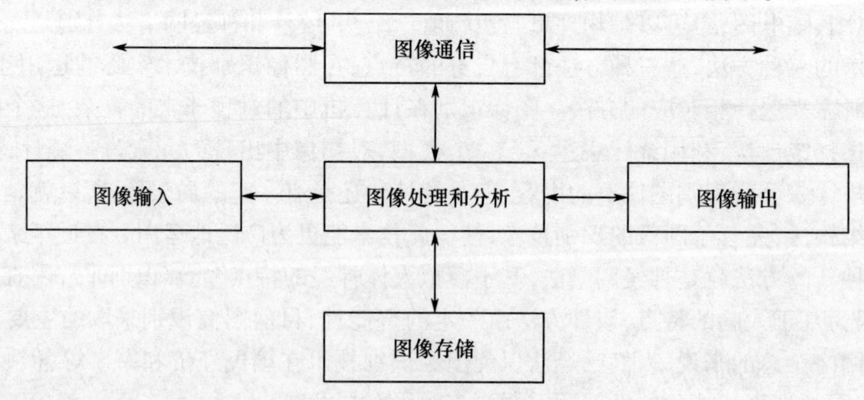

图4-1 数字图像处理基本模块

1. 数字图像输入模块

图像输入也称图像采集或图像数字化,它是利用图像采集设备(如数码照相机、数码摄像机等)来获取数字图像,或通过数字化设备(如图像扫描仪)将要处理的连续图像转换成适于计算及处理的数字图像。

2. 数字图像存储模块

图像所包含的信息量非常大,因而存储图像也需要大量的空间。在数字图像处理系统中,大容量和快速的图像存储器是必不可少的。在计算机中,数量最小的度量单位是比特(bit)。存储器的存储量常用字节(1B = 8bit)、千字节(1KB = 1024B)、兆字节(1MB = 1024 × 1024B = 1048576B)、吉字节(1GB = 1024 × 1024 × 1024B)、太字节(1TB = 1048576 × 1048576B)等表示。

计算机内存就是一种提供快速存储功能的存储器。目前一般微型计算机的内存有4GB、8GB 和16GB 等。另一种提供快速存储功能的存储器是特制的硬件卡,也称帧缓存。

硬盘和软盘是小型和微型计算机的必备外部存储器。各类海量存储器的特点各不相同,应用环境也有极大差别,因此在实际应用中要根据环境的变化而选择不同的海量存储设备。

3. 数字图像输出模块

在图像分析、识别和理解中,一般需要将处理前后的图像显示出来,以提供分析、识别和理解,或将处理结果永久保存。使用设备包括照相机、激光复制和打印机等。

4. 数字图像通信模块

在许多工程应用领域或日常工作中,都会遇到对大量的图像数据进行传输或通信的情况。由于图像数据量很大,而能够提供通信的信道传输率又很有限,这就要求在传输前必须对表示图像信息的数据进行压缩和编码,以减少图像数据量。而且实际的图像信息包含大量冗余,通过改变图像信息的表示形式,也可达到消除冗余、减少数据量的目的。因此,图像通信模块主要是对图像进行压缩编码,而图像数据的压缩和编码技术也就成为数字图像处理的关键技术之一。

4.1.4 图像处理的内容

数字图像处理的理论方法与技术涉及数学、物理学、信号处理、控制论、模式识别、人工智能、生物医学、神经心理学、计算机科学与技术等众多学科,它是一门兼具交叉性和开放性的学科。图像处理和分析所涉及的知识种类多样,具体的方法种类繁多,但从研究内容和方法上可以分为以下几个方面:

(1) 图像的数字化。通过取样和量化将一个以自然形态存在的图像变换为适于计算机处理的数字形式。用矩阵的形式来表示图像的各种信息。

(2) 图像的编码。编码的目的是在不改变图像的质量基础上压缩图像的信息量,以满足传输与存储的要求。编码多采用数字编码技术对图像逐点进行加工。

(3) 图像增强与复原。图像增强的目的是将图像转换为更适合人和机器分析的形式。常用的增强方法有灰度等级直方图处理、干扰抵制、边缘锐化、伪彩色处理。图像复原的目的与图像增强相同,其主要原则是为了消除或减少图像获取和传输过程中造成的图像的损伤和退化,包括图像的模糊、图像的干扰和噪声等,尽可能地获得原来的真实图像。无论是图像增强还是图像的复原,都必须对整幅图像的所有像素进行运算,出于图像像素的大数量考虑,其运算也十分的巨大。

(4) 图像的分割。图像的分割是将图像划分为一些不重叠的区域。每个区域是像素的一个连续集。利用图像的纹理特性,通过把像素分入特定的区域并寻求区域之间的边界来实现图像的分割。

(5) 图像的分析。从图像中抽取某些有用的度量、数据和信息,以得到某种数值结果。图像分析用图像分割方法抽取图像的特征然后对图像进行符号化的描述,这种描述不仅能对图像是否存在某一特定的对象进行回答,还能对图像内容进行详细的描述。

图像处理的各个内容是有联系的,一个实用的图像处理系统往往结合了几种图像处理技术才能得到需要的结果,而图像数字化则是讲一个图像变换为适合计算机处理的第一步。图像编码可用以传播和储存图像。图像增强和复原可以是图像处理的最后目的,也可以作为进一步处理的准备。通过图像分割得出的图像特征也可以作为最终的结果,也同样可以作为进一步图像分析的基础。

4.1.5 数字图像处理基本步骤

数字图像处理技术在广义上是指各种与数字图像处理有关的技术的总称,目前主要指应用数字计算机和数字系统对数字图像进行加工处理的技术,包括利用计算机和其他数字系统进行和完成的一系列数字图像处理任务,在前面章节介绍了数字图像处理系统的基本组成,在这里对数字图像处理的基本步骤介绍如下。

1. 图像信息的获取

首先要获得能用计算机和数字系统处理的数字图像,其方法包括直接用数码照相机、数码摄影机等输入设备来产生,或利用扫描仪等转换设备,将照片等模拟图像变成数字图像,这就是图像数字化。

2. 图像信息的存储

无论是获取的数字图像,还是处理过程中的图像信息,以及处理结果都要存储在计算机等数字系统中。按照要存储信息的不同用途,可分为永久性存储和暂时性存储。前者主要指要长期保存的原图像和处理结果,一般先要压缩编码,以减少存储数据量,再存储在永久(外)存储器(如硬盘、光盘等)中;而对于处理过程要使用的图像信息,为了提高内存速度,一般要存储在计算机内存中,这就要求内存容量要足够大。

3. 图像信息的处理

这里的图像信息处理,就是数字图像处理,它是指用数字计算机或数字系统对数字图像进行的各种处理(图像变换、图像增强、图像恢复、图像压缩编码)、图像分析和图像识别分类。图像处理是在图像的像素级上进行的图像到图像的处理,以改善图像的视觉效果或者进行压缩编码。图像分析是对图像中的目标物进行检测,对目标物的特征进行测量,以获取图像目标物的描述。它将二维图像信息变成了一维的目标物特征,是图像识别分类的基础。图像识别分类是在图像分析的基础上,利用人工智能、认知论和模式识别技术,对图像中的目标物进行识别和分类,以达到机器识别或实际应用的目的。

4. 图像信息的传输

随着计算机技术尤其是网络技术的迅猛发展和广泛应用,需要传输(通信)的信息不仅有文字或者语音信息,也包括大量的静态或者视频图像信息。由于图像信息量很大,图像信息传输中要解决的主要问题就是传输信道和数据量的矛盾问题。一方面要改善传输信道，提高传输速率，而这些都要受到环境的限制；另一方面要对传输的图像信息进行压缩编码，以减少描述图像信息的数据量，这也是图像处理的内容之一。

5. 图像的输出和显示

图像处理的目的就是改善图像的视觉效果或进行机器识别分类，最终都要提供给人去理解，因此必须通过适当的方法进行输出和显示，包括硬复制（如照相、打印、扫描）和软复制（如显示器显示）等。

4.1.6 视频图像处理

视频图像处理过程中会涉及对视频图像数据的采集、传输、处理、显示和回放等过程，这些过程共同形成了一个系统的整体周期，可以连续性的运作。在视频图像处理技术范围内最主要的就是图像的压缩技术和视频图像的处理技术等。目前，市场上主流的视频图像处理技术包括智能分析处理、视频透雾增透技术、宽动态处理、超分辨率处理等，下面分别介绍以上四种处理技术。

1. 智能分析处理技术

智能分析处理技术是解决视频监控领域大数据筛选、检索技术问题的重要手段。目前国内外智能分析处理技术可以分为两大类：一类是通过前景提取等方法对画面中的物体的移动进行检测，通过设定规则来区分不同的行为，如拌线、物品遗留、周界等；另一类是利用模式识别技术对画面中所需要监控的物体进行针对性的建模，从而做到对视频中的特定物体进行检测及相关应用，如车辆检测、人流统计、人脸检测等应用。

2. 视频透雾增透技术

视频透雾增透技术，一般指将因雾和水气、灰尘等导致的朦胧不清的图像变得清晰，强调图像当中某些感兴趣的特征，抑制不感兴趣的特征，使得图像的质量改善，信息量更加丰富。由于雾霾以及雨雪、强光、暗光等恶劣条件导致视频监控图像的图像对比度差、分辨率低、图像模糊、特征无法辨识等问题，经过增透处理后可为图像的下一步应用提供良好的条件。

3. 数字图像宽度动态的算法

数字图像处理中宽动态范围是一个基本特征，在图像和视觉恢复中占据了重要的位置，关系着最终图像的成像质量。其动态的范围主要受保护信号量和平均噪声比值来决定的，其中动态范围可以从光能的角度来定义。

数字的信号处理会受到曝光量中曝光效果、光照度和强度的影响和作用。动态范围跟图案的深度息息相关，如果图像动态范围宽，则在图像处理时亮度变化较为明显，但如果动态范围较窄，在亮度转化时，亮暗程度的变化并不明显。目前图像的宽动态范围在视频监控、医疗影像等领域应用较为广泛。

4. 超分辨率重建技术

提高图像分辨率最直接的办法就是提高采集设备的传感器密度。然而高密度图像传感器的价格相对昂贵，在一般应用中难以承受；另一方面，由于成像系统受其传感器阵列密度的限制，目前已接近极限。解决这一问题的有效途径是采用基于信号处理的软件方法对图像的空间分辨率进行提高，即超分辨率（Super - Resolution，SR）图像重建，其核心思想是用时间带宽（获取同一场景的多帧图像序列）换取空间分辨率，实现时间分辨率向空间分辨率的转换,使得重建图像的视觉效果超过任何一帧低分辨率图像。

4.2 智能图像处理实现

4.2.1 图像处理的实现方式

数字图像处理技术应用广泛,它不仅可以通过软件实现,也有很多被直接做成到一片专用的芯片中。随着超深亚微米工艺(VDSM)和超大规模集成电路(VLSI)技术的不断发展,基于IP核的SoC由于其硬件高速的效率在渐渐地深入到图像处理领域。目前图像处理的实现方式通常有6种:

(1)纯软件的实现方式。

(2)基于数字信号处理器(DSP)的实现方式。

(3)通过单片机实现部分图像处理过程。

(4)ASIC图像处理专用芯片。

(5)FPGA实现。

(6)图形处理器(Graphics Processing Unit,GPU)。

下面将这6种方式进行逐一对比:

软件实现方式成本低、灵活性强,但是复杂的图像处理系统占用资源多,软件难以实时完成处理,速度也是比较慢的。

DSP的好处是灵活性高、可扩展性好。但为了实现实时编解码,需要占用较多的计算资源,必须采用较高性能的DSP和处理器,显著增加了嵌入式系统的成本和功耗,不适合低端系统的应用。

基于单片机的图像处理只适用于一些小系统,实现简单的图像处理算法。

采用ASIC图像处理芯片的优点是速度快,ASIC芯片设计完成之后的生产成本相对较低,而且方便集成、功耗低、适合大规模生产。然而ASIC图像处理芯片的缺点是可配置扩展性差,一旦设计完成就只能以固定模式进行某些图像处理,而图像处理有多个方面,且有很多不同的应用场景。在ASIC芯片中同时实现多方面的应用会显著提高芯片面积和功耗,而只支持一个系统的ASIC图像处理芯片应用范围又受到限制。

FPGA具有较高的性能和灵活性,升级方便,但其成本较高,不适合大规模生产。

GPU对于图像处理有着很高的性能,在4.2.2节中对其进行详细的介绍。

4.2.2 GPU

GPU,又称显示核心、视觉处理器、显示芯片,是一种专门在个人电脑、工作站、游戏机和一些移动设备(如平板电脑、智能手机等)上进行图像运算工作的微处理器。用途是将计算机系统所需要的显示信息进行转换驱动,并向显示器提供行扫描信号,控制显示器的正确显示,是连接显示器和个人计算机主板的重要元件,也是"人机对话"的重要设备之一。

图形处理器又名显示处理器,是显卡的"心脏",也就相当于CPU在电脑中的作用,它决定了该显卡的档次和大部分性能,同时也是2D显示卡和3D显示卡的区别依据。2D

显示芯片在处理3D图像和特效时主要依赖CPU的处理能力,称为“软加速”。3D显示芯片是将3D图像和特效处理功能集中在显示芯片内,也即所谓的“硬件加速”功能。显示芯片通常是显示卡上最大的芯片(也是引脚最多的)。时下市场上的显卡大多采用NVIDIA和AMD两家公司的图形处理芯片。显卡作为电脑主机里的一个重要组成部分,承担输出显示图形的任务,对于从事专业图形设计的人来说显卡非常重要。

GPU能够从硬件上支持多边形转换与光源处理(Transform and Lighting,T&L)的显示芯片,因为T&L是3D渲染中的一个重要部分,其作用是计算多边形的3D位置和处理动态光线效果,也可以称为“几何处理”。一个好的T&L单元,可以提供细致的3D物体和高级的光线特效;只不过大多数PC中,T&L的大部分运算是交由CPU处理的(这就也就是所谓的软件T&L),由于CPU的任务繁多,除了T&L之外,还要做内存管理、输入响应等非3D图形处理工作,因此在实际运算的时候性能会大打折扣,常常出现显卡等待CPU数据的情况,其运算速度远跟不上今天复杂三维游戏的要求。即使CPU的工作频率超过1GHz或更高,对它的帮助也不大,由于这是PC本身设计造成的问题,与CPU的速度无太大关系。

1985年8月20日ATi公司成立,同年10月ATi使用ASIC技术开发出了第一款图形芯片和图形卡,1992年4月ATi发布了Mach32图形卡集成了图形加速功能,1998年4月ATi被IDC评选为图形芯片工业的市场领导者,但那时候这种芯片还没有GPU的称号,很长的一段时间ATI都是把图形处理器称为VPU,直到AMD收购ATI之后其图形芯片才正式采用GPU的名字。

NVIDIA公司在1999年发布GeForce 256图形处理芯片时首先提出GPU的概念。从此NVIDIA显卡的芯就用这个新名字GPU来称呼。GPU使显卡削减了对CPU的依赖,并实行部分原本CPU的工作,特别是在3D图形处理时。GPU所采用的核心技术包括硬体T&L、立方环境材质贴图与顶点混合、纹理压缩及凹凸映射贴图、双重纹理四像素256位渲染引擎等,而硬体T&L技术能够说是GPU的标志。如图4.2所示为NVIDIA图像处理器。

图4-2　NVIDIA图像处理器

今天,GPU已经不再局限于3D图形处理了,GPU通用计算技术发展已经引起业界不少的关注,事实也证明在浮点运算、并行计算等部分计算方面,GPU可以提供数十倍乃至于上百倍高于CPU的性能。

GPU通用计算方面的标准目前有Open CL、CUDA、ATI STREAM。其中,开放运算语言(Open Computing Language,Open CL)是第一个面向异构系统通用目的并行编程的开放式、免费标准,也是一个统一的编程环境,便于软件开发人员为高性能计算服务器、桌面计算系统、手持设备编写高效轻便的代码,而且广泛适用于多核心处理器(CPU)、GPU、Cell类型架构以及DSP等其他并行处理器,在游戏、娱乐、科研、医疗等各种领域都有广阔的发展前景,AMD-ATI、NVIDIA时下的产品都支持Open CL。

Shazam是Apple App Store与Google Play商店中的全球五大音乐应用之一,它利用GPU加速器来从其2700万首乐曲的数据库中快速搜索和识别歌曲,该应用程序的3亿多名用户使用手机或平板电脑,可捕捉简短的音乐样本,然后与声学指纹进行比对。

在Shazam Entertainment,每天有1000多万次歌曲搜索、每个周末有200万名新用户加入到这项服务中来,其数据库一年内翻了一番,通过加速搜索与比对过程,NVIDIA TeslaGPU让Shazam保持低成本的服务器基础架构,可随公司的迅猛增长而扩展。

Salesforce.com则利用GPU加速器来帮助思科、戴尔以及佳得乐等品牌,每天监测和分析5亿多条有关品牌、产品、服务以及支持问题的微博,与基于CPU的同级系统相比,NVIDIA CUDA GPU让Salesforce.com分析出结果的时间从分钟级别缩短至秒级。此外,GPU还能够提供足够的扩展空间,并随着Twitter的迅猛增长和企业客户对高级社交媒体的需求增长而扩展。

Cortexica的移动应用程序让消费者能够毫不费力地查找和购买自己喜爱的商品,通过手机或平板电脑拍下T恤衫或类似商品的照片,Cortexica就能在eBay等电商中搜索到服装的在线数据库,方便用户找到在线零售商,购买匹配的商品。

4.3 智能图像处理技术

智能图像处理技术是利用计算机技术对图像进行智能化的处理方法,一般被用来帮助人类识别复杂环境下的事物。智能图像处理技术可以归纳出如下几个主要技术。

1. 图像特征分析

图像特征分析与提取是智能图像处理的基础,常用的图像特征有颜色、纹理与形状等。图像特征分析是一个广泛的概念,内容丰富,在不同应用中有不同的含义。如果做简单抽象,可以认为图像特征分析的主要目的是,用低维的“特征空间”代替原始高维的图像信息空间,以降低计算难度。要深入理解特征分析的作用和意义,需要从具体问题着手,针对特定研究对象,及与之相应的特征分析,进行理论和技术探讨。

2. 图像配准

图像配准(Image Registration)就是将不同时间、不同传感器(成像设备)或不同条件下(天候、照度、摄像位置和角度等)获取的两幅或多幅图像进行匹配、叠加的过程,它已经被广泛地应用于遥感数据分析、计算机视觉、图像处理等领域。首先对两幅图像进行特征提取得到特征点;其次通过进行相似性度量找到匹配的特征点对;再次通过匹配的特征点对得到图像空间坐标变换参数;最后由坐标变换参数进行图像配准。而特征提取是配准技术中的关键,准确的特征提取为特征匹配的成功进行提供了保障。因此,寻求具有良好不变性和准确性的特征提取方法,对于匹配精度至关重要。

3. 图像融合

图像融合(Image Fusion)是指将多源信道所采集到的关于同一目标的图像数据经过图像处理和计算机技术等,最大限度地提取各自信道中的有利信息,最后综合成高质量的图像,以提高图像信息的利用率、改善计算机解译精度和可靠性、提升原始图像的空间分辨率和光谱分辨率,利于监测。待融合图像已配准好且像素位宽一致,综合和提取两个或多个多源图像信息。两幅(多幅)已配准好且像素位宽一致为待融合源图像,如果配准不好且像素位宽不一致,其融合效果不好。

高效的图像融合方法可以根据需要综合处理多源通道的信息,从而有效地提高了图像信息的利用率、系统对目标探测识别的可靠性及系统的自动化程度。其目的是将单一传感器的多波段信息或不同类传感器所提供的信息加以综合,消除多传感器信息之间可能存在的冗余和矛盾,以增强影像中信息透明度,改善解译的精度、可靠性以及使用率,以形成对目标的清晰、完整、准确的信息描述。

例如,可见光反映景物的反射特性,图像场景细节比较丰富,但是容易受到天气和环境的干扰;热红外波段反映景物的辐射特性,图像则呈现较好的热对比度,受天气和照明的影响较小,具有穿透雾、霭、雨、雪的优势,且作用距离远;利用先进的异源图像融合算法,能显著提升图像质量。图4-3为红外成像与可见光进行图像融合的示意图,图4-3(a)为红外成像图,图4-3(b)为可见光成像,由于大雾原因,机场能见度极低,通过红外成像与可见光图像进行图像融合之后,可以得到一副较为清晰的成像画面。

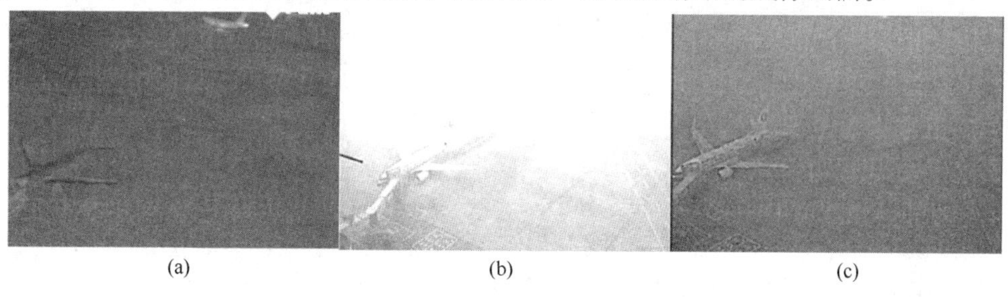

(a) (b) (c)

图4-3 红外(a)/可见光(b)/融合图像(c)

4. 图像分类

图像分类就是利用计算机对图像进行定量分析,把图像中的每个像元或M域划归为若干个类别中的一种,以代替人的视觉判读。图像分类的过程就是模式识别过程,图像分类的特点是速度快、计算精度高,图像测量(如面积计算)要准确得多。

图像分类主要用于遥感、医学与军事等领域。以遥感图像分类为例,遥感技术是通过对遥感传感器接收到的电磁波辐射信息特征的分析来识别地物类型的,这可以通过人工目视解释来实现,或是用计算机进行自动分类处理,也可以用人工目视解释与计算机自动分类处理相结合来实现。用计算机对遥感图像进行地物类型识别是遥感图像数字处理的一个重要内容,也是模式识别技术在遥感技术领域中的具体应用。

5. 图像识别

图像识别,是指利用计算机对图像进行处理、分析和理解,以识别各种不同模式的目标和对象的技术。图像识别就是利用计算机识别出图像中的目标并分类,用机器智能代替人的智能。它所研究的领域十分广泛,如:工业加工中零部件的识别、分类;从遥感图像中分辨农作物、森林、湖泊和人工设施;从气象观测数据或气象卫星照片准确预报天气;从X光照片判断是否发生肿瘤;从心电图的波形判断被检查人是否患有心脏病;在交通中心实现交通管制、识别违章行驶的汽车及司机等。

6. 基于内容的图像检索

基于内容的图像检索就是根据图像的语义和感知特征进行检索,具体实现就是从图像数据中提取出特定的信息线索(或特征指标),然后根据这些线索从大量存储在图像数据库的图像中进行查找,检索出具有相似特征的图像数据。与传统的基于关键词的数据库检索手段相比,具有相似度检索、近似检索和要求给出检索结果的集合限制等特点。

例如,国内的世纪佳缘网站,利用了图像检索技术,你只需要上传一张你喜欢的异性照片,即可在数据库中找到与照片中长相最相似的人。该"人脸识别"产品利用目前最热的数据挖掘和人脸识别,是与世纪佳缘海量数据库相结合的新产品,其涉及的图像技术包括人脸图像采集及检测、人脸图像预处理、人脸图像特征提取以及匹配与识别。人脸识别通过脸部的直方图特征、颜色特征、模板特征、结构特征及 Haar 特征进行比对,并利用这些特征实现人脸识别。在完成最佳匹配后,用户可通过单击进入被推荐异性页面进行互动。

7. 图像数字水印

数字水印(Digital Watermarking)是一种新的、有效的数字产品版权保护和数据安全维护的技术,它是一种十分贴近实际应用的信息隐藏技术。数字水印是将具有特定意义的标记(水印),利用数字嵌入的方法隐藏在数字图像、声音、文档、图书、视频等数字产品中,用以证明创作者对其作品的所有权,并作为鉴定、起诉非法侵权的证据,同时通过对水印的检测和分析保证数字信息的完整可靠性,从而成为知识产权保护和数字多媒体防伪的有效手段。

接下来就图像识别技术进行重点讲述。

图像识别系统可分为三个主要部分,如图 4-4 所示。第一部分是图像信息的获取,对图像识别来说就是把图片、底片、文字图像等用设备变换为电信号以备后续处理。第二部分是信息的特征提取,它的作用在于对数据材料进行加工、整理、分析、归纳,以去伪存真,抽出能反映事物本质的特征。当然,抽取什么待征,保留多少特征与采用何种判决有很大关系。第三部分是判决,这相当于人们从感性认识上升到理性认识而做出结论的过程,第三部分与特征提取的方式密切相关。

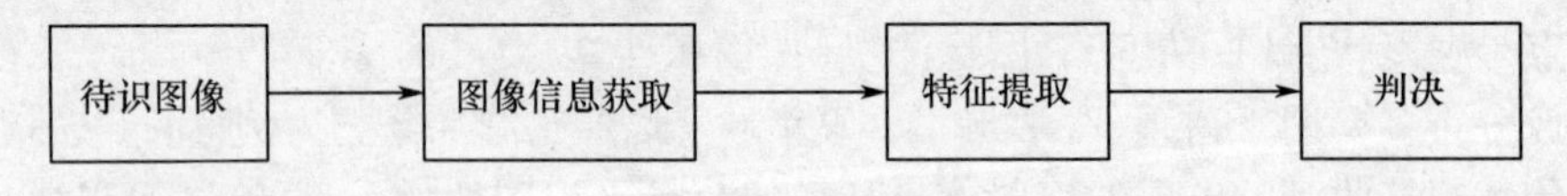

图 4-4　图像识别系统

在图像识别的发展过程中,逐渐出现了以下四类有代表性的理论和方法。

(1) 统计图像识别方法。统计图像识别方法是基于概率统计理论为基础的,图像模式用特征向量描述,找出决策函数进行模式决策分类。不同的决策函数产生了不同的模式分类方法。目前主要的统计图像识别方法有两类:一类是基于似然函数的模式分类方法,主要有贝叶斯判决准则、Fisher 判决准则等;另一类是甚于距离函数的模式分类方法,这是一种集群分析技术。

(2) 句法(或结构)图像识别方法。句法图像识别方法是基于形式语言理论的概念为基础的。它分析图像的结构,把复杂结构的图像看成是由简单的子图像所组成,又把最简单的子图像作为基元,从基元的集合出发,按照一定的文法(构图规则)去描述较复杂的图像。这类似于英语中的句子由单词按一定的文法连接而成。给定一个输入模式基元串,判别其是否被文法识别器(又称自动机)接受的过程就是图像识别。由于提取图像基元特征的困难,句法图像识别方法应用的并不广泛。

(3) 模糊图像识别方法。模糊图像识别方法是模糊集理论在图像识别中的应用。模糊模式识别可分为两大类型:第一种是元素或个体对标准模糊集的识别,即待识别的对象是明确的元素,而标准类型是模糊的,这种情况下,可采用隶属原则进行归类;第二种是模糊集对模糊集的识别,即待识别的对象是模糊的,标准类型也是模糊的,这时要考虑的是模糊集和模糊集之间的贴近关系,可采用择近原则进行分类。用直接方法时,识别对象往往不会绝对属于某一种标准类型及绝对不属于其他标准类型,也就是说它对各种标准类型的隶属值取值范围不是(0,1),而是[0,1]。两个模糊集之间按某种特性进行比较时,可以使用的数量指标有模糊距离和贴近度。前者表示两个模糊集之间的差异程度,而后者则反映了两个模糊集接近的程度。它是用模糊集合的概念代替确定子集,从而得到模糊的识别结果,或者说使识别结果模糊化。因此,将模糊集理论用于图像识别系统,利用模糊信息进行决策分类,使计算机或机器代存接近人类的智能,这是重要的研究课题。目前模糊图像识别的主要方法有最大隶属原则识别法、接近原则识别法和模糊聚类分析法。

(4) 神经网络图像识别方法。图像识别领域常用的人工神经网络模型主要有 Hopfield 神经网络、BP 神经网络、小波网络、细胞神经网络、模糊神经网络和深度卷积网络(Convolutional Neural Networks,CNN)。

人工神经网络具有信息分布式存储、大规模自适应并行处理、高度的容错性等优点,是应用于图像识别的基础,特别是其学习能力和容错性对不确定的图像识别具有独到之处。统计图像识别方法必须解决特征形成和特征提取、选择问题,而神经网络具有无可比拟的优越性,一般的神经网络分类器不需要对输入的模式做明显的特征提取,网络的隐层本身就具有特征提取的功能,特征信息体现在隐层连接的权值之中。神经网络的并行结构决定了它对输入模式信息的不完备或特征的缺损不敏感。神经网络分类器是一种智能化模式识别系统,它可增强系统的学习能力容错性,具有很强的发展应用前景。

神经网络是将信息的处理由神经元之间的相互作用来实现的一类网络。知识与信息的存储表现为网络元件互连间分布式的物理联系,网络的学习和识别决定于各神经元连接权的动态演化过程。它的主要特征为连续时间非线性动力学,网络具有全局作用、大规模并行分布处理及高度的鲁棒性和学习联想能力,同时还具有一般非线性动力学系统的共性,即不可预测性、吸引性、耗散性、非平衡性、不可逆性、高维性、广泛联结性与自适应性等。

BP 神经网络是目前应用最为广泛和成功的神经网络之一。它是在 1986 年,由 Rumelhant 和 Mclelland 提出的。它是一种多层网络的"逆推"学习算法。其基本思想是,学习过程由信号的正向传播与误差的反向传播两个过程组成。正向传播时,输入样本从输入层传入,经隐层逐层处理后,传向输出层。若输出层的实际输出与期望输出不符,则转向误差的反向传播阶段。误差的反向传播是将输出误差以某种形式通过隐层向输入层逐层反传,并将误差分摊给各层的所有单元,从而获得各层单元的误差信号,此误差信号即作为修正各单元权值的依据。这种信号正向传播与误差反向传播的各层权值调整过程,是周而复始地进行的。权值不断调整的过程,也就是网络的学习训练过程。Hopfield网络其重要内容之一就是在反馈神经网络中引入了"能量函数"的概念,这一概念的提出对神经网络的研究有重大意义,它使神经网络运行稳定性的判定有了可靠的依据。应用Hopfield 网络成功地求解了优化组合问题中最有代表性的 TSP(Traveling Salesvnan Problem)问题,从而开创了神经网络用于智能信息处理的新途径。

图像识别理论和神经网络理论是相互渗透、相互映射的关系。图像识别的研究目标是利用计算机实现人类的识别能力,而人对外界感知的主要生理基础就是神经系统,因此,根据人脑生理结构而形成的人工神经网络系统具有图像识别的结构基础。事实上,图像识别确实是神经网络应用最成功的一个方面。

图像模式识别问题的数学本质属于从模式空间到类型空间的映射问题,神经网络因其具有非线性、自适应性及自学习特性,利用输入的图像特征完成从模式空间到类型空间的映射,在图像识别方向上获得了成功的应用。各种神经网络模型在应用于图像识别时有其相似之处,只是应用于不同的任务时各有其优越性。

4.4 运动目标识别与跟踪

本节将以车辆目标的识别与跟踪为例,结合目标识别与跟踪的相关背景技术来对图像处理中常用的运动目标识别与跟踪技术做一个较为详细的介绍。由于本书篇幅有限,部分相关图像处理的知识需读者进一步查阅相关专业书籍。

4.4.1 运动目标识别

帧差法是一种常见的目标检测技术,利用帧差法进行运动目标检测具有简单易行的优点,但是该方法极易受到背景运动和噪声干扰的影响。大量的噪声和背景使得差分结果里的运动目标被淹没,例如运动中的车辆目标,导致后续的目标区域的提取难以进行,所以,通常情况下帧差法仅仅使用于静止背景并且图像的噪声很少的情况。但是如果经过良好的图像预处理,充分滤除背景噪声并实现运动背景的补偿后,相邻帧差法就可以较好地提取运动目标区域。帧差法通常分为两帧差法和三帧差法。首先对图像去除噪声,然后以序列图像的三帧差法进行运动目标检测。

1. 图像去噪

(1) 图像噪声模型分析。图像预处理是数字图像处理的基本内容之一,其目的是去除图像噪声干扰的同时,突出显示图像中的"有用"信息,扩大图像中不同物体特征之间的差别,为图像的信息提取及其他图像分析技术奠定良好的基础。序列图像经过全局运动估计进行运动补偿后,基本消除背景运动造成的干扰,并且较短的时间间隔内光线变化对图像质量的影响基本可以不予考虑。此时,影响图像质量的主要因素是噪声的干扰。因此,"去除噪声"成为图像预处理必不可少的一个环节。

图像去噪可以归结为图像增强的一部分。序列图像在采集过程中,必然会引入噪声。根据噪声产生的原因不同,典型的噪声模型可以分为加性噪声和乘性噪声。

加性噪声由信道噪声及光导摄像机扫描图像时产生,该类噪声与图像信号无关。

$$f(x_1,x_2)=n(x_1,x_2)+g(x_1,x_2) \tag{4-1}$$

乘性噪声由电视光栅线存在而产生,该类噪声与图像信号有关。

$$f(x_1,x_2)=g(x_1,x_2)+n(x_1,x_2)g(x_1,x_2) \tag{4-2}$$

式中:$f(x_1,x_2)$为含有噪声的图像信号;$n(x_1,x_2)$为噪声信号;$g(x_1,x_2)$为图像信号。

式(4-1)为加性噪声,式(4-2)为乘性噪声。

目前,对图像去噪的方法已经有了深入的研究。其常用的去噪方法有基于中值滤波的方法、基于维纳滤波的方法、基于神经网络的方法、基于数学形态学的方法和基于小波分析的方法。

中值滤波的基本原理是将图像中的每个像素的值用该点的邻域中各点值的中值代替;维纳滤波器是一种线性滤波器,主要是用线性代数的方法对图像进行处理,它是有约束恢复的,只须要噪声均值和方差就可计算出最优结果;基于神经网络的方法能够根据噪声环境自适应地调节多层神经网络的参数,对高斯噪声和脉冲噪声有良好的去噪效果;基于数学形态学的方法利用形态学中的开和闭运算能够除去图像中的噪声,它用一个直径略大于噪声点的结构元素,运用开运算、闭运算来去除图像中的噪声;基于小波分析的方法主要利用多尺度小波分析理论,依据噪声信号处于高频系数的性质进行抑制噪声的处理。

(2) 小波变换理论。通过前面介绍的图像去噪和增强的方法可知,传统的基于频域图像预处理,例如用傅里叶变换对图像进行全局变换,图像增强与图像去噪往往是一对相互制约的矛盾:图像去噪时抑制噪声产生的高频信息的同时也抑制了图像细节产生的高频信息;同样,图像增强时放大了图像细节产生的高频信号信息,但是也增强了噪声产生的高频信息。小波理论的出现,某种程度上很好地解决了这个问题,因此也使得小波分析迅速成为数字图像处理的一个有力工具。

小波指的是满足一定的容许条件的特殊函数,称为基本小波或母小波,满足容许条件是一个函数成为小波的首要条件。小波变换就是从母小波开始,选定了一个母小波后,进行伸缩或者平移变换,由此派生出系列的小波基函数,用这些小波基函数作用于待分析的信号,就是所谓的小波变换或者小波分析。

小波分为连续小波和离散小波两种。在图像去噪的过程中,对图像要进行离散的数字处理模式,所以,通常是采用离散小波来对图像进行处理,并且连续小波变换系数是高度冗余的,必须要对连续小波变换进行离散化,最大程度上消除和降低冗余性。

在数字图像处理过程中,离散小波变换使用高低通滤波器来实现对图像高低频空间特征的分离处理。其处理过程为:

① 设计满足要求的低通滤波器 $h_0(k)$。

② 以 $h_0(k)$为权重,根据自身尺度的加权和来构造尺度函数 $\varphi(t)=\sum_k h_0(k)\varphi(2t-k)$。

③ 根据权重 $h_0(k)$建立高通滤波器 $h_1(k)$,其中 $h_1(N-1-k)=(-1)^k h_0(k)$。

④ 由低通滤波器 $h_0(k)$和高通滤波器 $h_1(k)$构造基本小波 $\psi(t)$,并且由此生成一组正交规一化小波集。

$$\psi(t) = \sum_k h_1(k)\varphi(2t-k) \tag{4-3}$$

$$\psi_{j,k}(t)=\frac{1}{2^{j/2}}\psi(2^{-j}t-k) \tag{4-4}$$

如果要利用离散小波分解来对序列图像去除噪声，进行小波分解后，必须要确定哪些小波系数是由噪声产生的，哪些是由图像细节产生的。在图像的同一位置相邻尺度上的小波系数间的相关系数可以用来确定图像的噪声。通过大量的相关实验发现，如果同一位置上相邻尺度上的高频系数的相关系数很小，则该系数有噪声产生；如果该相关系数较大，则是由图像的细节产生。

（3）利用小波算子去噪。通过前面对小波系数理论和利用相邻尺度同一位置小波系数的相关性对图像细节和噪声进行区分的原理介绍，可以对序列图像进行离散小波分解，对图像细节和噪声产生的小波系数进行区分并对噪声产生的小波系数进行抑制，达到对图像去除噪声的目的。

在对序列图像进行小波分解的过程中，定义尺度 n 上的小波相关算子为 Corr_n：

$$\mathrm{Corr}_n=W_n\times W_{n+1} \tag{4-5}$$

即尺度 n 和尺度 $n+1$ 上的小波系数的乘积就是尺度 n 上的小波相关算子，并且该算子会随着 n 的增大而逐渐变小。为了保持能量级不变，通常要对小波算子按照式(4-6)进行正规化处理。

$$\mathrm{Corr2}_n=\mathrm{Corr}_n\times\sqrt{P_w/P_{\mathrm{Corr}}} \tag{4-6}$$

式中：

$$P_{\mathrm{Corr}}=\sum\mathrm{Corr}_n\times\mathrm{Corr}_n \tag{4-7}$$

$$P_w=\sum w_n\times w_n \tag{4-8}$$

这个正规化过程保证了正规化小波相关算子 $\mathrm{Corr2}_n$ 和小波系数集 W_n 在同一个能量级上。图像经过离散小波变换后，如果某点的正规化小波算子的绝对值大于该点小波系数的绝对值，就认为该点是图像细节产生，否则认为是由噪声产生。

利用小波变换对图像去噪就是对小波系数进行区分后，对由噪声产生的小波系数进行收缩运算，如下所示：

$$W_{\mathrm{out}}=\mathrm{sign}(W_{\mathrm{in}})\times(|W_{\mathrm{in}}|-T1)\qquad |W_{\mathrm{in}}|\geqslant T1 \tag{4-9}$$

$$W_{\mathrm{out}}=0\qquad |W_{\mathrm{in}}|<T1 \tag{4-10}$$

式中：$T1$ 为对应的阈值，当输入信号的长度为 N 时，用确定阈值：

$$T_n=\sqrt{2\lg(N)\sigma}/\sqrt{N}$$

式中：σ 为小波系数的标准差，具体的图像去噪过程如图 4-5 所示。

2. 运动目标检测

为了方便进行理论分析，假定在理想情况下进行运动目标检测。假设选取序列图像里的连续三帧图像为简单背景，即背景已经进行运动补偿，相邻帧图像里背景像素不发生变化，并且已经滤除噪声的干扰。

在序列图像的连续三帧里，分别以 x_1,x_2,x_3 为中心，厚度为 $2\nabla x$ 的阶跃边缘对应的灰度函数可以用 $e_1(x),e_2(x),e_3(x)$ 表示。则 $m=(b-2/)2\nabla x$ 为阶跃边缘的斜率，可以

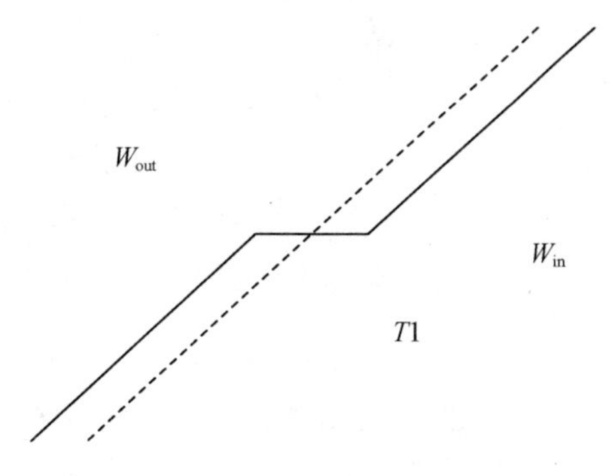

图 4-5　图像去噪的"收缩"算子

得到阶跃边缘的灰度分布函数为

$$e_1(x)=\begin{cases}a & ,0\leqslant x\leqslant x_1-\nabla x\\ m(x-x_1+\nabla x)+a & ,x_1-\nabla x\leqslant x\leqslant x_1+\nabla x\\ b & ,x_1+\nabla x\leqslant x\leqslant\infty\end{cases}\tag{4-11}$$

$$e_2(x)=\begin{cases}a & ,0\leqslant x\leqslant x_2-\nabla x\\ m(x-x_2+\nabla x)+a & ,x_2-\nabla x\leqslant x\leqslant x_2+\nabla x\\ b & ,x_2+\nabla x\leqslant x\leqslant\infty\end{cases}\tag{4-12}$$

$$e_3(x)=\begin{cases}a & ,0\leqslant x\leqslant x_3-\nabla x\\ m(x-x_3+\nabla x)+a & ,x_3-\nabla x\leqslant x\leqslant x_3+\nabla x\\ b & ,x_3+\nabla x\leqslant x\leqslant\infty\end{cases}\tag{4-13}$$

式中:a 和 b 分别为阶跃前后的灰度值。相应的阶跃差绝对值如下式所示:

$$|e_1(x)-e_2(x)|=\begin{cases}a & ,0\leqslant x\leqslant x_1-\nabla x\\ |m(x-x_1+\nabla x)| & ,x_1-\nabla x\leqslant x\leqslant x_1+\nabla x\\ |b-a| & ,x_1+\nabla x\leqslant x\leqslant x_2-\nabla x\\ |b-m(x-x_2+\nabla x)-a| & ,x_2-\nabla x\leqslant x\leqslant x_2+\nabla x\\ b & ,x_2+\nabla x\leqslant x\leqslant\infty\end{cases}\tag{4-14}$$

$$|e_2(x)-e_3(x)|=\begin{cases}a & ,0\leqslant x\leqslant x_2-\nabla x\\ |m(x-x_2+\nabla x)| & ,x_2-\nabla x\leqslant x\leqslant x_2+\nabla x\\ |b-a| & ,x_2+\nabla x\leqslant x\leqslant x_3-\nabla x\\ |b-m(x-x_2+\nabla x)-a| & ,x_3-\nabla x\leqslant x\leqslant x_3+\nabla x\\ b & ,x_3+\nabla x\leqslant x\leqslant\infty\end{cases}\tag{4-15}$$

式(4-16)为两个绝对值式的乘积,其中除了第二帧图像的阶跃边缘外,其他的阶跃边缘都为零。

$$|e_1(x)-e_2(x)|\times|e_2(x)-e_3(x)|=\begin{cases}0 & ,0\leqslant x\leqslant x_2-\nabla x\\ |b-m(x-x_2+\nabla x)-a| \\ \quad\times|m(x-x_1+\nabla x)| & ,x_2-\nabla x\leqslant x\leqslant x_2+\nabla x\\ 0 & ,x_2+\nabla x\leqslant x\leqslant\infty\end{cases}\tag{4-16}$$

根据上面的分析,采取序列图像进行测试。图 4-6 所示分别代表序列图像里的第 $k-1$ 帧、第 k 帧和第 $k+1$ 帧。图像里的黑色方块代表运动目标区域。根据上述方法用三帧差法进行测试,得到前两帧图像的差如图 4-7(a)所示,后两帧的差如图 4-7(b)所示。

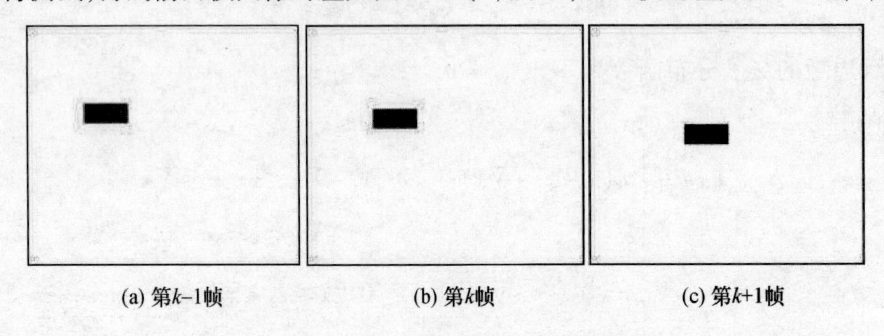

图 4-6　序列图像的各帧测试图

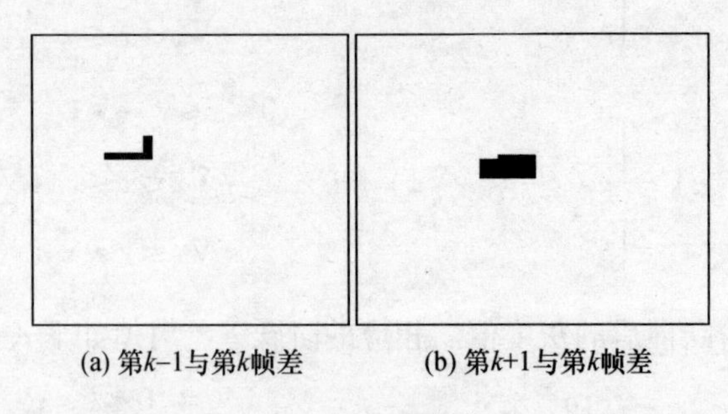

图 4-7　两帧差

从测试结果可知,未能得出第 k 帧里的运动目标。通过图的分析可知,当序列图像的时间间隔过短时,运动目标发生的位移很小。这样在相邻两帧里运动目标所占据的区域会发生很大的重叠,过大的重叠区域为后续的三帧差法进行运动目标检测带来很大麻烦,甚至在多数情况下不能显示中间一帧图像里的运动目标区域。

针对上述问题,通常的解决办法是首先利用边缘检测算子对预处理后的图像进行边缘检测。常用的边缘检测算子有 Sobel 算子、Prewitt 算子、Kirsch 算子和高斯拉普拉斯(Laplacian of - Gaussian,LOG)算子等。经过边缘检测后的图像利用连续图像的三帧差法进行运动目标检测,相邻帧差的重叠区域已经减小到图像边缘线的重叠部分。这样,即使图像序列的相邻帧时间间隔很小,也不会过多地影响重叠区域的面积。图 4-8 是连续三帧图像经过 Soble 算子进行边缘检测后的三帧差法目标检测实验结果。

以电子科技大学旁一环路上拍摄的含有白色汽车的测试图像序列为例,利用经过梯度变换的三帧差法验证基于序列图像的运动目标检测。为了突出运动目标的视觉效果,采用测试图像序列的第 8 帧、第 13 帧和第 18 帧为三帧差法的输入图像。经过 6 参数摄

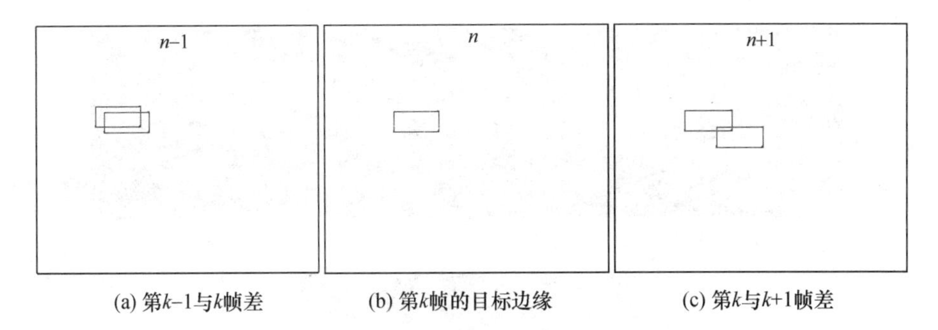

图 4-8　经过 Sobel 算子进行边缘检测后的三帧差法目标检测图

像机模型进行运动补偿,并经过去噪处理后的图像如图 4-9 所示。三幅图像已经消除了大部分背景运动的影响和噪声的干扰,少量的残留对图像处理不构成太多的障碍,可以接受。利用这三幅图像分别验证直接对输入图像做三帧差法和先经过梯度变换再做三帧差的方法。

(a) 预处理后的第18帧图像

(b) 预处理后的第13帧图像

(c) 预处理后的第8帧图像

图 4-9　经过运动补偿和去噪处理后的图像

首先验证直接对输入图像做三帧差法。图 4-10 为第 18 帧与第 13 帧的差、第 13 帧与第 8 帧的差。接下来的图是三帧差结果,该图像里的目标就是在第 13 帧里检测到的运动目标。从图 4-10 可以看出,检测到的运动目标残缺不全,无法提取运动目标的整个像素区域。

接下来验证先经过梯度变换再做三帧差的方法。图 4-11(a)为第 18 帧与第 13 帧经过 Sobel 边缘检测后的差,(b)为第 13 帧与第 8 帧经过 Sobel 边缘检测后的差,(c)为三帧差结果,(c)图里的目标就是在第 13 帧里检测到的运动目标经过梯度变换后的图像。从图 4-11 可以看出,检测到的运动目标区域成功获得了运动目标的轮廓,含有的运动目标信息要比之前完整得多,通过对处理后的三帧差图像像素灰度值进行水平和垂直方向求和投影,设置一定的阈值,即可提取出运动目标的模板。

(a) 变换前第18与第13帧差图像

(b) 变换前第13与第8帧差图像

(c) 变换前三帧差图像

图 4-10　直接对图像进行三帧差法

(a) 变换后第13与18帧差图像

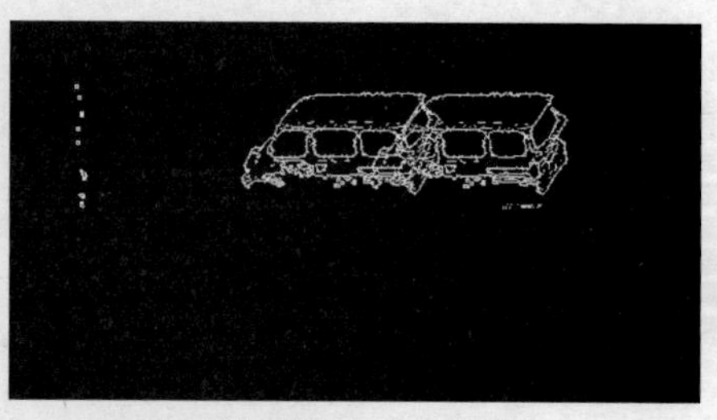

(b) 变换后第8与13帧差图像

(c) 变换后三帧差图像

图 4-11　先经过梯度变换再做三帧差

4.4.2　运动目标跟踪

运动目标跟踪的目的是在序列图像中对感兴趣的目标或对象的位置、速度等运动特征进行有效的确定或预测。经过全局运动估计与补偿和运动目标检测,可以在图像序列中确定出每帧图像里的运动目标区域。为了统计监控场景内运动目标的运动特性,需要对运动目标区域进行跟踪和预测,进而得到运动目标的位置及速度信息。

基于区域匹配的跟踪方法是把预先提取的运动区域作为匹配的目标模板,通过预先设置的匹配度量阈值,在下一幅图像中对目标图像进行全图匹配搜索,把度量取极值时的位置判定为最佳匹配点。该方法操作简单,并且提取的目标模板包含了较完整的目标信息,在目标未被遮挡时,跟踪精度非常高并且比较稳定。虽然能得到较为满意的跟踪结果,但是该方法的一个主要缺点就是计算量大,需要很长的时间在灰度图像上进行全图搜索与匹配,除非有专门的硬件支持,否则很难实现运动目标的实时跟踪处理。考虑到本书运动目标检测与跟踪算法具有这样的整体性与连贯性:把对当前帧图像运动目标的跟踪及对下一帧图像运动目标位置的预测结果作为对基于卡尔曼滤波的自适应块运动估计算法的图像块原始选择区域进行修正的依据。通过卡尔曼滤波,可以实现对下一帧图像内运动目标位置的预测。在基于区域匹配的跟踪算法里,利用卡尔曼滤波的结果预测出可能包含运动目标的小范围区域,在指定的预测区域内进行图像搜索与匹配,来解决基于区域匹配跟踪算法耗时太长的缺点。所以,基于卡尔曼滤波的目标跟踪方法,采用了基于区域匹配的跟踪方法与卡尔曼滤波算法相结合,实现当前帧图像内运动目标的跟踪与下一帧图像内运动目标位置的预测。卡尔曼滤波器通过迭代系统预测值的协方差来计算系统的最优值,并完成预测,同时也使卡尔曼滤波器不断自回归运行下去。采用基于区域匹配的跟踪方法,能够得到当前帧图像里运动目标的位置,所以,将图像内运动目标的位置作为卡尔曼滤波处理的系统。系统的测量值 $Z(k)$ 是 k 时刻区域匹配得到的目标位置($P_x(k)$,$P_y(k)$),即 $Z(k)=(P_x(k),P_y(k))^T$,其中 $P_x(k)$ 和 $P_y(k)$ 分别表示 k 时刻运动目标在图像水平方向和垂直方向的位置。系统的预测值 $X(k)$ 为 k 时刻对系统的预测,预测出目标在图像水平方向和垂直方向的位置,以及目标在水平方向的速度 $V_x(k)$ 和垂直方向的速度 $V_y(k)$,即:$X(k)=(P_x(k),P_y(k),V_x(k),V_y(k))^{\mathrm{T}}$。由此建立的系统,状态方程和测量方程都是线性方程,测量值和预测值都有附加的独立的零均值白噪声。基于卡尔曼滤波的目标跟踪算法流程如图 4-12 所示。

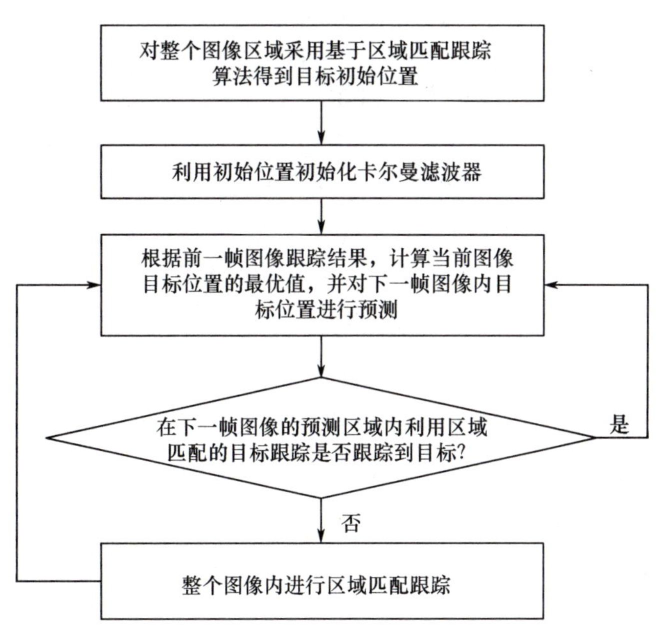

图 4-12　基于卡尔曼滤波的目标跟踪算法流程图

在基于卡尔曼滤波的目标跟踪算法里,卡尔曼滤波器的状态方程、观测方程和相应的状态转换方程是滤波器设计的关键。在对二维图像内的运动目标位置建立的线性系统里,其状态方程为

$$X(k) = \boldsymbol{A}X(k-1) + \boldsymbol{B}U(k) + W(k) \tag{4-17}$$

测量方程为

$$Z(k) = \boldsymbol{H}X(k) + V(k) \tag{4-18}$$

式中：$W(k)$和$V(k)$分别为相互独立的系统状态白噪声和测量白噪声，相应的方差分别为$\boldsymbol{Q}(k)$和$\boldsymbol{R}(k)$。

根据建立的线性系统模型，首先确定状态方程和测量方程的参数。由于无系统控制，将最优控制输入矩阵$\boldsymbol{B}$设置为0。设时刻k和时刻$k-1$的时间间隔为Δt，对于这两个时刻的图像里运动目标的位置，有如下的关系：

$$P_x(k) = P_x(k-1) + V_x(k-1) \cdot \Delta t \tag{4-19}$$

$$P_y(k) = P_y(k-1) + V_y(k-1) \cdot \Delta t \tag{4-20}$$

根据式(4-19)和式(4-20)，可以设置状态转移矩阵$\boldsymbol{A}$和观测转换矩阵$\boldsymbol{H}$为

$$\boldsymbol{A} = \begin{bmatrix} 1 & 0 & \Delta t & 0 \\ 0 & 1 & 0 & \Delta t \\ 0 & 0 & 1 & 0 \\ 0 & 0 & 0 & 1 \end{bmatrix} \tag{4-21}$$

$$\boldsymbol{H} = \begin{bmatrix} 1 & 0 & 0 & 0 \\ 0 & 1 & 0 & 0 \end{bmatrix} \tag{4-22}$$

对于系统状态白噪声和测量白噪声，其方差$\boldsymbol{Q}(k)$和$\boldsymbol{R}(k)$设置为常数：

$$\boldsymbol{Q}(k) = \begin{bmatrix} 1 & 0 & 0 & 0 \\ 0 & 1 & 0 & 0 \\ 0 & 0 & 1 & 0 \\ 0 & 0 & 0 & 1 \end{bmatrix} \tag{4-23}$$

$$\boldsymbol{R}(k) = \begin{bmatrix} 1 & 0 \\ 0 & 1 \end{bmatrix} \tag{4-24}$$

至此，可以得到了卡尔曼滤甫　测方程和测量方程的状态转换矩阵和相关的误差参数，接下来实现对系统的预测：

$$X(k|k-1) = \boldsymbol{A}X(k-1|k-1) \tag{4-25}$$

式中：$X(k|k-1)$为利用上一状态预测的结果；$X(k-1|k-1)$为上一状态的最优结果。

$$\boldsymbol{p}(k|k-1) = \boldsymbol{A}\,p(k-1|k-1)\boldsymbol{A}^{\mathrm{T}} + Q \tag{4-26}$$

式中：$p(k-1|k-1)$为$k-1$时刻目标位置最优值对应的误差协方差；$p(k|k-1)$为k时刻预测误差协方差。

接下来计算系统增益：

$$\overline{K}_k = p(k|k-1)\boldsymbol{H}^{\mathrm{T}}(R + \boldsymbol{H}p(k|k-1)\boldsymbol{H}^{\mathrm{T}})^{-1} \tag{4-27}$$

结合预测值、测量值和系统增益，可以得到k时刻系统的最优估算值：

$$X(k|k) = X(k|k-1) + \overline{K}_k(Z(k) - H\,X(k|k-1)) \tag{4-28}$$

式中：$Z(k)$为k时刻系统的测量值。

为了能让卡尔曼滤波器持续运行去，需要计算 k 时刻最优估计值的误差 $p(k|k)$，作为下一时刻卡尔曼滤波器的输入数据。

$$p(k|k)=(\boldsymbol{I}-\overline{K}_k\boldsymbol{H})p(k|k-1) \tag{4-29}$$

式中：$\overline{K}_k$ 为 k 时刻的卡尔曼增益；$\boldsymbol{I}$ 为单位矩阵。

要使卡尔曼滤波器开始工作，必须设置开始时刻的初始测量值$X(0|0)$和对应的误差协方差$\boldsymbol{p}(0|0)$。当新的目标进入场景时，$X(0|0)=(P_x(0),P_y(0),V_x(0),V_y(0))^{\mathrm{T}}$ 的位置分量$(P_x(0),P_y(0))$可以采用基于模板匹配的方式在整个图像区域进行匹配跟踪获得，速度分量$(V_x(0),V_y(0))$设置成(0,0)，滤波器的初始值$X(0|0)$不用太精确，因为随着卡尔曼滤波器的工作，$\boldsymbol{X}$会逐渐收敛。

系统初始误差矩阵 $\boldsymbol{P}(0|0)$一般取较大值。初始误差的协方差矩阵对滤波的影响不大，因为卡尔曼滤波收敛速度较快，通常情况下，不要将初始误差的协方差矩阵设置为0值，否则卡尔曼滤波器会认为系统的预测值是最优结果，导致后续预测出现较大偏差。

$$\boldsymbol{p}(0|0)=\begin{bmatrix}10&0&0&0\\0&10&0&0\\0&0&10&0\\0&0&0&10\end{bmatrix} \tag{4-30}$$

对于状态转移矩阵 $\boldsymbol{A}$ 里的参数 Δt，理论上应该设置为视频图像序列中相邻帧图像的时间间隔，但该参数的大小会影响到卡尔曼滤波器的工作性能。

实验采用的图像序列拍摄于电子科技大学外一环路。该序列图像共有128帧的灰度图像，每帧图像大小为240×320。通过基于卡尔曼滤波的自适应块运动估计算法进行全局运动估计与补偿，用三帧差法提取运动目标的模板如图4-13所示。

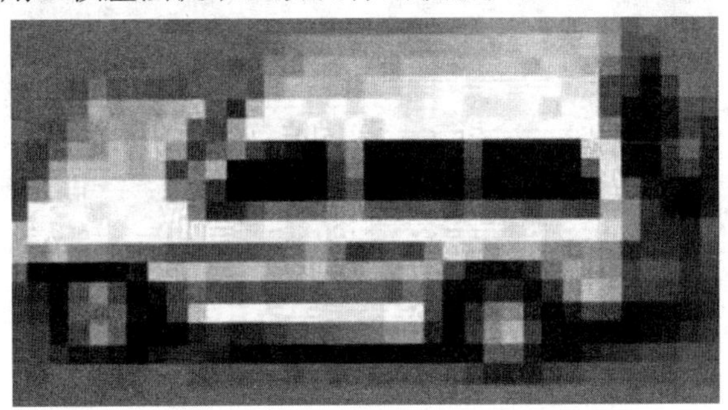

图4-13　运动目标模板图

如图4-13所示模板 P 为19×36的灰度图像。首先利用该模板采用整幅图像匹配的方式进行目标跟踪。采用的匹配准则为

$$T(i,j)=\sum_{m=1}^{19}\sum_{n=1}^{36}\left|I(m+i,n+j)-P(m,n)\right| \tag{4-31}$$

利用式(4-31)，对序列图像内每个像素点进行模板匹配，$T(i,j)$取得最小值的点为寻找到运动目标图像左上角的坐标。用黑色的矩形框对运动目标进行标记。

图4-14是对图像序列的第5、15、25、75、95、115帧数据在整个图像范围内进行基于区域匹配的目标跟踪结果。利用式(4-31)在每帧图像内计算出的匹配准则最小值分别

(a) 第5帧　(b) 第15帧
(c) 第25帧　(d) 第75帧
(e) 第95帧　(f) 第115帧

图 4－14　基于目标匹配的跟踪结果

为:1623、2022、1568、2038、2363、2368。在每帧图像内进行匹配时,要利用模板在图像内进行 63270 次匹配。从实验结果可以看出,由于目标发生了被遮挡,在第 95、115 帧图像进行跟踪时发生了目标丢失,当在整幅图像内进行匹配时,最佳匹配点落在图像下方的树林范围内。

采用基于卡尔曼滤波的目标跟踪方法,对图像序列进行目标跟踪实验。根据卡尔曼滤波的结果对下帧图像内运动目标的位置进行预测,在预测结果 ±20 的邻域内采用基于区域匹配的目标跟踪方法进行目标跟踪。图 4－15 是对图像序列的第 10、30、50、65、95、115 帧数据进行基于卡尔曼滤波的目标跟踪结果。

从实验结果可以看出,采用基于卡尔曼滤波的目标跟踪方法,可以很好地实现对序列图像内运动目标的跟踪。对于图像序列的第 95 帧和第 115 帧,在采用对整个图像内进行

图 4-15　基于卡尔曼滤波的目标跟踪

基于区域匹配的目标跟踪方法进行跟踪时,由于目标被物体遮挡,发生了目标丢失。在采用基于卡尔曼滤波的目标跟踪方法时,在预测的一定区域内成功跟踪到运动目标。

通过对直接利用在整个图像范围内进行基于区域匹配的目标跟踪实验与基于卡尔曼滤波的目标跟踪实验的对比,基于卡尔曼滤波的目标跟踪方法首先利用前一帧图像对当前帧图像内运动目标位置的预测结果附近进行区域匹配跟踪,很大程度减少了模板匹配的次数,并且减少了跟踪时目标丢失的可能性。

第5章　物联网海量数据存储

物联网中的信息来源复杂多样、种类多样、形式多样，信息的规模十分庞大。本章针对物联网的数据特征，重点介绍物联网中如何进行海量的数据存储，以及与数据存储和数据处理密切相关的数据中心，同时就物联网和数据中心云存储的相关关系进行了详细的介绍。

5.1　物联网对海量数据储存需求

物联网技术的发展在一定的程度上为行业领域数据化提供了很大的帮助与贡献，使得在各个行业领域积累的数据量在不断的增多。各个行业在不断扩大信息化的同时，数据几乎在所有的环节都是必须存在的，因数据呈海量上升趋势，对其存储也有着更高的要求。传统的数据存储技术已经不能满足海量信息数据的管理。

物联网中的数据主要有以下特点。

1. 海量性

物联网系统的感知层面包括传感器网络、RFID系统等，而且物联网系统一般都会包含多个传感器网络，同时这些网络中又包含了很多传感器节点，这些节点一般都持续地产生新的感知数据，这些数据的种类是多种多样的。另外，物联网系统通常都会将这些数据进行存储，时间上都会有一定的规定，如对视频数据，要求至少储存一个星期。这样会为数据的处理提供一定的便利。当然，这样的数据存储将是十分巨大的，具有海量性。

2. 异构性

传感器从产品、物理特性的设计上来说存在着一定的差别，这样在一定程度上也就导致了其类型与进步等方面的数据也是不同的。在一定程度上也会导致物联网中的数据形式多样，很难统一起来。如在智能交通中，需要对车辆定位，实现对车牌识别、路况信息分析等功能的实现，这样功能在实现中就会需要多种传感器，如可见光摄像机、红外成像、磁感应等，而这些传感器设备型号、厂商均有不同，产生的数据格式也存在不同，这些也进一步产生多传感器数据的异构性。

3. 多维性与关联性

多维性是物联网数据较为重要的特点之一。物联网在对原始数据采集的时候一般都会默认为时间、空间、设备。另外，物联网的物理对象并不是独立存在的，各个之间都存在不同的属性。如在智能电网中，用户的相对位置就会对用户之间的关系造成一定的影响。又如在视频传感器中，传感器部署的方位又与感知的对象存在一定的关联关系。物联网的数据与其属性是一个整体，二者缺一不可。若是缺失数据属性，那么物联网也就失去了意义。

4. 实时性与动态性

物联网自身的实时性是非常强大的。如无线传感器网络等系统都是数据进行实时采集,并且需要在一定时间内能够将其发送给服务器。另外物联网具有周期性,物联网系统中应该要对监控的对象某一个时刻的状态进行查询,若只是依靠每个时间点是不现实的。想要提高数据查询的有效性,就应该要将监控对象数据形成序列,之后制定时间进行计算。同时,数据总是在不断的更新中,因此采集数据的序列也应该要处于动态变化中。

基于物联网数据的这些特点,物联网数据存储的主要解决思路如下。

(1) 海量性带来的问题是存储不便、计算结果迟滞、反应速度跟不上。处理策略不外乎两种:一种是把所有数据都交给服务器,为此必须寻求更高性能的服务器甚至计算中心;另一种是化整为零,提高物联网中每一个元素的智能化水平或计算能力,使其自身能够完成数据中间处理过程,剩余的再传递到服务器完成最终处理。

对于前一种策略,常规的数据中心已经不能满足用户的需要,而建设更多的数据中心会极大地增加管理成本而降低系统的可靠性。

(2) 解决数据的异构性问题必须从基础软件入手。不同的微型计算设备可能要采用不同的操作系统,不同的感知信息需要不同的数据结构和数据库,不同的系统需要不同的中间件。其中,操作系统解决运行平台问题,数据库解决数据的存储、挖掘、检索问题,中间件解决解决数据的传递、过滤、融合问题。操作系统、数据库、中间件这些基础软件的正确选择和使用可以屏蔽数据的异构性,实现数据的顺利传递、过滤、融合,对及时、正确感知事物的存在及其状态具有重要意义。尤其是数据库和中间件是解决异构性的关键。

对于运动着的物联网系统,必须感知事物的空间信息。这些数据的处理归根结底属于时间或空间数据库的数据处理问题和数据挖掘问题,这些数据库应有更强的应变能力。

(3) 数据库要求。物联网中存在数据的大小与范围是十分巨大的,系统中也关系到不同类型数据对象,要对数据编目管理,因而对实时数据也就有更高的要求:

查询语言,数据管理系统中的查询语言之前一般都是结构化的数据,它可以扩展为XML,并且提供了更为松散的数据表现方式。这种方式可以对网页、文档等进行查询。

完整性,物联网是由多个独立网络节点构成的,不同的节点有着不同的存储方式,由于物联网数据量不断增加,因而在实时数据中最值得注意的是异构性与互操作性等问题。

时间序列集聚,传统的查询语言在很大的程度上不能够进行时间序列数据的查询,所以需要将时间序列存储起来,这有利于提高查询性能与响应。从物联网实时数据时序等特点来看,主要就是应该将其定义找到合适的查询设备。

5.2 数据中心技术

现在的网络世界正处于海量数据的时代,物联网海量数据存储将采用数据中心的模式。数据中心是一整套复杂的设施。它不仅包括计算机系统和其他与之配套的设备(如通信和存储系统),还包含冗余数据通信连接、环境控制设备、监控设备以及各种安全装置。在物联网行业的应用中,数据中心将会是数据管理的重要设施之一。

5.2.1 数据中心的起源和发展

数据中心是现代软件技术的中心,为扩展企业能力发挥着关键作用。数据中心的概念起源于20世纪50年代末,正是计算机工业发展的早期,当时的大型机具有很强的计算能力,在商用领域获得了很广泛的认可。美国航空公司与IBM合作,创建了一个属于美国Sabre公司的乘客预定系统,使其主要商业领域的这一部分变得自动化。1960年,数据处理系统的概念成为现实,它用于创建和管理飞机订座系统,让任何地方的任何代理点都可以及时获取电子数据,从此开启了企业级的数据中心大门。

自那以后,计算和数据存储领域的物理和技术变化带我们走上了一条通往今天的曲折道路。虽然大型机有着实用率高、计算能力强大等优势,但其造价昂贵,从订购到实际应用耗费时日。此外,大型机的应用开发和部署也有着它特定的要求。由于上述的原因,越来越多的商业用户开始逐渐前移到更快更便宜的计算存储平台。

20世纪80年代,微型机的时代到来,计算机对使用环境的要求降低。微型机在体积上远远小于大型机,并且在价格上要低廉很多。图5-1为中国第一台微型机。随着技术的发展,分布式系统登上了历史的舞台,以UNIX为代表的操作系统提供了在小型的低成本服务器上使用分布式计算的环境。到20世纪90年代,随着廉价网络设备的出现,人们开始设计使用层次化方案对大量的微型机进行管理,并将这些微型机部署在一个特别设计的房间内。从这个阶段开始,"数据中心"逐渐获得广泛的认可。

图5-1 中国第一台微型机

在互联网泡沫时期,数据中心得到了迅速的发展。商业公司的商业需求要求互联网提供不间断的服务,提供多种运行解决方案。大规模的企业服务,促使十万级以上的服务器数据中心诞生。数据中心逐渐地成为了国内外学术和工业的热点。

2007年,Sun Microsystems公司采用了模块化数据中心,改变了企业计算的基础经济学。

2011年,Facebook发起了开放式计算项目,倡导全行业分享技术参数和实践经验,用以创建最节能、经济的数据中心。

2013 年,Telcordia 公司发布了有关电信数据中心设备和空间的一般要求。其文件提出了对于数据中心设备和空间的最小空间和环境要求。

Google 在 2013 年投资 73.5 亿美元的巨额资金用于建设网络基础设施。这项开销是用于 Google 全球数据中心网络的大规模扩建,这可能是数据中心行业史上最大的建设工程。

2015 年 9 月 8 日,中国企业阿里云位于浙江千岛湖的数据中心正式启用,因地制宜采用湖水制冷。深层湖水通过完全密闭的管道流经数据中心,帮助服务器降温,再流经 2.5km 的青溪新城中轴溪,作为城市景观呈现,自然冷却后最终洁净地回到千岛湖。

得益于千岛湖地区年平均气温 17℃,其常年恒定的深层湖水水温足以让数据中心 90% 的时间都不依赖湖水之外的制冷能源,制冷能耗节省超过 8 成。千岛湖数据中心是国内领先的新一代绿色数据中心,利用深层湖水制冷并采用一系列阿里巴巴自主研发的技术和定制硬件,如数据中心微模块、整机柜服务器、PCIe 固态硬盘等。该数据中心设计年平均 PUE(能源效率指标)低于 1.3,最低时 PUE1.17,比普通数据中心全年节电约数千万度。图 5-2 为千岛湖数据中心机房。

图 5-2　千岛湖数据中心机房

如今的数据中心正在从基础设施、硬件和软件的所有权模式向另一种按需订阅和交付模式转变。为了满足应用程序的需求,特别是云计算需求,如今的数据中心需要与云匹配。随着数据中心的整合、成本控制和云支持,整个数据中心行业现在都在改变。

5.2.2　数据中心提供的服务

为物联网服务的数据中心充分利用了物联网、互联网、云计算、智能科学等新兴信息技术手段,推动产业的智慧化发展,通过对海量信息的数据挖掘和智能化分析手段,形成新的生活、产业发展、社会管理等模式,构建全新的智能化环境,实现协同、高效、安全以及低碳的城市环境。

在整体设计上,数据中心以提供服务为出发点,可以为用户提供以下几种服务:

(1) 联网类服务:通过对物联网中每个终端设备按照标准和规范进行唯一的标识,运维管理系统可以实现对任意物品监测其在线状态,并且可以对物品进行初步定位。

(2) 信息类服务:系统可以按照预先设定规则,把用户终端和传感节点采集到的网络运营数据正确完整地传输到数据中心,进行分析和存储,并且向外部提供用户信息查询接口。

(3) 操作类服务:系统实时监测网络运营状态,按照预定好的规则,对高级感知节点和传感节点进行远程配置和操作,以保证整个网络运行的效率。

(4) 安全类服务:安全管理用于保护网络资源与设备不被非法访问,以及对加密机制中的密钥进行管理。由于物联网接入方式多样,移动终端较多,无线通信的安全机制备受关注,要防止非法用户监听无线信道窃取用户信息,并且还要防止伪装客户或伪装设备的网络欺骗行为。

(5) 管理类服务:管理类服务主要包括计费管理和故障管理。计费管理通过对网络资源,例如网络流量,数据收发量、点击率等指标进行统计,并进行运营成本核算,从而对客户的使用情况和计费情况进行管理。故障管理功能提供对网络故障监测、故障定位,保护切换与恢复,并存储故障信息供以后查询。对来自硬件设备或路径节点的报警进行监控、报告和存储,对故障进行诊断、定位和处理,故障管理的好坏直接影响物联网系统的网络服务质量。因此,故障管理必须反应迅速、判断准确,并且故障排除的时间要尽可能地短。

5.2.3 数据中心相关标准

如何规划一个新的数据中心,或者对已有数据中心进行升级,是数据中心建设者必须面对的两个难题。工作往往从确定应用需求开始,然后研究数据中心设计和建造中的必要条件。由于数据中心建设所涉及的范围比较广,为了避免建设者对相关问题的重复探索,将相关的经验进行总结归纳以便后来者参考就显得尤为重要。

基于这样的原因,一些大型公司和研究机构提出了一些用来指导数据中心建设的标准。本节主要介绍电信产业协会(TIA)提出并由美国国家标准学会(ANSI)批准的 ANSI/TIA/EIA-942 数据中心标准。

数据中心是一整套复杂的设施,它不仅仅包括计算机系统和其他与之配套的设备(通信和存储系统),还包含冗余的数据通信连接、环境控制设备、监控设备以及各种安全装置。数据中心有严格的标准:①选址与布局;②缆线系统;③可靠性分级;④能源系统;⑤降温系统。

1. 选址与布局

为数据中心选址时,需要考虑多个因素;建设和运营成本、应用需求、政策优惠以及其他数据中心布局。特别地,数据中心在设计时应该留有一定的弹性空白区域,容纳扩容时新增的机柜。

TIA-942 标准用了相当多的篇幅描述各种数据中心中的设施。标准中建议设置一些功能区域,用来规范层次化星型拓扑设计中设备的放置,如图 5-3 所示。这些功能区域的设置能尽量减少数据中心升级时所需要的中断时间。功能区域主要包括以下几部分。

(1) 入口室。入口室是放置互联网接入点设备的场所。基于安全因素的考虑,入口建议设置在放置数据处理设备的计算机室的外面。对于超大规模的数据中心,可能会因为接入点缆线长度的限制而设置多个入口室。

(2) 主分布区。主分布区是数据中心的核心区域,各个 LAN 和 SAN 结构的核心路由器以及交换机都放置在这个区域。主分布区一般与数个水平分布区通过主缆线相连，也可能与一个较近的设备分布区直接相连。标准中要求数据中心至少包含一个主分布区,其中安装有数个机架用来放置光纤、双绞线以及同轴电缆。

(3) 水平分布区。水平分布区在功能区域树形层次结构中处于主分布区的下一层，各个水平分布区之间是并列关系。水平分布区是水平缆线系统的集中点,放置有通往设备分布区的缆线,并安放各种缆线的机架。此外,标准还建议通过使用交换机和接线板来降低缆线的长度,从而有利于缆线管理。水平分布区的多少取决于缆线系统的复杂程度以及数据中心的总体规模。

(4) 设备分布区。该区域是放置各种服务器以及其他设备机架和机柜的场所,是水平缆线的终点。标准中描述了几种可选的机架和机柜放置模式。这些模式能形成“热”通道和“冷”通道,有利于电器设备散发热量。

(5) 区段分布区。该区域是水平分布区和设备分布区之间可选的连接点。它能增强数据中心在重新配置时的弹性,为独立设备(如大型机)提供放置的场所。

(6) 主干缆线和水平缆线。主干缆线提供了数据中心内部主分布区与水平分布区以及入口室之间的连接。水平缆线则提供水平分布区、区段分布区以及设备分布区之间的连接。水平分布区之间也可选择性地布置主干缆线,提供冗余的连接,从而提高网络的可靠性。

除了上述主要组成部分外,数据中心中一般还有电信室、工作人员办公室、控制中心等各种辅助区域。图 5 –3 为数据中心的功能区域及布局示意图。

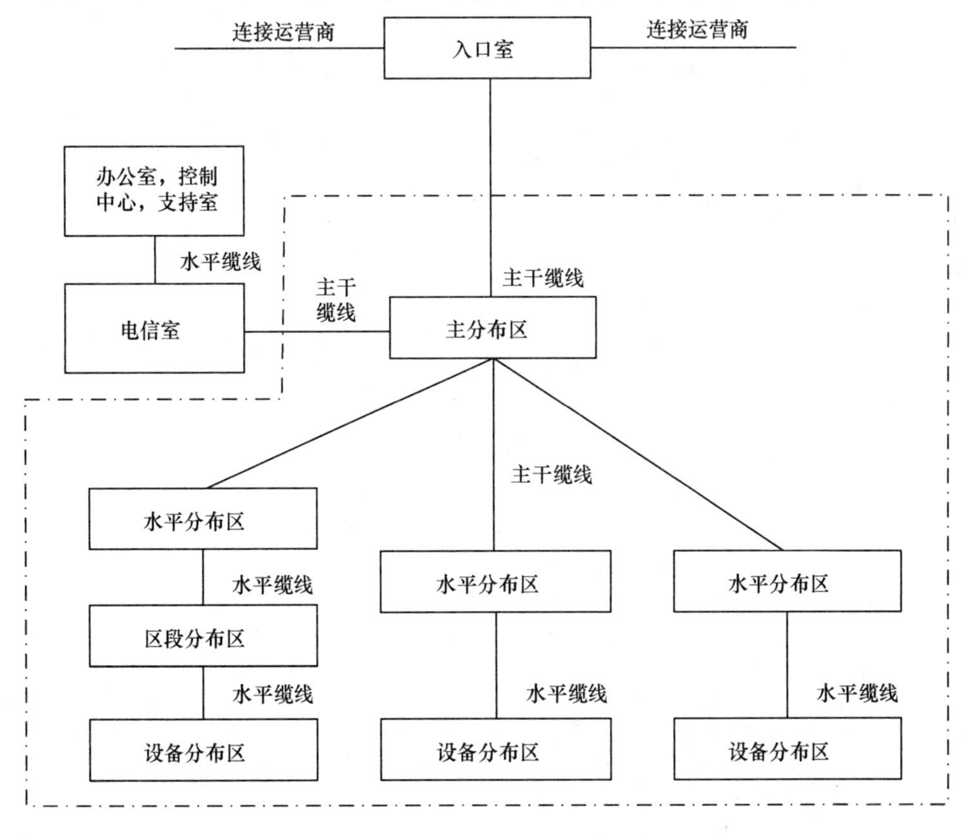

图 5 –3 数据中心的功能区域及布局

2. 缆线系统

基于已有的 TIA－568 和 569 标准，TIA－942 标准制定了通用的通信缆线系统规范，详细描述了对标准单模光纤、多模光纤、75Ω 同轴电缆、6 类非屏蔽双绞线及屏蔽双绞线这几种缆线的要求。

该标准建议使用 50μm 规格的激光器优化多模光纤作为主干缆线。这种光纤能在相当长的距离内提供比单模光纤更高的网络速度，具有更高的费效比。而对于水平缆线系统，该标准则建议使用具有最高信道容量的传输介质，从而降低未来带宽需求的增加而需要重新布设缆线的可能。该标准对主干缆线和水平缆线的最大延伸长度做了规定：主干缆线的长度一般不超过 300m，而水平缆线的长度一般被限制在 100m 以内。此外，TIA－942 标准还对如何放置和管理缆线提出了一些建议。

3. 可靠性分级

根据数据中心的应用需求，其可靠性分为四个等级。不同等级的数据中心在结构、安全性、通信能力等方面有不同要求。最简单是第一级数据中心，仅有一个最基本的服务器室。而最严格的是第四级数据中心，它被设计用来放置一些运行关键应用程序的计算机系统，并且配有充足的冗余子系统，以及被分隔开并使用生物特征识别技术的保密区域。四个不同级别的需求见表 5－1。

表 5－1　四个不同等级数据中心对可靠性的要求

级别	需　求
1	① 具有 99.671% 的可靠性； ② 没有冗余的能源和降温系统； ③ 不一定使用架空地板、UPS 或发电机； ④ 需要 3 个月的时间进行建设； ⑤ 每年停止工作时间不超过 28.8 小时； ⑥ 在进行维护时必须完全关闭
2	① 具有 99.741% 的可靠性； ② 有一套冗余的能源和降温系统，部分组件有冗余； ③ 使用架空地板、UPS 或发电机； ④ 需要 3～6 个月的时间进行建设； ⑤ 每年停止工作时间不超过 22 小时； ⑥ 在对能源系统以及网络基础设备进行维护时必须完全关闭
3	① 具有 99.982% 的可靠性； ② 有多套能源和降温系统，但仅有一套处于工作状态，包含冗余组件； ③ 需要 15～20 个月的时间进行建设； ④ 每年停止工作时间不超过 1.6 小时； ⑤ 使用架空地板，并且有足够大的空间，使得在对数据中心的一部分进行维护时，其负载可以由其他部分进行承担
4	① 具有 99.995% 的可靠性； ② 有多套同时工作的能源和降温系统，包含冗余组件； ③ 需要 15～20 个月的时间进行建设； ④ 每年停止工作时间不超过 0.4 小时

4. 能源系统

稳定可靠的能源系统是实现数据中心持续运作的基础。数据中心所提供的数据存储、文件检索等服务一般都是为了满足高时效性的应用需求,因断电导致数据中心停止工作将带来非常大的损失。能源系统的配置需求由可靠性分级模型来确定。数据中心一般为计算机系统和其他设备安排至少两套能量来源。当外部的供电意外停止时,数据中心会首先切换到常备电池组进短期供电,例如图 5-4 中的常备电池组,随后会启动发电机提供临时电能。

图 5-4　中国联通数据中心的常备电池组

拥有了能源系统配置,仍然不能保证完全的可靠性。仅 2010 年上半年,就发生了数起大型数据中心因断电导致性能受到严重影响甚至停止工作的事件。例如 2010 年 2 月,Google 的数据中心发生供电故障,导致在两个多小时的时间内,该公司供开发人员使用的应用程序引擎几乎无法工作。Google 在其事故总结报告中表示,事先没有考虑到断电可能出现的所有情况,从而导致在复杂的决策过程中出现失误,部分服务器不能恢复到正常状态。此后不久,Terremark 公司也经历了一次持续近 7 个小时的断电事故,导致其数据中心无法提供服务,引起了租用该公司数据中心客户的强烈不满。

5. 降温系统

降温系统也是数据中心的关键部分之一。数据中心拥有大量密集分布的电器设备,运行时会产生大量的热量。如果不使用降温设备,这些热量将使得数据中心的温度逐渐升高,最终导致一些设备因高温而无法正常工作。2010 年 3 月,著名的网上互动百科全书维基百科,就经历了一次“过热”的体验。由于该公司的欧洲数据中心温度过高,导致许多服务器启动自我保护机制并关机,影响到了欧洲用户对维基百科网站的访问。维基百科被迫将所有用户流量转移到佛罗里达数据中心。

TIA-942 标准不仅建议使用足够多的降温设备,还建议使用抬高悬空的地板。架空地板下的空间可以用来安置水冷管道,或者在靠近设备进风口的地方提供冷空气,从而为降温提供更多的弹性。此外,该标准还提出机柜和机架应该成排的排列,从而形成“热”

通道和"冷'通道。在冷通道所处的位置,设备机架面对面的放置;而在热通道所处的位置,机架则是背靠背放置。由于机架的散热口一般在背部。因此热通道处空气的温度一般更高。在冷通道这一侧的地板上留有许多小孔,冷空气可以透过这些小孔进入冷通道,被机柜正面吸入。冷空气从设备中穿过,带走部分热量后从热通道排出。对于少数非背后散热的设备,标准还提出了其他可供考虑的方法,例如在空间允许的情况下尽量分散布置各种设备,使用开放式的机架取代封闭式的机柜等。图 5-5 为阿里云千岛湖数据中心的水冷系统。

图 5-5　千岛湖数据中心的水冷系统

5.2.4　典型数据中心

1. Google 数据中心

Google 公司的数据中心支撑着全球最大规模的搜索引擎、智能手机应用平台和云计算服务,可以说数据中心就是 Google 的核心引擎和竞争力。多年来 Google 也确实扮演着大规模 Web 服务数据中心技术的创始者和创新者的角色,其数据中心的基础架构设计也走在行业前列,包括可再生能源利用、低功耗制冷、新能源利用,以及数据中心机房设计等方面。

该公司在全球分布着众多的数据中心,如图 5-6 所示,这些数据中心一直是业界中令人着迷的"对象"之一。早在 2008 年,包括在建的数据中心,Google 拥有共 36 个数据中心。其中美国有 19 个、欧洲 12 个、俄罗斯 1 个、南美 1 个和亚洲 2 个(北京——Google. cn、中国香港——Google. com. hk 和东京各 1 个)。当然,今天其数据中心的部署也在发生着变化,Google 在全球继续建设新的数据中心。Google 也并非完全独享这些数据中心,他们也向其他公司出租空间。

但众所周知的是,Google 一向对其数据中心相关技术和信息守口如瓶,不过可能是受到 Facebook 开放计算项目的刺激,以及对全球范围内推动绿色数据中心技术的呼声的回应,Google 开始放松对自身数据中心的信息控制(以往甚至数据中心的数量都是商业机密),早在 2012 年底 Google 首次公布了数据中心的内部照片,并邀请媒体记者参观其数据中心,并且开始允许公司的管理层在公开场合谈论数据中心话题。

数据中心选址时需要仔细衡量很多因素,根据现有资料,Google 在建造数据中心时会考虑的因素如下:

(1) 大量的廉价电力。

(2) 绿色能源,更注重可再生能源。

(3) 靠近河流或者湖泊(设备冷却需要大量的水源)。

(4) 用地广阔(隐密性和安全性)。

(5) 与其他数据中心的隔离(数据中心之间的快速链接)。

(6) 税收收入。

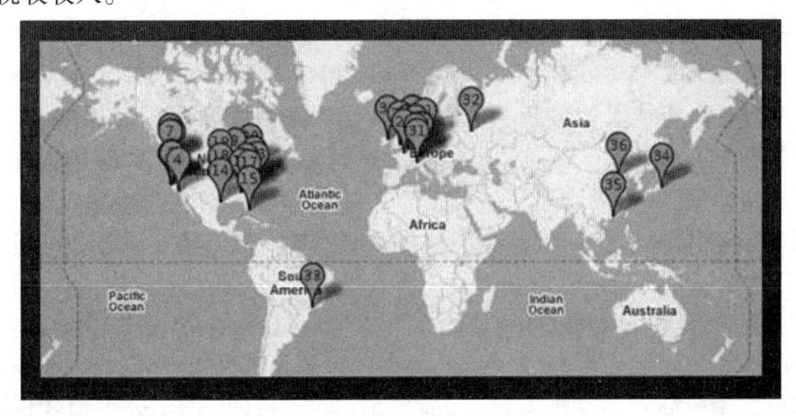

图 5-6 Google 全球的数据中心分布

目前,大中型数据中心的能耗比(Power Usage Effectiveness,PUE),即数据中心总能耗与 IT 设备能耗比,普遍在 2 左右。也就是说在服务器等计算设备上耗 1 度电,在降温系统等辅助设备上也要消耗 1 度电。但是 Google 通过一些有效的设计使部分数据中心的 PUE 达到业界领先的 1.16。其特色在于数据中心高温化,使数据中心内的计算设备运行在偏高的温度下。Google 负责能源方面的总监 Erik Teetzell 在谈到这点的时候说:"数据中心普遍在 21℃下工作,而我们则推荐 27℃"。但是在提高数据中心的温度方面会有两个常见的限制条件:一是预测服务器设备崩溃点的精准程度;二是温度控制的精确程度。如果这两个条件都能很好满足,数据中心就能够在高温下工作。

根据 Google 的盈利报告,2006 年 Google 在数据中心上的开销是 19 亿美元,2007 年是 24 亿,2008 年 23.6 亿,2009 年 8 亿 9 百万,2010 年上半年已开销 7 亿 1 千 5 百万。

除此之外,Google 使用的商用网络服务器是特殊定制的,与该公司的工程师们研究出的一种集成了电池的能源系统兼容。该能源系统集成了电池组,能像不间断电源(Uninterruptible Power Supply,UPS)一样工作。由于传统的 UPS 在资源方面比较浪费,所以 Google 在这方面另辟蹊径,采用了给每台服务器配一个专用的 12V 电池的做法来替换了常用的 UPS。如果主电源系统出现故障,将由该电池负责对服务器供电。虽然大型 UPS 可以达到 92%~95% 的效率,但是比起内置电池 99.99% 的效率还是有一定差距。而由于能量守恒的原因,这部分未被 UPS 充分利用的电力会被转化成热能,提高了数据中心的温度,从而增加了降温系统的能耗。此外,也有报道指出 Google 在数据中心中使用了自己研发的 10Gb/s 以太网交换机。

因此，Google 也获得了自己数据中心的两项专利，分别为：服务器内置电池和可移动的数据中心集装箱（2008 年 10 月获得该项专利，每个集装箱中最多可容纳 1160 台服务器）。

Google 数据中心的核心技术主要包含三个方面，分别为：Google 文件系统（Google File System，GFS）、Google 大表（Big Table）和 Map - reduce 算法。下面对 Google 文件系统和 Google 大表进行简单地介绍。

（1）GFS。GFS 是一个大型的分布式文件系统。它为 Google 云计算提供海量存储，并且与 Chubby、Map - Reduce 以及 Bigtable 等技术结合十分紧密，处于所有核心技术的底层。由于 GFS 并不是一个开源的系统，我们仅仅能从 Google 公布的技术文档来获得一点了解，而无法进行深入的研究。

当前主流分布式文件系统有 RedHat 的 GFS、IBM 的 GPFS、Sun 的 Lustre 等。这些系统通常用于高性能计算或大型数据中心，对硬件设施条件要求较高。以 Lustre 文件系统为例，它只对元数据管理器 MDS 提供容错解决方案，而对于具体的数据存储节点 OST 来说，则依赖其自身来解决容错的问题。例如，Lustre 推荐 OST 节点采用 RAID 技术或 SAN 存储区域网来容错，但由于 Lustre 自身不能提供数据存储的容错，一旦 OST 发生故障就无法恢复，因此对 OST 的稳定性就提出了相当高的要求，从而大大增加了存储的成本，而且成本会随着系统规模的扩大线性增长。

Google GFS 的新颖之处并不在于它采用了多么令人惊讶的硬件技术，而在于它采用廉价的商用机器构建分布式文件系统，同时将 GFS 的设计与 Google 应用的特点紧密结合，并简化其实现，使之可行，最终达到创意新颖、有用、可行的完美组合。GFS 使用廉价的商用机器构建分布式文件系统，将容错的任务交由文件系统来完成，利用软件的方法解决系统可靠性问题，这样可以使得存储的成本成倍下降。由于 GFS 中服务器数目众多，在 GFS 中服务器死机是经常发生的事情，甚至都不应当将其视为异常现象，那么如何在频繁的故障中确保数据存储的安全、保证提供不间断的数据存储服务是 GFS 最核心的问题。GFS 的精妙在于它采用了多种方法，从多个角度，使用不同的容错措施来确保整个系统的可靠性。

下面对 GFS 的系统架构进行简单的介绍。

GFS 将整个系统的节点分为三类角色：Client（客户端）、Master（主服务器）和 Chunk Server（数据块服务器），如图 5 - 7 所示。Client 是 GFS 提供给应用程序的访问接口，它是一组专用接口，不遵守 POSIX 规范，以库文件的形式提供。应用程序直接调用这些库函数，并与该库链接在一起。Master 是 GFS 的管理节点，在逻辑上只有一个，它保存系统的元数据，负责整个文件系统的管理，是 GFS 文件系统中的“大脑”。Chunk Server 负责具体的存储工作。数据以文件的形式存储在 Chunk Server 上，Chunk Server 的个数可以有多个，它的数目直接决定了 GFS 的规模。GFS 将文件按照固定大小进行分块，默认是 64MB，每一块称为一个 Chunk（数据块），每个 Chunk 都有一个对应的索引号（Index）。

客户端在访问 GFS 时，首先访问 Master 节点，获取将要与之进行交互的 Chunk Server 信息，然后直接访问这些 Chunk Server 完成数据存取。GFS 的这种设计方法实现了控制流和数据流的分离。Client 与 Master 之间只有控制流，而无数据流，这样就极大地降低了 Master 的负载，使之不成为系统性能的一个瓶颈。Client 与 Chunk Server 之间直接传输数

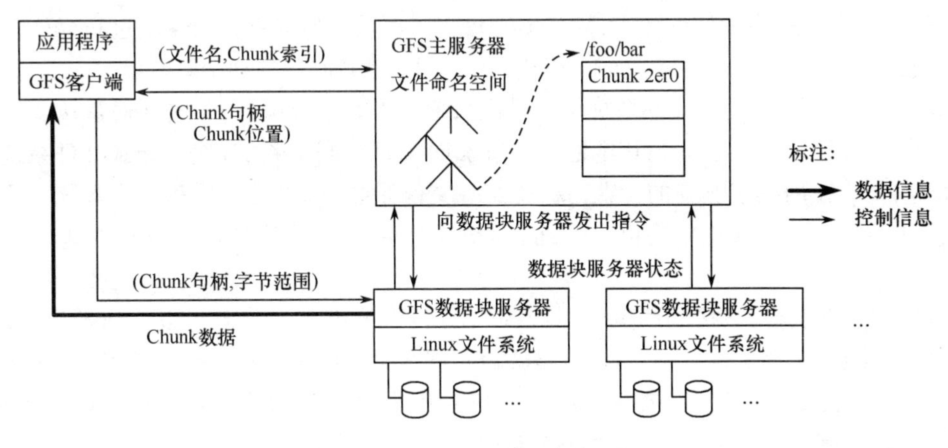

图 5-7 GFS 系统框架

据流,同时由于文件被分成多个 Chunk 进行分布式存储,Client 可以同时访问多个 Chunk Server,从而使得整个系统的 I/O 高度并行,系统整体性能得到提高。

相对于传统的分布式文件系统,GFS 针对 Google 应用的特点从多个方面进行了简化,从而在一定规模下达到成本、可靠性和性能的最佳平衡。具体来说,它具有以下几个特点。

① 采用中心服务器模式。GFS 采用中心服务器模式来管理整个文件系统,可以大大简化设计,从而降低实现难度。Master 管理了分布式文件系统中的所有元数据。文件划分为 Chunk 进行存储,对于 Master 来说,每个 Chunk Server 只是一个存储空间。Client 发起的所有操作都需要先通过 Master 才能执行。这样做有许多好处,增加新的 Chunk Server 是一件十分容易的事情,Chunk Server 只需要注册到 Master 上即可,Chunk Server 之间无任何关系。如果采用完全对等的、无中心的模式,那么如何将 Chunk Server 的更新信息通知到每一个 Chunk Server,是设计的一个难点,而这也将在一定程度上影响系统的扩展性。Master 维护了一个统一的命名空间,同时掌握整个系统内 Chunk Server 的情况,据此可以实现整个系统范围内数据存储的负载均衡。由于只有一个中心服务器,元数据的一致性问题自然解决。当然,中心服务器模式也带来一些固有的缺点,比如极易成为整个系统的瓶颈等。GFS 采用多种机制来避免 Master 成为系统性能和可靠性上的瓶颈,如尽量控制元数据的规模、对 Master 进行远程备份、控制信息和数据分流等。

② 不缓存(Cache)数据。缓存机制是提升文件系统性能的一个重要手段,通用文件系统为了提高性能,一般需要实现复杂的缓存机制。GFS 文件系统根据应用的特点,没有对数据采取缓存策略,这是从必要性和可行性两方面考虑的。从必要性上讲,客户端大部分是流式顺序读写,并不存在大量的重复读写,缓存这部分数据对系统整体性能的提高作用不大;而对于 Chunk Server,由于 GFS 的数据在 Chunk Server 上以文件的形式存储,如果对某块数据读取频繁,本地的文件系统自然会将其缓存。从可行性上讲,如何维护缓存与实际数据之间的一致性是一个极其复杂的问题,在 GFS 中各个 Chunk Server 的稳定性都无法确保,加之网络等多种不确定因素,一致性问题尤为复杂。此外由于读取的数据量巨大,以当前的内存容量无法完全缓存。但是,对于存储在 Master 中的元数据,GFS 采取了缓存策略,GFS 中 Client 发起的所有操作都需要先经过 Master。Master 需要对其元数据进

行频繁操作，为了提高操作的效率，Master 的元数据都是直接保存在内存中进行操作。同时采用相应的压缩机制降低元数据占用空间的大小，提高内存的利用率。

③ 在用户态下实现。文件系统作为操作系统的重要组成部分，其实现通常位于操作系统底层。以 Linux 为例，无论是本地文件系统如 Ext3 文件系统，还是分布式文件系统如 Lustre 等，都是在内核态实现的。在内核态实现文件系统，可以更好地和操作系统本身结合，向上提供兼容的 POSIX 接口。然而，GFS 却选择在用户态下实现，主要基于以下考虑。

在用户态下实现，直接利用操作系统提供的 POSIX 编程接口就可以存取数据，无需了解操作系统的内部实现机制和接口，从而降低了实现的难度，并提高了通用性。POSIX 接口提供的功能更为丰富，在实现过程中可以利用更多的特性，而不像内核编程那样受限。用户态下有多种调试工具，而在内核态中调试相对比较困难。

用户态下，Master 和 Chunk Server 都以进程的方式运行，单个进程不会影响到整个操作系统，从而可以对其进行充分优化。在内核态下，如果不能很好地掌握其特性，效率不但不会高，甚至还会影响整个系统运行的稳定性。用户态下，GFS 和操作系统运行在不同的空间，两者耦合性降低，从而方便 GFS 自身和内核的单独升级。

④ 只提供专用接口。通常的分布式文件系统一般都会提供一组与 POSIX 规范兼容的接口。其优点是应用程序可以通过操作系统的统一接口来透明地访问文件系统，而不需要重新编译程序。GFS 在设计之初，是完全面向 Google 应用的，采用了专用的文件系统访问接口。接口以库文件的形式提供，应用程序与库文件一起编译，Google 应用程序在代码中通过调用这些库文件的 API，完成对 GFS 文件系统的访问。

采用专用接口有以下好处：降低了实现的难度；通常与 POSIX 兼容的接口需要在操作系统内核一级实现，而 GFS 是在应用层实现的；采用专用接口可以根据应用的特点对应用提供一些特殊支持，如支持多个文件并发读取等；专用接口直接和 Client、Master、Chunk Server 交互，减少了操作系统之间上下文的切换，降低复杂度，提高了效率。

（2）BigTable。BigTable 是一种用来在海量数据规模下（例如包含以 PB 为单位的数据量和数千台廉价计算机的应用）管理结构化数据的分布式存储系统。很多 Google 的应用都建立在 BigTable 之上，包括 Google 地球、网页索引、RSS 阅读器等。

每个 BigTable 都是一个稀疏的、分布式的多维有序图，按行键值、列键值和时间戳建立索引。图 5－8 例举了一个存储 Web 网页的表的片断，行名是一个反向 URL。contents 列族存放网页的内容，anchor 列族存放引用该网页的锚链接文本。CNN 的主页被 Sports Illustrater 和 MY－look 的主页引用，因此该行包含了名为“anchor：cnnsi. com”和“anchhor：my. look. ca”的列。每个锚链接只有一个版本（注意时间戳标识了列的版本，t9 和 t8 分别标识了两个锚链接的版本）；而 contents 列则有三个版本，分别由时间戳 t3，t5，和 t6 标识。

① 行。表中的行关键字可以是任意的字符串（目前支持最大 64KB 的字符串，但是对大多数用户，10～100B 就足够了）。对同一个行关键字的读或者写操作都是原子的（不管读或者写这一行里多少个不同列），这个设计决策能够使用户很容易地理解程序在对同一个行进行并发更新操作时的行为。

Bigtable 通过行关键字的字典顺序来组织数据，表中的每个行都可以动态分区。每个分区叫做一个“Tablet”，Tablet 是数据分布和负载均衡调整的最小单位。这样做的结果

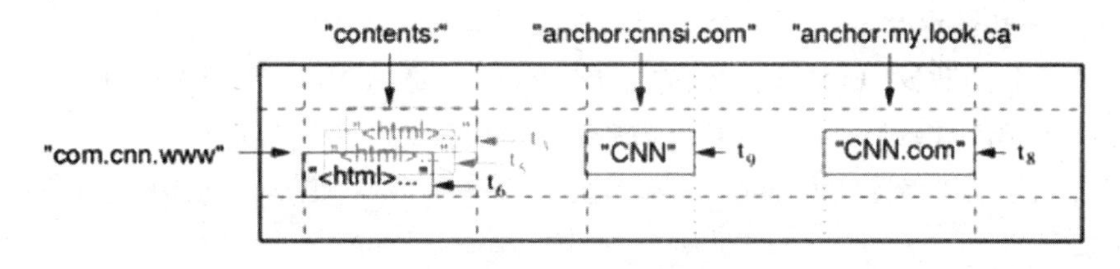

图 5-8 用 BigTable 存储网页

是,当操作只读取行中很少几列的数据时效率很高,通常只需要很少几次机器间的通信即可完成。用户可以通过选择合适的行关键字,在数据访问时有效利用数据的位置相关性,从而更好地利用这个特性。举例来说,在 Webtable 里,通过反转 URL 中主机名的方式,可以把同一个域名下的网页聚集起来组织成连续的行。具体来说,可以把 maps. google. com/index. html 的数据存放在关键字 com. google. maps/index. html 下。把相同的域中的网页存储在连续的区域可以使基于主机和域名的分析更加有效。

② 列族。列关键字组成的集合称为"列族",列族是访问控制的基本单位。存放在同一列族下的所有数据通常都属于同一个类型(我们可以把同一个列族下的数据压缩在一起)。列族在使用之前必须先创建,然后才能在列族中任何的列关键字下存放数据;列族创建后,其中的任何一个列关键字下都可以存放数据。根据设计意图,一张表中的列族不能太多(最多几百个),并且列族在运行期间很少改变。与之相对应的,一张表可以有无限多个列。

列关键字的命名语法如下。列族:限定词。列族的名字必须是可打印的字符串,而限定词的名字可以是任意的字符串。例如,Webtable 中有一个列族 language,用来存放撰写网页的语言。在 language 列族中只使用一个列关键字,用来存放每个网页的语言标识 ID。Webtable 中另一个有用的列族是 Anchor,这个列族的每一个列关键字代表一个锚链接。Anchor 列族的限定词是引用该网页的站点名;Anchor 列族每列的数据项存放的是链接文本。

访问控制、磁盘和内存的使用统计都是在列族层面进行的。在 Webtable 的例子中,上述的控制权限能帮助管理不同类型的应用:允许一些应用可以添加新的基本数据,一些应用可以读取基本数据并创建继承的列族,一些应用则只允许浏览数据(甚至可能因为隐私的原因不能浏览所有数据)。

③ 时间戳。在 Bigtable 中,表的每一个数据项都可以包含同一份数据的不同版本;不同版本的数据通过时间戳来索引。Bigtable 时间戳的类型是 64 位整型。Bigtable 可以给时间戳赋值,用来表示精确到毫秒的"实时"时间;用户程序也可以给时间戳赋值。如果应用程序需要避免数据版本冲突,那么它必须自己生成具有唯一性的时间戳。数据项中,不同版本的数据按照时间戳倒序排序,即最新的数据排在最前面。

为了减轻多个版本数据的管理负担,对每一个列族配有两个设置参数,Bigtable 通过这两个参数可以对废弃版本的数据自动进行垃圾收集。用户可以指定只保存最后 n 个版本的数据,或者只保存"足够新"的版本的数据(例如,只保存最近 7 天的内容写入的数据)。

在 Webtable 的举例里,contents:列存储的时间戳信息是网络爬虫抓取一个页面的时间。上面提及的垃圾收集机制可以让我们只保留最近三个版本的网页数据。

2. 阿里云数据中心

阿里云千岛湖数据中心是国内领先的新一代绿色数据中心,利用深层湖水制冷并采用阿里巴巴定制硬件,设计年平均 PUE(能源效率指标)低于 1.3,最低时 PUE1.17,比普通数据中心全年节电数千万度,减少碳排放量一万多吨标煤,也是目前国内亚热带最节能的数据中心之一。

除了节能,千岛湖数据中心的另一大特色是节水,设计年平均 WUE(水分利用率)可达到 0.197,打破了此前由 Facebook 俄勒冈州数据中心创下的 WUE0.28 的最低纪录(据公开报道)。该数据中心将满足阿里巴巴云计算和大数据的应用需求,由浙江华通云建设的千岛湖数据中心设计和建设等级接近最高 Tier4 等级,是目前浙江省内单体建设规模最大的数据中心。

此外,千岛湖数据中心采用了一系列阿里巴巴自主研发的技术和产品,如数据中心微模块、整机柜服务器、PCIe 固态硬盘等。阿里巴巴集团技术保障事业部总经理周明对此表示,定制硬件的能力以及规模上的优势使得阿里云具备更强的竞争力。

数据中心微模块(Alibaba Data Center Module),从工厂生产到现场交付仅需 45 天,和传统方案相比节约 4 个月的时间;微模块采用了独创的铝合金预制框架,实现精密的契合结构,进一步精简了现场的安装工作。整机柜服务器(AliRack),专门针对云计算和大数据的业务需求定制。千岛湖数据中心采用了最新的 2.0 版本,服务器上架密度和传统机柜相比提升了 30%,同样的服务器空间硬盘容量增加了 1 倍。AliRack 支持即插即用,服务器交付变得非常方便。PCIe 固态硬盘(AliFlash)相比于传统 SATA 固态硬盘,能够打破接口瓶颈,绕过控制器开销,使吞吐量、IOPS 提升 5 ~ 10 倍,延迟下降 70% 以上。除此以外,AliFlash 还采用了自主掌控的驱动逻辑,真正做到软硬件结合,进一步提升性能表现。

随着云计算市场的蓬勃发展,千岛湖数据中心的启用为阿里云快速增长的大数据业务提供了有力支撑。此前,阿里巴巴集团宣布对阿里云战略增资 60 亿元,用于前沿技术研发、生态建设及国际化拓展。根据 2016 财年第一季度财报,阿里云收入大幅增长 106%。

5.3 数据中心的研究热点

从 Google 数据中心的相关数据可以看出,建设大规模数据中心耗资巨大。其他如微软、雅虎、eBay 等公司也都投入了巨大数额的资金。如何降低成本、提高现有设备的利用率,理所当然地成为了研究的热点问题。以 5 万台服务器规模的数据中心为例,采用市场上常见的设备和已有技术,其成本构成大致为:基础设施成本约占 25%,服务器成本约占 45%,网络设备成本约占 15%,能源消耗约占 15%(图 5-9)。其中,基础设施部分包括能源系统、降温系统、各种防火设备和安保设备等,降低这一部分成本往往涉及机械设备制造技术或政策优惠等因素,与计算机学科的关联程度相对较低。接下来,本节分别从其他三个方面对造成高成本的原因和目前的解决方法进行简要介绍。

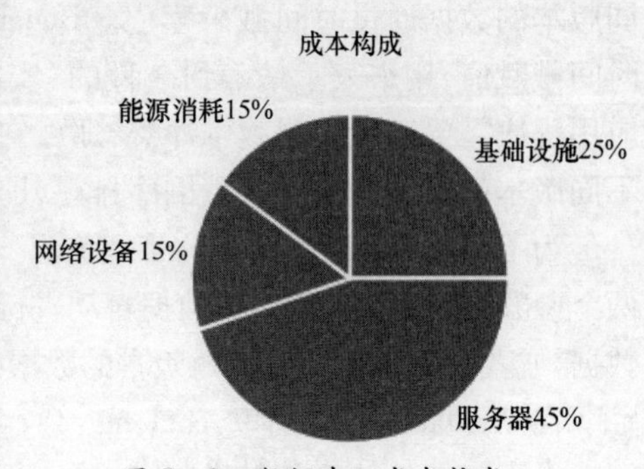

图 5-9 数据中心成本构成

1. 服务器成本

尽管服务器占据了总成本的 45%，但在实际运行中，服务器的利用效率却比较低。其原因来自于多个方面。首先，每个服务器有自己的 CPU、内存等部件，但分配到各个服务器的应用往往不能完全利用某些组件。其次，对数据中心应用需求的预测也比较难，无法做到按需分配。此外，为了提高系统的可靠性，数据中心一般都会预留冗余的设备来应付突然增长的需求以及不可预期的设备损坏。提高服务器利用率的关键在于及时应对需求的动态变化。微软的研究人员提出了单个数据中心内敏捷性的概念，其主要含义是在动态分配服务的同时，保持适当的安全性和各个服务性能的独立。为了实现敏捷性，他们提出了数据中心中的网络应该具有网络地址与位置无关、一致的带宽和延迟等特性。

2. 网络设备成本

网络设备的成本大约占总成本的 15%，主要来自于购买交换机、路由器、负载均衡设备以及数据中心内部和数据中心之间的连接。传统的数据中心主要是依靠核心交换机和核心路由器将服务器连接起来构成树形网络的。高性能的交换机和路由器价格昂贵，并且树形结构中的高层核心交换机、核心路由器往往构成网络流量的瓶颈。因此，系统扩展需要更加高端的交换机，从而增加了成本。此外，树形结构的容错性并不理想，容易出现单点故障。科研人员开始考虑重新设计数据中心的网络结构，提出了不少新颖的数据中心互联结构。这些网络结构包括以交换机为中心的多层树形结构，以及以服务器为中心的结构。

3. 能源成本

虽然从百分比上，能源成本只占数据中心成本的 15%，但跟生活中其他方面的能源支出比较就显得比较可观。例如在 2006 年，位于美国的数据中心的总耗电约为 610 亿千瓦时，占全美国电能消耗的 1.5%。人们首先想到的是在电价格更低的地方建立数据中心，这是在上面提到的 Google 数据中心选址的重要因素之一。那么在技术上有没有降低数据中心消耗电量的办法呢？

先来看看数据中心的能耗是由哪些部分构成的。根据美国 APC 公司的统计结果，电能消耗的来源及其所占的百分比如图 5－10 所示。关键设备的工作负载占了 36%，电能的转化效率带来的损失占 11%，照明占 3%，而降温系统占了 50%。微软和 Google 等公司也有类似的统计结果。因此，降低能源成本需要从设备负载、降温系统两个方面进行。

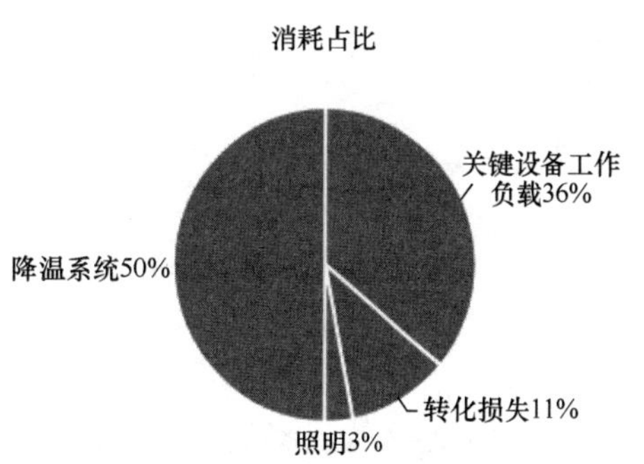

图 5－10　电能消耗来源及占比

数据中心包含数量巨大的服务器，降低单个服务器的能耗对整个系统的能耗降低能起到显著的作用。从服务器硬件来说，硬件技术的革新可以降低同等性能设备的能耗或提高同等能耗设备的性能。例如，可调整负载的服务器可以在不需要全负荷运行时处于低功耗状态，目前这种技术已经得到广泛的普及，甚至很多普通笔记本电脑都已经可以支持在高性能模式和节电模式间进行切换。

新硬件的出现在一定程度上降低能耗成本，但增加了硬件采购成本。因此，更多的人把目光投向了降温系统。在“数据中心标准”这一节中所提到的冷通道和热通道的设置，正是为了提高降温系统的工作效率。近几年来，工程师和学者提出了一些新的方法。一种方法是为数据中心设置更高的工作环境温度，减少降温系统的工作时间。然而初期的试验表明设备出错的概率随着温度的升高而逐渐增加。也有研究人员认为，目前数据中心中的热量分布是不均匀的，但对降温系统的控制却是粗放式的，还不够精细。他们提出在数据中心中布设无线传感器网络，利用传感器的感知数据对不同位置的温度进行精确的了解，解决工作环境可见性缺失的问题，实现降温系统的精确控制，从而提高降温系统的工作效率。工业界也推出了集装箱式的模块化数据中心产品，如图5－11所示。多个小型的模块化数据中心可以组合成大型的数据中心。在集装箱式的数据中心中，降温系统的工作效率更高，相对之前出现的典型数据中心而言，其能量效率更高。微软已经发表声明称该公司在新建数据中心时将主要依靠这种集装箱式的数据中心。

图5－11　集装箱式数据中心

5.4　数据中心与云存储

长久以来，企业在网络建设中积累了大量网络信息资源，而这些信息资源都以各自独立的服务器内置硬盘或直连存储（DAS）为存储空间存放，各个应用相互独立，属于典型的分散式架构，并存在着以下问题。

1. 存储空间不能满足数据增长的需求

服务器直连存储方式在网络数据中心中被广泛应用。在这种方式下，存储设备作为服务器的一部分，被挂接在服务器上，通过SCSI等总线技术与操作系统紧密整合在一起。单个服务器的每一个SCSI通道上最多可挂接15个设备，一台文件服务器只允许连接一台磁盘阵列。SCSI的总线结构从根本上限制了DAS方式的扩展，要增加存储空间容量，只有通过不断地增加数据服务器来解决。

2. 数据分散管理导致投资成本增加

数据中心应用服务器和数据服务器不断增加，不仅使数据中心拥有不同的软、硬件平台和彼此相互独立的应用系统,形成服务器分散式管理局面,也导致了数据中心设备投资成本的增加。传统的服务器连接存储方式通常难于更新或集中管理,服务器分散管理方式也很难评估、规划当前和未来数据存储容量增长变化的需要,数据中心的整体存储空间不能有效地整合和进行智能化管理。

对于系统管理员来说,在物理位置分散的数据存储方式下,要正确、快捷地管理应用系统或数据库系统是极不容易的,尤其是数据的备份和数据的恢复工作,管理环节增多,操作复杂,费时费力。

3. 数据处理量增加导致系统和网络运行效率低下

网络环境下,数据中心依托网络开展业务工作,提供网络信息服务,数据处理业务繁忙。数据的上载、发布、更新、备份、恢复等操作往往要占用网络带宽和服务器资源。尤其是当网络上数据存储发展到一定规模时,数据服务和数据管理不仅严重影响主机系统性能,还要大量占用网络资源,增加网络负担,使网络运行效率低下。数据中心既不可能根据各种应用数据处理的增加而随时增加网络带宽,也不可能根据不同的应用请求而不断地提高服务器的处理性能。

有限的服务器和网络性能与持续增长的数据处理需求形成了一对不可调和的矛盾。因此,以服务器为中心的数据网络转变为以数据为中心的存储网络,是网络存储发展的必然趋势。对任何企业来说,都不太会100%将它们的数据迁移至云服务里,然而大多数企业还是愿意利用云存储的优势来存放数据的。将云存储作为混合云的一种方式来使用,使得传统数据存储里存放的数据和云里存放的数据变得能够无缝对接。与云存储的对接集成可以用内嵌的软件实现,或者用基于云的应用实现,再或者嵌入到存储系统或者云网关产品里。

相比较于传统存储,云存储具有如下优势:

(1) 成本低、见效快。传统的购买存储设备或软件定制方式下,企业根据信息化管理的需求,需要一次性投入大量资金购置硬件设备、搭建平台。软件开发则要经过漫长的可行性分析、需求调研、软件设计、编码、测试这些过程。往往在软件开发完成以后,业务需求发生变化,不得不对软件进行返工,不仅影响质量,提高成本,更是延误了企业信息化进程,同时造成了企业之间的低水平重复投资以及企业内部周期性、高成本的技术升级。在云存储方式下,企业除了配置必要的终端设备接收存储服务外,不需要投入额外的资金来搭建平台。企业只需按用户数分期租用服务,规避了一次性投资的风险,降低了使用成本,而且对于选定的服务,可以立即投入使用,既方便又快捷。

(2) 易于管理。传统方式下,企业需要配备专业的IT人员进行系统的维护,由此带来技术和资金成本。云存储模式下,维护工作以及系统的更新升级都由云存储服务提供商完成,企业能够以最低的成本享受到最新最专业的服务。

(3) 方式灵活。传统的购买和定制模式下,一旦完成资金的一次性投入,系统无法在后续使用中动态调整。随着设备的更新换代,落后的硬件平台难以处置;随着业务需求的不断变化,软件需要不断地更新升级甚至重构来与之相适应,导致维护成本高昂,很容易发展到不可控的程度。而云存储方式一般按照客户数、使用时间、服务项目进行收费。企业可以根据业务需求变化、人员增减、资金承受能力,随时调整其租用服务方式,真正做到"按需使用"。

下面将简单介绍现有的云存储平台和云存储的前景。

5.4.1 云存储平台

目前,业内企业针对云存储推出了很多种不同种类的云服务,EMC、Amazon 等就是代表,下面将简要介绍这几个企业的云服务平台产品。

1. EMC Atmos

EMC Atmos 是第一套容量高达数拍字节的信息管理解决方案。Atmos 能通过全球云存储(Cloud Storage)环境,协助客户将大量非结构化数据进行自动管理。凭借其全球集中化管理与自动化信息配置功能,可以使 Web 2.0 用户、互联网服务提供商、媒体与娱乐公司等安全地构建和实现云端信息管理服务。

Web 2.0 用户正在创造越来越多的丰富应用,文件、影像、照片、音乐等信息可在全球范围共享。Web 2.0 用户对信息管理服务提出了新需求,这正是"云优化存储"(Cloud Optimized Storage,COS)面世的主要原因,COS 也将成为今后全球信息基础架构的代名词。

EMC Atmos 的领先优势在于信息配送与处理的能力,采用基于策略的管理系统来创建不同层级的云存储。例如,将常用的重要数据定义为"重要",该类数据可进行多份复制,并存储于多个不同地点;而不常用的数据,复制份数与存储地方相对较少;不再使用的数据在压缩后,复制备份保存在更少的地方。同时,Atmos 可以为非付费用户和付费用户创建不同的服务级别,付费用户创建副本更多,保存在全球范围内的多个站点,并确保更高的可靠性和更快的读取速度。

EMC Atmos 内置数据压缩、重复数据删除功能,以及多客户共享与网络服务应用程序设计接口(API)功能。服务供应商通过 EMC Atmos 实现安全在线服务或其他模式的应用。媒体和娱乐公司也可以运用同样的功能来保存、发布、管理全球数字媒体资产。EMC Atmos 是企业向客户提供优质服务的必备竞争利器,因为它们只要花费低廉的成本就能拥有 PB 级云存储环境。

国际数据公司(IDC)企业存储系统研究部副总裁 Benjamin S. Woo 表示:"在如今的数字世界中,数码照片、影像、流媒体等非结构化数字资产正在快速增长,其价值也不断提升。不同规模的企业和机构希望对这类资产善加运用,而新兴的云存储基础架构正是一套效率卓越的解决方案。云存储解决方案运用多项高度分布式资源(Highly Distributed Resources)作为单一地区数据处理中心,使得信息能够自由流动,企业若将 EMC Atmos 这类新型云存储基础架构解决方案进行运用,将能够大大提升业务潜能和竞争力。"

EMC Atmos 的功能与特色如下:

(1) EMC Atmos 将强大的存储容量与管理策略相结合,随时随地自动分配数据。

(2) 结合功能强大的对象元数据与策略型数据管理功能,能有效进行数据配置服务。

(3) 包括复制、版本控制、压缩、重复数据删除、磁盘休眠等数据管理服务。

(4) 网络服务应用程序设计接口包括 Rest 和 Soap,几乎所有应用程序都能轻松整合。

(5) 内含自动管理和修复功能,以及统一命名空间与浏览器管理工具。这些功能可大幅减少管理时间,实现任何地点轻松控制和管理。

(6) 多客户共享支持功能,可让同一基础架构执行多种应用程序,并被安全地分隔,这项功能最适合需要云存储解决方案的大型企业。

EMC Atmos 云存储基础架构解决方案内含一套价格经济的高密度存储系统，目前 Atmos 推出三个版本，系统容量分别为 120TB、240TB 以及 360TB。EMC 公司云存储基础架构高级副总裁 Mike Feinberg 表示："EMC 身为企业级存储与信息管理系统的全球领导供应商，是唯一一家能让云存储基础架构发挥强大功能，提供新一代云存储服务的公司。全球使用者创造的信息内容正以惊人的速度成长，信息基础架构解决方案同样需要不断创新发展，从而可以快速有效地管理数以拍字节级的信息。EMC 公司正在见证信息革命，未来大型企业客户能够更加有效管理全球范围的数据信息，而崭新的云存储服务也正式开始了。"

2. Amazon 简单存储服务（Simple Storage Service，S3）

Amazon 的云名为 Amazon 网络服务（Amazon Web Services，AWS），目前主要由 4 块核心服务组成：简单存储服务 S3；弹性计算云（Elastic Compute Cloud，EC2）；简单排列服务（Simple Queuing Service）；SimpleDB。

S3 是一个公开的服务，使 Web 开发人员能够存储数字资产（如图片、视频、音乐和文档等），以便在应用程序中使用。使用 S3 时，它就像一个位于 Internet 的机器，有一个包含数字资产的硬盘驱动。实际上，它涉及许多机器（位于各个地理位置），其中包含数字资产（或者数字资产的某些部分）。Amazon 还处理所有复杂的服务请求，可以存储数据并检索数据。只需要付少量的费用（大约每月 15 美分/GB）就可以在 Amazon 的服务器上存储数据，1 美元即可通过 Amazon 服务器传输数据。

Amazon 的 S3 服务没有重复开发，它公开了 RESTful API，使您能够使用任何支持 HTTP 通信的语言访问 S3。JetS3t 项目是一个开源 Java 库，可以抽象出使用 S3 的 RESTful API 的细节，将 API 公开为常见的 Java 方法和类。可见，使用这些服务时，编写的代码越少越好，充分利用其他人的成果也是不错的。

理论上，S3 是一个全球存储区域网络（SAN），它表现为一个超大的硬盘，您可以在其中存储和检索数字资产。但是，从技术上讲，Amazon 的架构有一些不同。您通过 S3 存储和检索的资产被称为对象。对象存储在存储段（bucket）中。您可以用硬盘进行类比：对象就像是文件，存储段就像是文件夹（或目录）。与硬盘一样，对象和存储段也可以通过统一资源标识符（Uniform Resource Identifier，URI）查找。

S3 还提供了指定存储段和对象的所有者和权限的能力，就像对待硬件的文件和文件夹一样。在 S3 中定义对象或存储段时，可以指定一个访问控制策略，注明谁可以访问 S3 资产以及如何访问（例如，读和写权限）。相应地，可以通过许多方式对对象进行访问，使用 RESTful API 只是其中一种。

3. 云创云存储服务（cStor）

cStor 云存储系统是南京云创大数据科技股份有限公司自主研发的、具有自主知识产权的高科技产品，整套系统包括软件与硬件，是一个海量的云存储平台。

与传统的大规模存储系统相比，cStor 针对绝大多数数据密集型应用的特点，从多个方面进行了优化，从而在一定规模下达到成本、可靠性和性能的平衡。cStor 凭着超低的价格、优异的性能、高度可靠、绿色节能、无限容量、在线自动伸缩、易用通用等诸多压倒性优势，获得了广电、安防、刑侦、政务、交通、动漫等各行业用户青睐。

图 5-12 为 cStor 云存储系统实物图。

cStor 云存储主要有以下特点。

(1) 优异性能。支持高并发、带宽饱和利用。cStor 云存储系统将控制流和数据流分离,数据访问时多个存储服务器同时对外提供服务,实现高并发访问。自动均衡负载,将不同客户端的访问负载均衡到不同的存储服务器上。系统性能随节点规模的增加呈线性增长。系统的规模越大,云存储系统的优势越明显, 没有性能瓶颈。

(2) 智能管理。一键式安装,智能化自适应管理,简单方便的监控界面,无需学习即可使用。

(3) 简单通用。支持 POSIX 接口规范,支持 Windows/Linux/Mac OS X,用户可将其当成海量磁盘使用,无需修改应用。同时系统也对外提供专用的 API 访问接口。

(4) 高度可靠。针对小文件采用多个数据块副本的方式实现冗余可靠,数据在不同的存储节点上具有多个块副本。任意节点发生故障,系统将自动复制数据块副本到新的存储节点上,数据不丢失,实现数据完整可靠。

针对大文件采用超安存编解码算法的方式实现高度可靠,任意同时损坏多个存储节点,数据可通过超安存算法解码自动恢复。该特性可适用于对数据安全级别要求极高的场合,同时相对于副本冗余的可靠性实现方式大大提高了磁盘空间利用率,不到 40% 的磁盘冗余即可实现任意同时损坏三个存储节点而不丢失数据。

图 5-12 cStor 云存储系统实物图

元数据管理节点采用双机镜像热备份的高可用方式容错,其中一台服务器故障,可无缝自动切换到另一台服务器,服务不间断。整个系统无单点故障,硬件故障自动屏蔽。

(5) 在线伸缩。可以在不停止服务的情况下,动态加入新的存储节点,无需任何操作,即可实现系统容量从 TB 级向 PB 级平滑扩展;也可以摘下任意节点,系统自动缩小规模而不丢失数据,并自动将摘下的节点上的数据备份到其他节点上,保证整个系统数据的冗余数。

(6) 超低价格。系统基于廉价的存储节点,通过 cStor 云存储虚拟化软件实现统一管理和容错,提供高效稳定的存储服务,是传统 SAN 系统价格的 1/5 到 1/10。

(7) 超大规模。支持超大规模集群,理论容量为 $1024 \times 1024 \times 1024$PB。

5.4.2 云存储的前景

随着数据中心的发展,云存储未来会在数据中心中占据一个层级。因此云存储未来的发展趋势和前景变得至关重要。

随着宽带网络的发展,集群技术、网格技术和分布式文件系统的拓展,CDN 内容分发、P2P、数据压缩技术的广泛运用,以及存储虚拟化技术的完善,云存储在技术上已经趋于成熟,以“用户创造内容”和“分享”为精神的 Web2.0 推动了全网域用户对在线服务的认知。从未来云存储的发展趋势来看,云存储系统主要还需从安全性、便携性及数据访问等角度进行改进。

1. 安全性

自云计算诞生以来,安全性一直是企业实施云计算首要考虑的问题之一。同样在云存储方面,安全仍是首要考虑的问题,对于想要进行云存储的客户来说,安全性通常是首要的商业考虑和技术考虑。但是许多用户对云存储的安全要求甚至高于云存储自己的架构所能提供的安全水平。既便如此,面对如此高的不现实的安全要求,许多大型、可信赖的云存储厂商也在努力满足这些要求,构建比多数企业数据中心安全得多的数据中心。现在用户可以发现,云存储具有更少的安全漏洞和更高的安全环节,云存储所能提供的安全性水平要比用户自己的数据中心所能提供的安全水平还要高。

2. 便携性

一些用户在托管存储的时候还要考虑数据的便携性,一般情况下这是有保证的。一些大型服务提供商所提供的解决方案承诺其数据便携性可媲美最好的传统本地存储。有的云存储结合了强大的便携功能,可以将整个数据集传送到你所选择的任何媒介,甚至是专门的存储设备。

3. 性能和可用性

过去的一些托管存储和远程存储总是存在着延迟时间过长的问题。同样地,互联网本身的特性就严重威胁服务的可用性。最新一代云存储有突破性的成就,体现在客户端或本地设备高速缓存上,将经常使用的数据保持在本地,从而有效地缓解互联网延迟问题。通过本地高速缓存,即使面临最严重的网络中断,这些设备也可以缓解延迟性问题。这些设备还可以让经常使用的数据像本地存储那样快速反应。通过一个本地 NAS 网关,云存储甚至可以模仿终端 NAS 设备的可用性、性能和可视性,同时将数据予以远程保护。随着云存储技术的不断发展,各厂商仍将继续努力实现容量优化和 WAN(广域网)优化,从而尽量减少数据传输的延迟性。

4. 数据访问

现有对云存储技术的疑虑还在于,如果执行大规模数据请求或数据恢复操作,那么云存储是否可提供足够的访问性。在未来的技术条件下,此点大可不必担心,现有的厂商可以将大量数据传输到任何类型的媒介,可将数据直接传送给企业,且其速度之快相当于复制、粘贴操作。另外,云存储厂商还可以提供一套组件,在完全本地化的系统上模仿云地址,让本地 NAS 网关设备继续正常运行而无需重新设置。未来,如果大型厂商构建了更多的地区性设施,那么数据传输将更加迅捷。如此一来,即便是客户本地数据发生了灾难性的损失,云存储厂商也可以将数据重新快速传输给客户数据中心。

第 6 章　数据库系统

物联网的蓬勃发展,使信息的收集变得全面、智能、深入,然而,要是缺乏有效的手段对信息进行稳定的存储、高效的组织、便捷的查询,则相当于"入宝山而空返",望"数据的海洋"而"兴叹"。幸运的是,数据库系统作为一项有着近半个世纪历史的数据处理技术,仍可在物联网中大展拳脚,为物联网的广泛运用提供基石。与此同时,结合物联网应用提出的新需求,数据库技术也在进行不断的更新,发展出新的方向,随着物联网成长。

6.1　数据库起源与发展

从数据管理的角度来看,数据库技术经历了人工管理、文件管理和数据库系统管理三个阶段。

1. 人工管理阶段

20 世纪 50 年代中期以前,计算机主要用于科学计算。从硬件上看,外存只有磁带、卡片、纸带,没有磁盘等直接存取的存储设备;从软件上看没有操作系统,没有管理数据的软件,数据处理的方式是批处理。

这个时期数据管理的特点是:数据由计算或处理它的程序自行携带,数据和应用程序一一对应,应用程序依赖于数据的物理组织,因此数据的独立性差,数据不能被长期保存,数据的冗余度大,给数据的维护带来许多困难。

2. 文件系统阶段

20 世纪 50 年代后期至 20 世纪 60 年代中后期,计算机的应用范围逐渐扩大,不仅用于科学计算,还大量应用于管理。硬件方面,磁盘成为计算机的主要外存储器;软件方面,出现了高级语言和操作系统。从处理方式上讲,不仅有了文件批处理,而且能够联机实时处理。

在此阶段,数据以文件的形式进行组织,并能长期保留在外存储器上,用户能对数据文件进行查询、修改、插入和删除等操作。程序与数据有了一定的独立性,程序和数据分开存储,然而依旧存在数据的冗余度大及数据的不一致性等缺点。

3. 数据库系统阶段

自 20 世纪 60 年代后期以来,计算机应用越来越广泛,数据量急剧增加,而且数据的共享要求越来越高。计算机的硬件和软件都有了进一步的发展:硬件方面,有了大容量的磁盘;软件方面,传统的文件系统已经不能满足人们的需求,能够统一管理和共享数据的数据库管理系统(Data Stream Management System,DBMS)应运而生。所以,此阶段将数据集中存储在一台计算机的数据库中,进行统一组织和管理。从处理方式上讲,联机实时处理要求更多了,数据科学家们开始提出和考虑分布式处理。

数据库技术具有以下几个特点。

(1) 数据结构化。数据结构化是数据库系统与文件系统的根本区别。有了 DBMS 以后,数据库中的数据不再针对某一应用,而是面向整个应用系统,它是对整个组织的各种应用(包括将来可能的应用)进行通盘考虑后建立起来的总的数据结构。这样结构的数据不再面向特定的某个或多个应用,而是面向整个应用系统。

(2) 较高的数据共享性,较小的数据冗余度。数据共享是指允许多个用户同时存取数据而互不影响,该特征正是数据库技术先进的体现。数据库系统从整体角度描述数据,数据不再面向某个应用而是面向整个系统,因此数据可以被多个用户、多个应用共享使用。数据共享可以大大减少数据冗余、节约存储空间,还能够避免数据之间的不相容性与不一致性。

(3) 较高的数据独立性。所谓数据独立是指数据与应用程序之间的彼此独立,它们之间不存在相互依赖的关系。应用程序不随数据存储结构的变化而变化,简化了应用程序的编制和程序员的工作负担。

数据库的独立性包括两个方面:物理数据独立,数据的存储格式和组织方法改变时,不影响数据库的逻辑结构,从而不影响应用程序;逻辑数据独立,数据库逻辑结构的变化(如数据定义的修改、数据间联系的变更等)不影响用户的应用程序。

(4) 数据由 DBMS 统一管理和控制。数据库的共享是并发的共享,即多个用户可以同时存取数据库中的数据,甚至可以同时存取数据库中的同一数据。因此,DBMS 还必须提供数据控制功能。

DBMS 加入了安全保密机制,可以防止对数据的非法存取,数据的完整性保护可以保障数据的正确性、有效性和相容性,完整性检查将数据控制在有效范围内或保证数据间满足一定的关系;当多个用户的并发进程同时存取、修改数据时,可能会发生相互干扰而得到错误的结果,或使得数据库的完整性遭到破坏,因此必须对多用户的并发操作加以控制和协调,另外,数据库系统还采取了一系列措施,实现了对数据库破坏后的恢复。

6.2 物联网与数据库

以物联网范畴内的无线传感器网络为代表,无线传感器网络是信息领域中传感器技术、嵌入式技术、分布式技术、无线通信技术等多学科交叉融合的产物,也是物联网的重要组成部分。物联网的出现,是继计算机和互联网之后,社会变得更加智能化的标志:在历史上,人们需要人工地去采集信息,然后同样以人工的方式对信息进行处理,以文字或者口耳相传的方式对信息进行传播;计算机以及互联网的出现,将人们从繁重的信息处理任务中解脱出来,实现了信息处理以及信息传播的自动化,而无线传感器网络的出现,又更进一步地使得信息采集的过程也变得自动化,促使人类杜会向着更加智能化的方向演进。

举例来说,在没有互联网之前,想要知道城市当前的交通状况,只有通过实地探查或者向别人询问的方式得到答案,有了互联网,相关的信息会被志愿者或者交通观察员观测到,并放在网上供人们查阅;而有了物联网与智慧交通,所有的交通信息都会被传感器自动侦测,自动联网更新,实时的交通状况被“一览无余”。

无线传感器网络的一个重要特点就是“以数据为中心”。用户并不关心城市交通感知网络的传感器是怎样安放、网络怎样组织、网络数据怎样处理，相反，用户关注的核心是传感器所感知到的数据，以及这些数据背后所反映的信息。例如，用户想知道“道路 A 在当前时刻是否堵车”“从 B 地点到 C 地点怎么走最快”等。

在物联网中包含了种类非常繁多的感知设备，这些设备所属的网络类型都是不同的，物联网在进行海量数据处理的过程中，需要采用能够对不同类型网络、不同数据源及异构海量数据进行融合的处理方法，在对海量数据进行处理的过程中进行有价值信息筛选，并对其进行有效的分析与应用。

因此，基于物联网对数据库的这些要求，物联网数据库应该满足的需求如下：

(1) 数据库技术的数据、数值及索引要求。物联网中存在着非常巨大的数据量与数值范围，同时物联网系统中包含了多种类型风格不同的数据对象，在对这些数据进行处理的过程中，一方面要实现数据库编目管理，另一方面还要注重数据索引管理，这就对数据库的实时性提出了更高的要求。

(2) 数据库技术的查询语言要求。传统的数据库管理系统查询语言为结构化数据，这种查询语言已经不能够满足当前的需求了。可扩展标记语言(XML)所能够提供的数据表达方式具有更加松散的结构，同时能够对自定义数据描述进行支持这种可扩展标记语言能够实现对文档及网页的整合，同时还能够查询关系数据库数据源等。

(3) 数据库技术的多相性与完整性要求。物联网中包含了众多的节点，这些节点包括感知节点与网络节点，不同节点的数据保存方式也是不同的。随着物联网中数据量与系统类型的快速增加，物联网实施数据库面临着更加严峻的异构性与互操作性问题。

(4) 数据库技术的时间序列聚集要求。传统的查询语言已经不能够适合时间序列数据的查询了，需要依据时间有序方式对物联网中实时数据进行组织与存储，能够进一步促进查询任务性能的提高、快速查询响应时间缩短。物联网中的实时数据具有时序特征，最佳的时间采样周期依赖于数据性质与应用领域，物联网中的实时数据库查询设备需要能够对数据进行连续的采样服务。

下面对物联网中现有的一些实时数据库进行简单的介绍。

1. 分布式内存数据库技术

分布式内存数据库是在传统数据库技术与网络技术相互结合的情况下产生的，分布式内存数据库在物理空间的分布方面具有分散性，在计算机网络中的各个节点上进行部署，但是在逻辑方面具有同一性，是同一个系统中的数据结合，分布式内存数据库系统架构如图 6-1 所示。分布式内存数据库技术的特点包括：一是具备物理空间自治性与逻辑全局共享性；二是具备数据的冗余性与数据的独立性；三是系统具备透明性等。分布式数据库管理系统所采用的控制方式为全局控制集中、分散与部分分散方式；分布式数据库管理系统的主要组成部分包括全局数据库管理系统、通信管理、全局数据字典、局部场地数据库管理系统等；分布式数据管理系统的主要功能包括局部应用的执行、局部数据库的建立与管理、场地的自治、全局事物的协调、分布透明性的提供、局部数据库管理系统的协调、更新的同步等。当前，数据库技术发展最为明显的特征为实现了数据库技术与网络通信技术、人工智能技术与并行计算技术之间的渗透与融合。

分布式内存数据库管理系统中，需要满足的要求包括：①各个网络节点中所包含的内存数据库要保持自治性；②内存数据库要实现集群化特征，通过垂直切分策略、读写分离

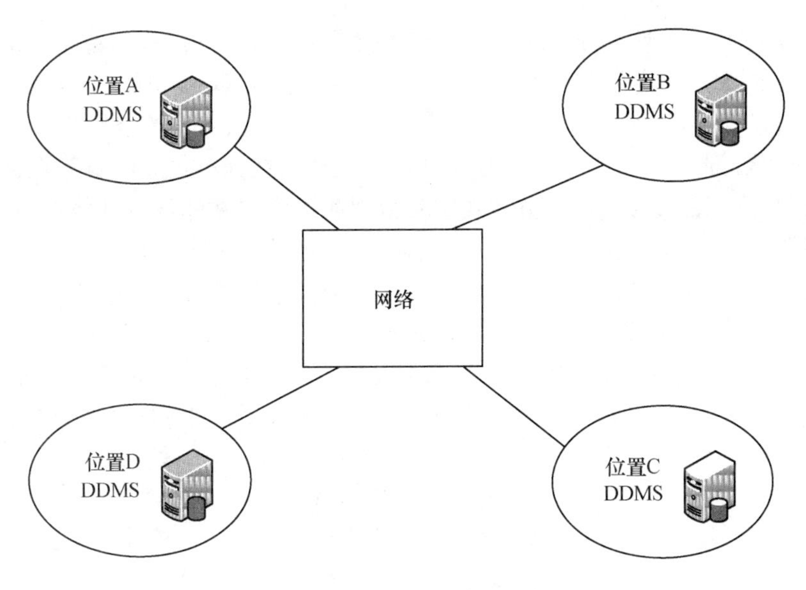

图 6－1　分布式数据库系统架构

策略及水平切分策略等实现海量数据的存储;③注重多种数据切分方式的结合,总体上采用垂直切分策略,在此基础上采用水平切分策略,依据应用与数据的具体情况选择不同的切分方式;④各个节点内存数据库之间要实现相互协调,所有的节点数据库都能够用作其他节点的服务端;⑤数据分布要保持一定的透明性,对数据的分布性与数据库的协调性进行满足,对物联网海量数据实时处理需求予以满足;⑥内存数据库必须具备持久性,如果内存数据库中的数据出现了变化,需要将这些变化复制到磁盘数据库中,通过两级数据库确保其持久性。

2. 分布式实时数据库技术

分布式实时数据库技术是以云技术为基础的,其架构图如图 6－2 所示。分布式实时数据库技术指的是将数据库技术与云计算技术之间进行相互的融合,利用分布非常广泛的云计算中心服务器建立分布式实时数据库,实现数据库规模的可扩展与可伸缩、数据库管理

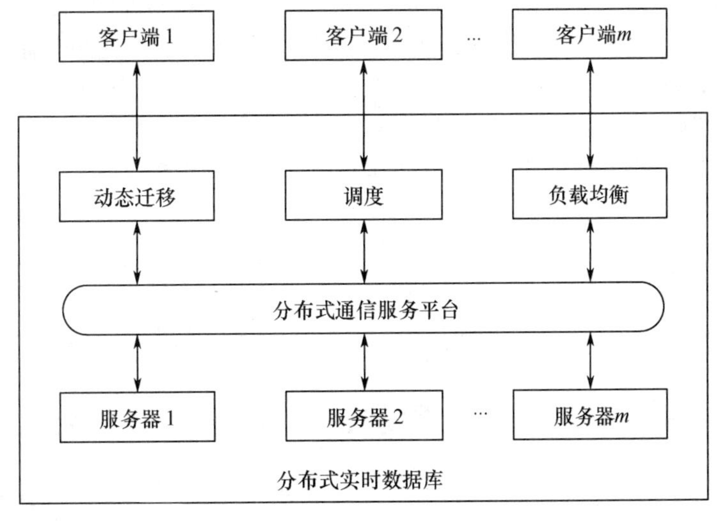

图 6－2　分布式实时数据库架构

系统的可靠性与可维护性。分布式实时数据库技术中主要的功能包括数据检索与处理压缩、数据存储虚拟化、内容分发网络、冲突处理、事物调度、负载均衡、故障监察、故障恢复等。

在分布式实时数据库的构架中，数据采集器与数据库服务器节点服务部件进入分布式通信服务平台都是通过平台的中间件接口来完成的，在分布式通信服务平台中实现与其他服务组件之间的交互过程。分布式实时数据库中的组件都是通过服务的方式，实现与其他功能部件之间的连接与调用，从而能够自由、高效地进行数据交互。此外，组件在分布式通信服务平台中还能够实现与其他接入平台的节点进行通信连接，分布式通信服务平台接口还能够实现数据收发的功能。分布式通信服务平台利用平台内部所具有的缓冲队列与异步调用机制，实现了无论接收节点处于何种状态，节点都可以进行数据发送，接收节点在数据接收的过程中采用信息回调方式。分布式数据存储平台如图 6－3 所示。

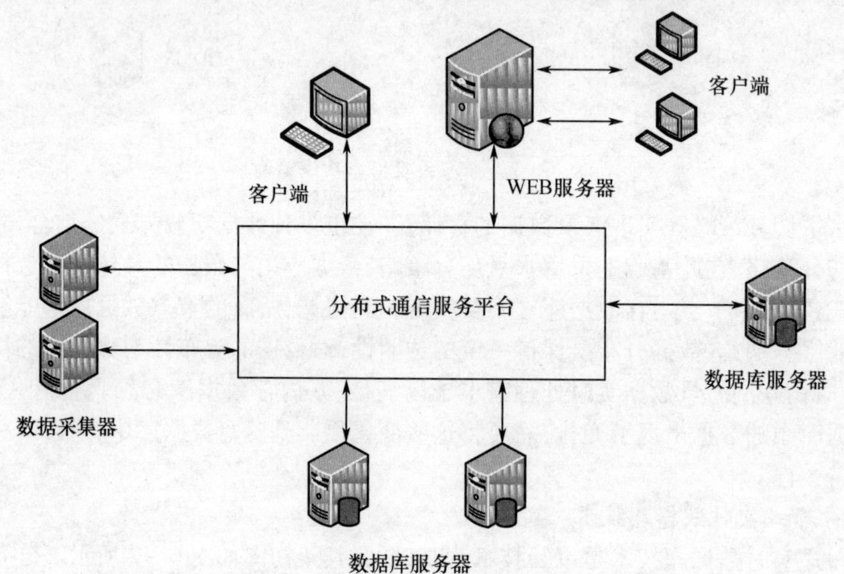

图 6－3　分布式数据存储平台

数据采集器、数据服务器所需要的数据存储服务、数据检索服务的各个组件在云计算的基础之上接入到分布式通信服务平台中，最终形成的统一的数据库存储服务与数据库检索服务，同时这些服务还能够对外提供，改变了传统的单台实时数据处理服务器所具有的孤岛模式，实现了分布式数据存储功能与数据检索功能系统的去中心化与对等化。不同的数据采集器或者是数据服务器对数据进行采集，并将采集获得的这些实时数据通过服务平台进行发送，最终发送到统一的数据存储服务功能模块中进行存储。客户端通过分布式通信服务平台的接口或者 WEB 服务器与通信服务平台进行连接，向统一数据查询服务器提出数据查询服务的申请并进行查询。服务器节点通过分布式通信服务平台向其他的节点进行数据的发送，如果数据发送成功，则意味着数据写入成功。

6.3　物联网数据特点：存储、查询与融合

5.1 节介绍了物联网数据的基本特点，即数据量大、数据多样化和数据相关性。

基于这些数据的特点，接下来将从数据存储、查询与融合方面进行介绍。

6.3.1 数据存储

1. 存储模式

传感器所产生的数据既可以存储在传感器的内部(即分布式存储),也可以发送回网络的网关(即集中式存储)。这两种策略各有其优缺点。在分析之前,要先明确传感器的一些特征:计算能力有限、存储容量有限、电池能量紧缺、数据包经常丢失、通信比计算更加耗能。

如图6-4所示的存储方式为分布式存储。其中,每个圆圈都代表网络中的一个传感器,实心的圆圈表示可用来存储数据的传感器,而空心的圆圈表示该传感器只能用来传递而不能存储数据。当传感器采集到数据时,会将原始数据沿着实线实箭头的方向传回数据汇聚点(Sink),若是在途中遇到可存储数据的节点,则将数据就地保存在存储节点中,不再传回Sink。当查询沿着虚线的方向被分发到网络中去时,每一个收到查询的存储节点都会在自身保存的数据中进行查询,然后将结果返回。

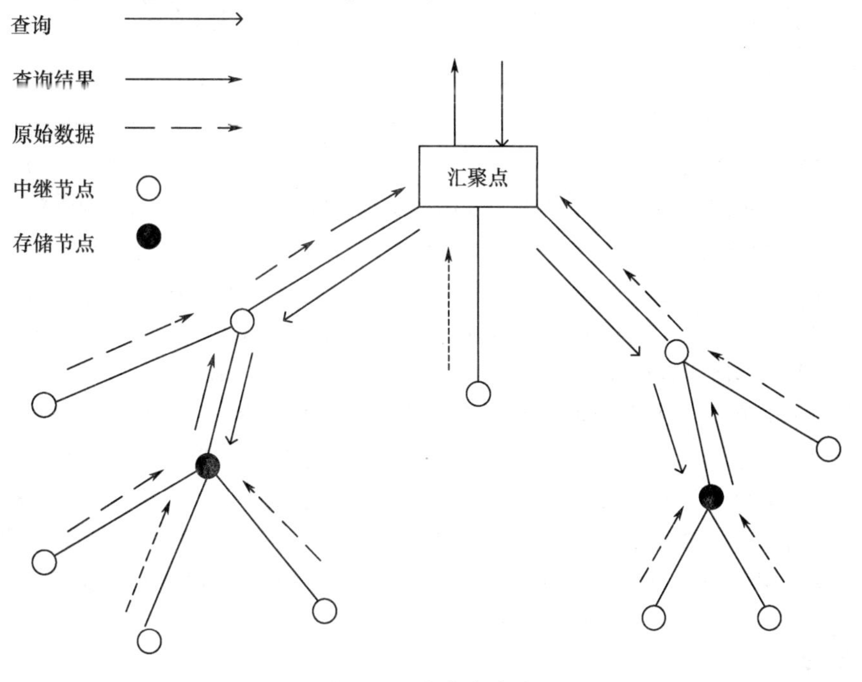

图6-4 分布式存储

不同于分布式存储,如图6-5所示的存储方式为集中式存储,网络中不存在存储节点,所有的数据都被发送回数据汇聚点(Sink),查询也仅在Sink端进行,不被分发到网络中。

分布式存储的好处是,因为用户不可能是对所有的数据都感兴趣的,值得用户关注的只占其中一部分,所以将数据存储在节点上能够减少不必要的数据传输。但是,首先由于传感器的内存以及外部存储容量都很有限,对于长时间的部署任务,数据可能会远大于存储容量;其次,当传感器发生故障重启或者电源用尽时,内存中的所有数据都会丢失;再次,由于所有数据都存储在传感器节点上,网关对各个传感器可能的数据分布毫不知情,所以每当有查询时,网关会将查询发送到网络中所有的传感器上,等传感器返回各自的结

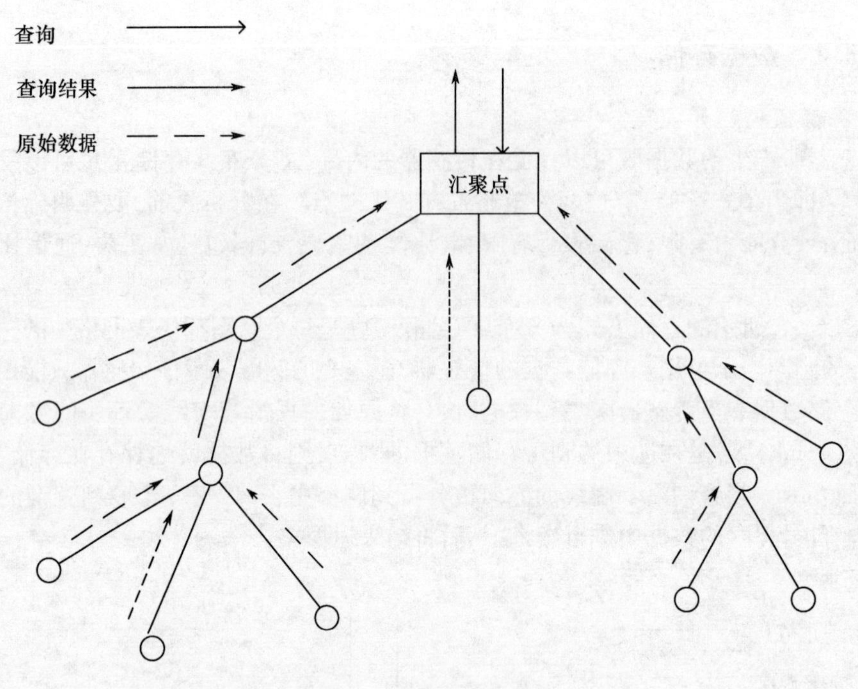

图 6－5　集中式存储

果，带来大量的通信开销；最后，若是部分传感器节点存储的数据是查询的“热点”，这些节点的电量很快会被用完，导致网络不能正常工作。为了解决“热点”问题，部分研究采用了特殊的存储策略，使得感知的数据按照一定的机制存储在网络中，有效保持了一定程度的负载均衡。通俗来讲，此时传感器 A 产生的数据可能不再保存在 A 本身，而是按照某种策略，建立类似于数据库中的索引，将数据保存在传感器 B 上。

集中式存储的好处是所有收回来的数据都能被永久保存，不会存在历史数据的缺失，而且由于数据都保存在了网关端，网关不需要将收到的查询请求分发到网络中去，直接操作本地数据库即可。但是其缺点是，由于传感器节点的通信能力受限，部分数据包可能会在传输的途中丢失，带来数据的不完整性，更为严重的是，传感器网络是多跳的，传回一个数据包就需要若干传感器通力合作，以接力的形式将数据包传回网关，于是每多传一个数据包，都会造成这条链路上的所有传感器的能量损耗。

2. 海量存储

正如之前所述，传感网乃至整个物联网所产生的数据是海量的，主要表现在两个方面：

(1) 单个物体在持续地产生数据，如在医疗护理的应用中，由于性命攸关，传感器会不断地测量患者的体温、心率、血压等指标，产生大量的实时数据。

(2) 网络中拥有数以百万甚至数以亿计的物体，如物流系统需要同时跟踪上千万件的物体，即使每个物体的数据更新量都很小，乘以千万级别的物体总量，总数据量也不可小觑。

单个物体产生的海量数据要求在网络中传输时尽可能采用压缩的数据，否则大通信量不仅会迅速消耗传感器节点的能量，而且也会造成网络通信拥塞。海量物体产生的数据要求数据库或者数据中心在存储数据时，尽可能地压缩数据，剔除冗余数据，甄别无用数据。近年来,随着存储设备占用的空间、消耗的电费与日俱增,数据压缩存储已经成为一项极为迫切的需求。据报道,IBM 公司甚至愿意以 1.4 亿美元的价格收购数据压缩存储公司 Storwize。

6.3.2 数据查询

无线传感器网络中的数据查询主要分为快照查询和连续查询两种类型。快照查询的特点是查询不固定、数据不确定。典型的快照查询例子是“区域 A 当前时刻的温度是多少”“24 小时之前哪个区域湿度最大”等。连续查询的特点是查询固定、数据不确定。典型的例子是,假设需要检测森林火灾,则查询会一直为“找出所有温度高于 60℃的区域”。

针对数据不确定的特点,可以采用近似查询的技术来减小网络通信开销。例如,在网关端先收集一部分数据,然后根据这部分数据分别对各个传感器建立数学模型,以后的查询都可以根据数学模型运算,不需要分发到网络中去,也不需要传感器再往回传送数据。这类方法的缺点是很难在建模方法的复杂度和近似结果的经度之间做出折中。一般而言,越想得到精确的结果,模型越是复杂;使用的模型越是简单,得到的结果越不精确。

针对查询固定的特点,可以对查询的内容做出优化。还是看监测森林火灾的例子,因为查询仅是“找出所有温度高于 60℃的区域”,所以传感器收集到的数据并不用都传回网关,只需要传高于 60℃的数据。这类方法的缺点是对于不同的查询要单独做出优化,缺少统一的优化途径。

6.3.3 数据融合

单个传感器产生的数据可看作数据流。无线传感器网络中的数据流与互联网很大的不同是,在互联网中,数据流是从丰富的网络资源流向终端设备;而在无线传感器网络中,数据流是从终端设备即传感器流向网络。数据融合,即怎样从网络中无数的数据流中推测出感兴趣的数据,也是无线传感器网络跨向大规模应用所必须越过的障碍。为此,DSMS 的思想被提出,用以处理多数据流。

图 6-6 展示了无线传感器网络中数据流管理系统的基本框架。传感器收集的数据作为数据源被传送到 DSMS 中来;DSMS 将这些数据或者存储在传感器端,或者存储在网关端;连续查询常驻于 DSMS 内部,一直在被执行;快照查询被用户以 ad-hoc 的方式发出,在 DSMS 中执行后返回。

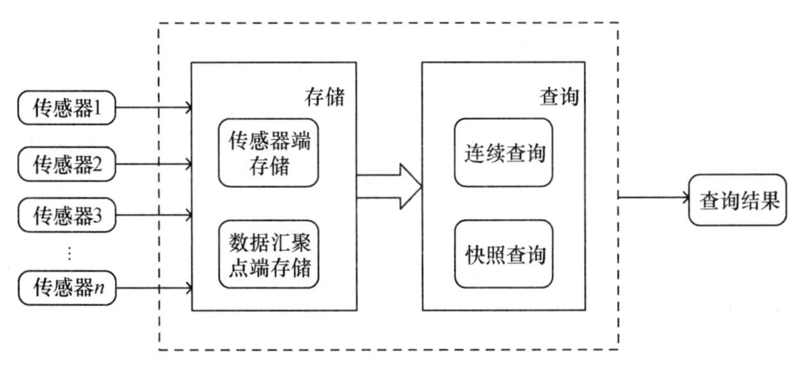

图 6-6 数据流管理系统

6.4 数据挖掘技术

物联网产生的数据具有海量性,如何有效地从海量数据中找到有用、可理解的知识正考验着人类智慧。以下将从数据挖掘的角度介绍如何对物联网中纷繁复杂的现象和信息进行处理。

6.4.1 数据挖掘

数据挖掘一般是指从大量的数据中获取潜在有用的并且可被人们理解的模式的过程,通常通过统计、在线分析处理、情报检索、机器学习、专家系统和模式识别等诸多方法来实现上述目标。总的来说,数据挖掘过程分为以下3个阶段:数据预处理、数据挖掘和对挖掘结果的知识评估与表示,其中每个阶段的输出结果成为下个阶段的输入。

1. 数据预处理阶段

其包含以下4项操作:

(1) 数据准备:了解领域背景与特点,确定需求和目标。

(2) 数据选取:从原始数据库中选取相关数据或样本以确定需要关注的目标数据,在此过程中可能将采用一些数据库操作对数据进行处理。

(3) 数据预处理:检查数据的完整性与一致性,消除噪声、冗余数据,根据时间序列和已知的变化情况填充丢失数据等。

(4) 数据变换:根据知识发现的任务对数据进行再处理,主要是通过投影或利用数据库操作减少数据量,并将数据统一转换为适合挖掘的形式。

2. 数据挖掘阶段

其包括以下3项操作:

(1) 确定挖掘目标:根据需求确定要发现的知识类型,从而在具体的知识发现过程中采用不同的数据挖掘算法。

(2) 选择算法:根据最终目标,选择合适的数据挖掘算法、模型与参数等。

(3) 数据挖掘:运用所选算法,提取相关知识并以一定的方式表示。

3. 知识评估与表示阶段

其包括以下2项操作:

(1) 模式评估:对在数据挖掘步骤中发现的模式(知识)进行评估。评估后,如果发现冗余或无意义的信息存在,应剔除;如果发掘出的模式无法满足用户需求,需进行反复提取。

(2) 知识表示:使用可视化与知识表示相关技术,向用户呈现所挖掘的知识。

在上述步骤中,数据挖掘阶段占据非常重要的地位,它主要是利用某些特定的知识发现算法,在一定的运算效率范围内,从数据中发现出有关知识,决定了整个数据知识发掘过程的效果与效率。

例如,机器视觉(Machine Vision)就是较好使用数据挖掘技术的领域。机器视觉用机器代替人眼来做测量和判断,机器视觉系统是指通过机器视觉产品即图像摄取装置,一般分互补金属氧化物半导体(Complementary Metal Oxide Semiconducter,CMOS)和电荷耦合元件(Charge - coupled Device,CCD)两种,将被摄取目标转换成图像信号,传送给专用的图像处理系统,根据像素分布和亮度、颜色等信息,转变成数字化信号;图像处理系统对这些信号进行各种运算来挖掘抽取目标的特征,如面积、数量、位置、长度等,实现自动识别功能,进而根据判别的结果来控制现场的设备动作。

机器视觉系统的特点是提高生产的柔性和自动化程度。在一些不适合于人工作业的危险工作环境或人工视觉难以满足要求的场合,常用机器视觉来替代人工视觉;同时在大批量工业生产过程中,用人工视觉检查产品质量效率低且精度不高,用机器视觉检测方法可以大大提高生产效率和生产的自动化程度。而且机器视觉易于实现信息集成,是实现计算机集成制造的基础技术。

6.4.2 数据挖掘模式

数据挖掘功能用于指定数据挖掘任务中要找的模式类型。一般地,数据挖掘任务可以分两类:描述和预测。描述性挖掘任务刻画数据库中数据的一般特性。预测性挖掘任务在当前数据上进行推断,以进行预测。

在某些情况下,用户不知道他们的数据中什么类型的模式是有价值的,因此可能想并行地搜索多种不同的模式。因此,数据挖掘系统是否能够挖掘多种类型的模式,以适应不同的用户需求或不同的应用,显得尤为重要。此外,数据挖掘系统应当能够发现各种粒度(即不同的抽象层)的模式。数据挖掘系统应当允许用户给出提示,指导或聚焦有价值模式的搜索。由于有些模式并非对数据库中的所有数据都成立,通常每个被发现的模式带上一个确定性或“可信性”度量。数据挖掘功能以及它们可以发现的模式类型介绍如下。

1. 特征和区分

数据可以与类或概念相关联。例如,在“某东电器”商店,销售的商品类包括计算机和打印机,顾客概念包括 bigSpenders 和 budgetSpenders。每个类和概念可能用汇总的、简洁的、精确的方式描述,这种类或概念的描述称为类/概念描述。这种描述可以通过下述方法得到:

(1) 数据特征化,一般地汇总所研究类(通常称为目标类)的数据。

(2) 数据区分,将目标类与一个或多个比较类(通常称为对比类)进行比较。

(3) 数据特征化和比较。

数据特征是目标类数据的一般特征或特性的汇总。通常,用户指定类的数据通过数据库查询收集。有许多有效的方法,将数据特征化和汇总。例如,基于数据方的 OLAP 上卷操作可以用来执行用户控制的、沿着指定维的数据汇总。面向属性的归纳技术可以用来进行数据的泛化和特征化,而不必一步步地与用户交互。数据特征的输出可以用多种形式提供,包括扇形图、条图、曲线、多维数据方和包括交叉表在内的多维表。结果描述也可以用泛化关系或规则(称作特征规则)形式提供。

例 6.1:数据挖掘系统应当能够产生一年之内在“某东电器”花费 RMB10000 以上的顾客汇总特征的描述。结果可能是顾客的一般轮廓,如年龄在 40 ~ 50 岁、有工作、有很好的信誉度。系统将允许用户在任意维下钻,如在“职业”下钻,以便根据他们的职业来观察这些顾客。

数据区分是将目标类对象的一般特性与一个或多个对比类对象的一般特性比较。目标类和对比类由用户指定，而对应的数据通过数据库查询提取。例如，你可能希望将上一年销售增加10%的软件产品与同一时期销售至少下降30%的那些进行比较。用于数据区分的方法与用于数据特征的方法类似。

区分描述输出的形式类似于特征描述，但区分描述应当包括比较度量，帮助区分目标类和对比类。用规则表示的区分描述称为区分规则。用户应当能够对特征和区分描述的输出进行操作。

2. 关联分析

什么是关联分析？关联分析发现关联规则，这些规则展示属性值频繁地在给定数据集中一起出现的条件。关联分析广泛用于购物篮或事务数据分析。

设 $I=\{(i_1,i_2,\cdots,i_m\}$ 是项的集合。设任务相关的数据 D 是数据库事务的集合，其中每个事务 T 是项的集合，使得 $T\subseteq I$。每一个事务有一个标识符(TID)。设 A 是一个项集，事务 T 包含 A 当且仅当 $A\subseteq T$。关联规则是形如 $A\Rightarrow B$ 的蕴涵式，其中 $A\subset I$，$B\subset I$，并且 $A\cap B=\varnothing$。规则 $A\Rightarrow B$ 在事务集 D 中成立，具有支持度 s，其中 s 是 D 中事务包含 $A\cup B$（即，A 和 B 二者）的百分比。它是概率 $P(A\cup B)$。如果 D 中包含 A 的事务同时也包含 B 的百分比是 c，规则 $A\Rightarrow B$ 在事务集 D 中具有置信度 c。这是条件概率 $P(B|A)$，即

$$\text{support}(A\Rightarrow B)=P(A\cup B)$$

$$\text{confidence}(A\Rightarrow B)=P(B|A)$$

同时满足小支持度阈值(min_sup)和小置信度阈值(min_conf)的规则称作强规则。为方便计，用0% ~100%的值，而不是用0~1的值表示支持度和置信度。

项的集合称为项集，包含 k 个项的项集称为 k-项集。集合{computer，financial_management_software}是一个2-项集。项集的出现频率是包含项集的事务数，简称为项集的频率、支持计数或计数。如果项集的出现频率大于或等于 min_sup 与 D 中事务总数的乘积，则项集满足小支持度 min_sup。如果项集满足小支持度，则称它为频繁项集。频繁 k-项集的集合通常记作 L_k。

那么，如何由大型数据库挖掘关联规则？关联规则的挖掘是一个两步的过程：

(1) 找出所有频繁项集：根据定义，这些项集出现的频繁性至少和预定义的最小支持计数一样。

(2) 由频繁项集产生强关联规则：根据定义，这些规则必须满足最小支持度和最小置信度。如果需要，也可以使用附加的兴趣度度量。这两步中，第二步最容易。挖掘关联规则的总体性能由第一步决定。

下面对这两个步骤进行详细的描述。

(1) Apriori算法：使用候选项集找频繁项集。Apriori算法是一种最有影响力的挖掘布尔关联规则频繁项集的算法。算法的名字基于这样的事实：算法使用频繁项集性质的先验知识、运用一种称作逐层搜索的迭代方法，k-项集用于探索$(k+1)$-项集。首先，找出频繁1-项集的集合，该集合记作 L_1。L_1 用于找频繁2-项集的集合 L_2，而 L_2 用于找 L_3，如此下去，直到不能找到频繁 k-项集。找每个 L_k 需要扫描数据库一次。

为提高频繁项集逐层查找的效率，一种称作 Apriori 性质的重要性质用于压缩搜索空间。

Apriori 性质：频繁项集的所有非空子集都必须也是频繁的。Apriori 性质基于如下观

察:根据定义,如果项集 I 不满足最小支持度阈值 s,则 I 不是频繁的,即 $P(I) < s$。如果项 A 添加到 I,则结果项集(即 $I \cup A$)不可能比 I 更频繁出现。因此,$I \cup A$ 也不是频繁的,即 $P(I \cup A) < s$。

该性质属于一种特殊的分类,称作反单调,意指如果一个集合不能通过测试,则它的所有超集也都不能通过相同的测试。称它为反单调的,是因为在通不过测试的意义下,该性质是单调的。

"如何将 Apriori 性质用于算法?"为理解这一点,必须看看如何用 L_{k-1} 查找 L_k。下面的两步过程由连接和剪枝组成。

连接步:为查找 L_k,通过 L_{k-1} 与自己连接,产生候选 k-项集的集合。该候选项集的集合记作 C_k。设 l_1 和 l_2 是 L_{k-1} 中的项集,记号 $l_i[j]$ 表示 l_1 的第 j 项(例如,$l_1[k-2]$ 表示 l_1 的倒数第 3 项)。为方便计,假定事务或项集中的项按字典次序排序。执行连接 L_{k-1};其中,L_{k-1} 的元素是可连接的,如果它们前 $(k-2)$ 个项相同;即,L_{k-1} 的元素 l_1 和 l_2 是可连接的,如果 $(l_1[1]=l_2[1]) \wedge (l_1[2]=l_2[2]) \wedge \cdots \wedge (l_1[k-2]=l_2[k-2]) \wedge (l_1[k-1]<l_2[k-1])$。条件 $(l_1[k-1]<l_2[k-1])$ 是为了简单地保证不产生重复。连接 l_1 和 l_2 产生的结果项集是 $l_1[1]l_1[2]\cdots l_1[k-1]l_2[k-1]$。

剪枝步:C_k 是 L_k 的超集;即,它的成员可以是频繁的,也可以不是频繁的,但所有的频繁 k-项集都包含在 C_k 中。扫描数据库,确定 C_k 中每个候选的计数,从而确定 L_k(即根据定义,计数值不小于小支持度计数的所有候选是频繁的,从而属于 L_k)。然而,C_k 可能很大,这样所涉及的计算量就很大。为压缩 C_k,可以用以下办法使用 Apriori 性质:任何非频繁的 $(k-1)$-项集都不可能是频繁 k-项集的子集。因此,如果一个候选 k-项集的 $(k-1)$-子集不在 L_{k-1} 中,则该候选也不可能是频繁的,从而可以由 C_k 中删除。这种子集测试可以使用所有频繁项集的散列树快速完成。

(2)由频繁项集产生关联规则。一旦由数据库 D 中的事务找出频繁项集,由它们产生强关联规则是直截了当的(强关联规则满足最小支持度和最小置信度)。对于置信度,可以用下式,其中条件概率用项集支持度计数表示。

$$\text{confidence}(A \Rightarrow B) = P(A|B) = \text{“support\_count}(A \cup B)\text{”}/\text{“support\_count}(A)\text{”}$$

式中:support_count($A \cup B$)为包含项集 $A \cup B$ 的事务数;support_count(A)为包含项集 A 的事务数。根据该式,关联规则可以产生如下:

对于每个频繁项集 l,产生 l 的所有非空子集;

对于 l 的每个非空子集 s,如果"support_count(l)"/"support_count(s)"$\geq$min_conf,则输出规则"$s \Rightarrow (l-s)$"。其中,min_conf 是小置信度阈值。

3. 分类和预测

分类是这样的过程,它寻找描述或识别数据类或概念的模型(或函数),以便能够使用模型预测类标号未知的对象。导出模式则基于对训练数据集(即其类标号已知的数据对象)的分析。

导出模式可以用多种形式表示,如分类(IF-THEN)规则、判定树、数学公式,或神经网络。判定树是一个类似于流程图的结构,每个节点代表一个属性值上的测试,每个分枝代表测试的一个输出,树叶代表类或类分布。判定树容易转换成分类规则。当用于分类时,神经网络是一组类似于神经元的处理单元,单元之间加权连接。

分类可以用来预测数据对象的类标号。然而,在某些应用中,人们可能希望预测某些遗漏的或不知道的数据值,而不是类标号。当被预测的值是数值数据时,通常称为预测。尽管预测可以涉及数据值预测和类标号预测,但通常预测限于值预测,并因此不同于分类。预测也包含基于可用数据的分布趋势识别。

相关分析则可能需要在分类和预测之前进行,它试图识别对于分类和预测无用的属性,这些属性应当排除。

下面以判定树的分类方法为例,来说明分类的基本步骤和结果表示。假定商场需要向潜在的客户邮寄新产品资料和促销信息。客户数据库描述的客户属性包括姓名、年龄、收入、职业和信用记录。那么可以按是否会在商场购买计算机将客户分为两类,只将促销材料邮寄给那些会购买计算机的客户,从而降低邮寄费用。为此,可以构建一棵判定树来实现分类目的。

首先,采用一种贪心算法,以自顶向下递归的分治策略构造判定树。在递归构造时,通常采用最大化信息增益的方法来确定生成树节点应采用的合适属性。某种属性上的信息增益大小,反映了该属性区分给定数据能力的强弱。例如,现有 10 条客户记录,其中 6 人购买了计算机,4 人没有购买。这 10 位客户中有 3 人的职业是学生,其中有 2 人购买计算机,而非学生客户购买计算机的有 4 人。如何计算职业这一属性的信息增益呢,首先需要定义期望信息如下:n 个客户中有 a 个购买计算机的期望信息大小为 $I(a,n-a) = -\frac{a}{n}\lg\frac{a}{n} - \frac{n-a}{n}\lg\frac{n-a}{n}$。那么,在选择区分属性以前,数据的期望信息为 $E = I(6,4) = 0.673$,用职业区分之后的期望信息为 $E' = 0.3I(2,1) + 0.7I(4,3) = 0.669$,则选择职业作为区分属性的信息增益为 $E - E' = 0.004$。系统计算所有属性上的期望增益,然后选择期望增益最大的属性作为当前节点的区分属性。

当判定树建立后,由于数据中有噪声和离群点的存在,许多分枝反映的是训练数据中的异常,因此需要采用剪枝方法去掉这些不可靠的分枝,提高判定树分类的可靠性。

图 6-7 中的判定树即是用于预测客户是否将要购买计算机。图 6-7 中每个非树叶节点表示一个属性上的测试,每个树叶节点代表预测结果。

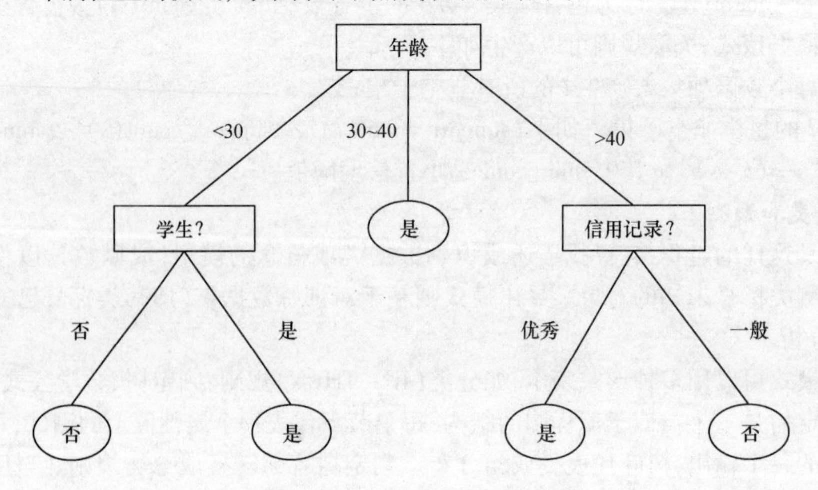

图 6-7　购买计算机判定树的预测结果

根据判定树进行预测非常简单,将给定的数据从根节点自上而下进行判定即可。例如:如果客户是年龄小于30岁的学生,那么预测结果是他将会购买计算机。

4. 聚类分析

物理或抽象对象的集合,分组成为由类似的对象组成的多个类的过程被称为聚类。由聚类所生成的簇是一组数据对象的集合,这些对象与同一个簇中的对象彼此相似,与其他簇中的对象相异。在许多应用中,一个簇中的数据对象可以被作为一个整体来对待。

聚类分析是一种重要的人类行为。早在孩提时代,一个人就通过不断地改进下意识中的聚类模式来学会如何区分猫和狗,或者动物和植物。聚类分析已经广泛地用在许多应用中,包括模式识别、数据分析、图像处理,以及市场研究。通过聚类,能识别密集的和稀疏的区域,因而发现全局的分布模式,以及数据属性之间有趣的相互关系。

在数据挖掘中,聚类分析是一个热点研究领域。许多聚类算法已经被开发出来,具体可以分为划分方法、层次方法、基于密度的方法、基于网格的方法,及基于模型的方法。下面具体介绍这些方法。

(1) 划分方法。给定一个 n 个对象或元组的数据库,一个划分方法构建数据的 k 个划分,每个划分表示一个聚类,并且 $k <= n$。也就是说,它将数据划分为 k 个组,同时满足如下的要求:

① 每个组至少包含一个对象。

② 每个对象必须属于且只属于一个组。

注意在某些模糊划分技术中第二个要求可以放宽。

给定 k,即要构建的划分的数目,划分方法首先是创建一个初始划分。然后采用一种迭代的重定位技术,尝试通过对象在划分间移动来改进划分。一个好的划分的一般准则是:在同一个类中的对象之间的距离尽可能小,而不同类中的对象之间的距离尽可能大。当然,还有许多其他划分的评判准则。

为了达到全局优,基于划分的聚类会要求穷举所有可能的划分。实际上,绝大多数应用采用了以下两个比较流行的启发式方法:

① k - means 算法,在该算法中,每个簇用该簇中对象的平均值来表示。

② k - medoids 算法,在该算法中,每个簇用接近聚类中心的一个对象来表示。

这些启发式聚类方法对在中小规模的数据库中发现球状簇很适用。为了对大规模的数据集进行聚类,以及处理复杂形状的聚类,基于划分的方法需要进一步的扩展。

(2) 层次方法。层次的方法对给定数据集合进行层次的分解。根据层次的分解如何形成,层次的方法可以被分为凝聚的或分裂的方法。凝聚的方法,也称为自底向上的方法,一开始将每个对象作为单独的一个组,然后继续合并相近的对象或组,直到所有的组合并为一个(层次的上层),或者达到一个终止条件。分裂的方法,也称为自顶向下的方法,一开始将所有的对象置于一个簇中。在迭代的每一步中,一个簇被分裂为更小的簇,直到每个对象在单独的一个簇中,或者达到一个终止条件。

层次的方法的缺陷在于,一旦一个步骤(合并或分裂)完成,它就不能被撤消。这个严格规定由于不用担心组合数目的不同选择,计算代价会较小。但是,该技术的一个主要问题是它不能更正错误的决定。有两种方法可以改进层次聚类的结果:

① 在每层划分中,仔细分析对象间的连接,例如 CURE 和 Chameleon 中的做法。

② 综合层次凝聚和迭代的重定位方法。首先用自底向上的层次算法,然后用迭代的重定位来改进结果。例如在 BIRCH 中的方法。

(3) 基于密度的方法。绝大多数划分方法基于对象之间的距离进行聚类。这样的方法只能发现球状的簇,而在发现任意形状的簇上遇到了困难。随之提出了基于密度的另一类聚类方法,其主要思想是:只要临近区域的密度(对象或数据点的数目)超过某个阈值,就继续聚类。也就是说,对给定类中的每个数据点,在一个给定范围的区域中必须包含至少某个数目的点。这样的方法可以用来过滤"噪声"数据,发现任意形状的簇。

DBSCAN 是一个有代表性的基于密度的方法,它根据一个密度阈值来控制簇的增长。OPTICS 是另一个基于密度的方法,自动交互的聚类分析计算一个聚类顺序。

(4) 基于网格的方法。基于网格的方法把对象空间量化为有限数目的单元,形成了一个网格结构。所有的聚类操作都在这个网格结构(即量化的空间)上进行。这种方法的主要优点是它的处理速度很快,其处理时间独立于数据对象的数目,只与量化空间中每一维的单元数目有关。

STING 是基于网格方法的一个典型例子。CLIQUE 和 WaveCluster 这两种算法既是基于网格的,又是基于密度的。

(5) 基于模型的方法。基于模型的方法为每个簇假定了一个模型,寻找数据对给定模型的佳匹配。一个基于模型的算法可能通过构建反映数据点空间分布的密度函数来定位聚类。它也可能基于标准的统计数字自动决定聚类的数目,考虑"噪声"数据和孤立点,从而产生健壮的聚类方法。

一些聚类算法集成了多种聚类方法的思想,所以有时将某个给定的算法划分为属于某类聚类方法是很困难的。此外,某些应用可能有特定的聚类标准,要求综合多个聚类技术。

5. 孤立点分析

经常存在一些数据对象,它们不符合数据的一般模型。这样的数据对象被称为孤立点,它们与数据的其他部分不同或不一致。孤立点可能是度量或执行错误所导致的。例如,一个人的年龄为 -999 可能是对未记录的年龄的缺省设置所产生的。另外,孤立点也可能是固有的数据可变性的结果。例如,一个公司的首席执行官的工资自然远远高于公司其他雇员的工资,成为一个孤立点。

许多数据挖掘算法试图使孤立点的影响减小,或者排除它们。但是由于一个数据对象的"噪声"可能是另一个数据对象的信号,这可能导致重要的隐藏信息丢失。换句话说,孤立点本身可能是非常重要的,例如在欺诈探测中,孤立点可能预示着欺诈行为。这样,孤立点探测和分析是一个有趣的数据挖掘任务,被称为孤立点挖掘。

孤立点挖掘有着广泛的应用。像上面所提到的,它能用于欺诈监测,例如探测不寻常的信用卡使用或电信服务。此外,它在市场分析中可用于确定极低或极高收入的客户的消费行为,或者在医疗分析中用于发现对多种治疗方式的不寻常反应。

孤立点挖掘可以描述如下:给定一个 n 个数据点或对象的集合,预期的孤立点的数目为 k,发现与剩余数据相比是相异的数据,或不一致的头 k 个对象。孤立点挖掘问题可以被看作两个子问题:

(1) 定义在给定的数据集合中什么样的数据可以被认为是不一致的。

（2）找到一个有效的方法来挖掘这样的孤立点。

接下来,我们探讨基于计算机的孤立点探测方法。它们可以被分为三类:统计学方法,基于距离的方法和基于偏离的方法。

（1）基于统计的孤立点探测。统计的方法对给定的数据集合假设了一个分布或概率模型(如一个正态分布),然后根据模型采用不一致性检验(Discordancy Test)来确定孤立点。该检验要求相对准确的数据集参数(如假设的数据分布)、分布参数(如平均值和方差)和预期的孤立点的数目。

（2）基于距离的孤立点探测。为了解决统计学方法带来的一些限制,引入了基于距离的孤立点的概念。如果至少数据集合 S 中对象的 p 部分与对象 o 的距离大于 d,对象 o 是一个基于距离的带参数 p 和 d 的孤立点,即 $DB(p,d)$。换句话说,不依赖于统计检验,我们可以将基于距离的孤立点看作是那些没有足够邻居的对象,这里的邻居是基于距给定对象的距离来定义的。与基于统计的方法相比,基于距离的孤立点探测归纳了多个标准分布的不一致性检验的思想。基于距离的孤立点探测避免了过多的计算,而大量的计算正是使观察到的分布适合某些标准分布,及选择不一致性检验所需要的。

目前已经开发了若干个高效的基于距离的孤立点挖掘算法,主要有基于索引的算法、嵌套-循环算法、基于单元(Cell-based)的算法。

（3）基于偏离的孤立点检测。基于偏离的孤立点探测(Deviation-based Outlier Detection)不采用统计检验或基于距离的度量值来确定异常对象。相反,它通过检查一组对象的主要特征来确定孤立点,与给出的描述偏离的对象被认为是孤立点。

研究基于偏离的孤立点探测主要有两种技术。第一种顺序地比较一个集合中的对象,而第二种采用了一个 OLAP 数据立方体方法。

6. 演化分析

数据演变分析,描述行为随时间变化的数据对象的规律或趋势,并对其建模。这类分析的不同特点包括时间序列数据分析、序列或周期模式匹配和基于类似性的数据分析,这可能包括时间相关数据的特征、区分、关联、分类或聚类。假定你有纳斯达克股票交易所过去几年的主要股票市场(时间序列)数据,并希望调查高科技工业公司股份。股票数据挖掘研究可以识别整个股票市场和特定的公司的股票演变规律。这种规律可以帮助预测股票市场价格的未来走向,帮助你对股票投资作出决策。

演化分析中采用的建模方法很多,除了前面提到的关联分析和分类分析等,还包括与时间相关的数据分析方法。与时间相关的分析方法主要包括趋势分析、相似搜索、序列模式挖掘和周期分析。

（1）趋势分析。数据的演化趋势分为长期或趋势变化、循环运动或循环变化季节性运动或季节性变化,以及随机变化等。确定趋势的常见方法是计算数据 n 阶的变化平均值,或者采用最小二乘法等方法平滑数据变化曲线。

（2）相似搜索。相似搜索用于找出与给定序列最接近的数据序列(只是序列产生的时间不同)。计算的基本步骤是:首先计算原子匹配,即找出序列中所有无间隙的较短相同时间窗口片段,然后合并与给定序列相似的窗口片段,形成大的相似子序列对,这种合并允许在原子匹配之间有间隙,最后判定这些片段是否与给定序列足够相似。

（3）序列模式挖掘。它是指挖掘相对时间或其他维属性出现频率高的模式。与关联规则挖掘类似，序列模式挖掘的大部分方法都采用了类似于 Apriori 算法或者 FP - growth 算法的变种，其中所考虑的参数设置和约束都有所不同。

（4）周期分析。它是指挖掘具有周期的模式或者关联规则，例如“若每周六公司的下班时间比平时晚半小时以上，则选择打车回家的人数大约增加 20%”。与序列模式相同，周期挖掘算法大都从基本的挖掘关联规则算法改进而来。

6.5 智能决策与物联网

数据是对事实、概念或指令的一种表达形式，可由人工或自动化装置进行处理。数据的形式可以是数字、文字、图形或声音等。数据经过解释并赋予一定的意义后，便成为信息。数据处理是对数据的采集、存储、检索、加工、变换和传输。数据处理的基本目的是从大量、可能是杂乱无章的、难以理解的数据中抽取并推导出对于某些特定的人们来说是有价值、有意义的数据。数据处理是系统工程和自动控制的基本环节，其含义比一般的算术运算要广泛得多。

根据处理设备的结构方式、工作方式，以及数据的时间空间分布方式的不同，数据处理有不同的方式。不同的处理方式要求不同的硬件和软件支持。每种处理方式都有自己的特点，应当根据应用问题的实际环境选择合适的处理方式。数据处理主要有四种分类方式：

（1）根据处理设备的结构方式区分，有联机处理方式和脱机处理方式。

（2）根据数据处理时间的分配方式区分，有批处理方式、分时处理方式和实时处理方式。

（3）根据数据处理空间的分布方式区分，有集中式处理方式和分布处理方式。

（4）根据计算机中央处理器的工作方式区分，有单道作业处理方式、多道作业处理方式和交互式处理方式。

智能决策支持系统是人工智能（Artificial Intelligence，AI）和决策支持系统（Decision Support System，DSS）相结合，应用专家系统（Expert System，ES）技术，使 DSS 能够更充分地应用人类的知识，如关于决策问题的描述性知识、决策过程中的过程性知识、求解问题的推理性知识，通过逻辑推理来帮助解决复杂决策问题的辅助决策系统。

数据处理无不渗透在物联网系统的各个环节，智能决策是物联网“智慧”的来源。由于物联网系统可以提供各种物理量的相关信息，可以录入针对某一应用领域的专家系统，经过数据处理，物联网系统就可以根据这些信息作出统计分析，给出解决问题的方法，即智能决策。

下面是一些物联网在智能决策中的应用。

1. 精准农业

通过植入土壤或暴露在空气中的传感器，监控土壤性状和环境状况；

数据通过物联网传输到远程控制中心，可及时查清当前农作物的生长环境现状和变化趋势，确定农作物的生产目标；

通过数据挖掘的方法可以知道环境温度、湿度和土壤各项参数等因素是如何影响农作物产量的，如何调节它们才能够最大限度地提高农作物的产量。

2. 市场营销

利用数据挖掘技术通过对用户数据的分析，可以得到关于顾客购物取向和兴趣的信息，从而为商业决策提供依据。

数据库行销（Database Marketing）：通过交互式查询、数据分割和模型预测等方法来选择潜在的顾客以便向他们推销产品；预测采用何种销售渠道和优惠条件，使得用户最有可能被打动。

货篮分析：通过分析市场销售数据来发现顾客的购买行为模式。

3. 智能家居

以获取天气信息为例：一方面，智能设备随时关注气象信息，并针对雨天发出报警提醒；另一方面，另外一些智能终端会随时跟踪主人的行踪，并通过数据挖掘方法由主人的历史行动特征数据预测他的去向。

一旦预测到主人要出门，那么就在合适的时候由相应的智能终端提醒他不要忘记带雨伞。例如，如果主人在门口，就由安装门上的智能设备向他发出提醒；如果在车内，就由车载计算机发出提醒。

4. 产品制造和质量监控

随着科技进步，制造业已不是简单的手工劳动，而是集成了多种先进科技的流水作业。在产品的生产制作过程中常常伴随有大量的数据，如产品的各种加工条件或控制参数（如时间、温度等）。通过各种监控仪器收集的这些数据反映了每个生产环节的状态，对生产的顺利进行起着重要作用。

通过数据挖掘对数据进行分析，可以得到产品质量与这些参数之间的关系，从而能获得针对性很强的建议以改进产品质量，而且有可能发现新的更高效节约的控制模式，为厂家带来丰厚的的回报。

5. 金融安全

由于金融投资的风险很大，所以在进行投资决策时，需要通过对各种投资方向的数据进行分析，以选择最佳的投资方向。数据挖掘可以通过对已有数据的处理，找到数据对象之间的关系，然后利用学习得到的模式进行合理的预测。

金融欺诈识别主要是通过分析正常行为和诈骗行为的数据和模式，得到诈骗行为的一些特性，这样当某项业务记录符合这样的特征时，识别系统可以向决策人员提出警告。

6.6 云存储系统

在第5章中，我们对数据中心及云存储进行了一些基本的认识。在这一章中，我们又了解了数据库的相关知识，接下来将回顾并更加详细地介绍云存储的更多的细节。

6.6.1 云存储

对于各行各业的计算机用户来说，获取充足的存储空间存放数据是一个很大的实际问题。单个用户或中小企业通常通过投资外部存储设备应对数据增长。但是，计算机或硬盘的一些意外突发情况，会使用户遭受丢失重要数据的灾难性影响。在许多地理位置分散的大型企业中，通过建立多个数据中心、采购多种存储系统来处理快速增长的数据。

但搜索并管理不断增长的大量数据同样是极其困难的事情。近年来，作为云计算主要组成部分的云存储提供了一种新型存储、访问和管理数据的方法，最终使得用户从不断升级、维护存储设备的烦恼中解放出来。

云存储是在云计算的概念上发展和延伸出来的一个新的概念，是指通过集群应用、网格技术和分布式文件系统等关键技术，整合应用软件集合网络中不同类型的存储设备进行协同工作，共同对外提供数据存储和业务访问功能的一个系统。云存储作为一个云计算系统，以数据存储和管理为核心，是对现有存储方式的一种变革，提出了“存储即服务”的概念。

云存储可以认为是一个云计算系统，但它配置了大容量存储空间。在应用接口层和访问层云计算系统和云存储是完全相同的，云存储系统在架构模型上比云计算系统多了一个存储层，在基础管理层上还额外拥有数据管理和数据安全相关的功能。

6.6.2 云存储与云计算

云计算基于互联网相关需求服务的增长、使用和交付模式，通常涉及通过互联网来提供动态易扩展服务，经常是虚拟化的资源。云计算是在分布式处理技术、并行处理技术和网格计算技术的基础上发展而来，是透过网络将庞大的计算处理程序自动分拆成无数个较小的子程序，再交由多台服务器所组成的庞大系统，经计算分析之后将处理结果回传给用户。很多大型企业都在研究云计算技术和基于云计算的服务，SUN、IBM、戴尔、微软、Google、Amazon 等 IT 国际巨头，国内的阿里云、腾讯等都在其中。通过云计算技术可以让网络服务提供者在极短时间内，例如数秒之内处理数以千万计甚至亿计的信息和数据，达到和“超级计算机”同样强大的网络服务。云计算系统的建设目标是将运行在个人 PC 上或单个独立的服务器上的独立的、个人化的运算迁移到一个数量集群庞大的服务器“云”中，由这个云系统来负责处理用户的请求，并向用户输出请求的结果，从根本上来讲它是一个以数据运算和处理为核心的系统。

当云计算系统运算和处理的核心是大量数据的存储和管理时，云计算系统中就需要配置大量的存储设备，那么这时的云计算系统其实就转变成为一个云存储系统。所以，云存储可以形象地描述成是一个以用户数据管理和数据存储为核心的云计算系统。与云计算系统相比，云存储系统可以认为是配置了大容量存储空间的提供数据访问和数据处理的一个云计算系统，其主要功能是存储和安全访问。

6.6.3 云存储的技术支撑

存储系统以高吞吐率网络技术为依托，以传统的分布式存储技术为核心，一方面高效地整合并管理网络中闲置存储资源，另一方面对用户提供友好的接口，方便快捷地发布网络数据存储相关服务。云存储中的主要技术如下。

1. 宽带网络的发展

云存储系统最终会发展成为一个多区域分布的系统，使用者不需要通过 FC、SCSI，或以太网线缆直接连接一台独立的、私有的存储设备，而是通过宽带接入设备来连接到云存储。只有网络的带宽得到充足发展，使用者才有可能获得足够大的网络带宽来进行数据传输，进而体验到方便的云存储服务。

2. Web2.0 技术

通过 Web2.0 技术，可以使使用者在 PC、手机、移动多媒体等多种终端设备上实现数据、文档、图片等内容的存储和共享。Web2.0 技术的发展丰富了使用者的应用方式和可得服务。

3. 应用存储的发展

应用存储是将应用软件功能在存储设备中进行集成，它同时具有数据存储功能，还具有应用软件功能，可以看作是应用服务器和存储设备的集合体。应用存储技术的发展可以大量减少云存储中服务器的数量，从而减少系统中由服务器造成单点故障和性能瓶颈，减少数据传输环节，提供系统性能和效率，并保证整个系统的高效稳定运行，降低系统建设成本。

4. 集群技术、网格技术和分布式文件系统

云存储系统是集中多存储设备、多应用、多服务协同工作于一体的，任何一个单点的存储系统都不能称作是云存储。多个不同存储设备之间需要通过集群技术、分布式文件系统和网格计算等技术，实现设备之间的协同工作，使多个存储设备可以统一对外提供同一种服务，并提供高品质的数据访问性能。如果没有这些技术的存在，云存储就不可能真正实现，所谓的云存储只能是一个一个的独立系统，不能形成云状结构。分布式存储系统必须具备高性能、高可靠性、高可扩展性、透明性以及自治性。

（1）高性能：对于分布式系统中的每一个用户都要尽量减小网络的延迟和网络拥塞、网络断开、节点退出等问题造成的影响。

（2）高可靠性：高可靠性是大多数系统设计时重点考虑的问题。分布式环境通常都有高可靠性需求，用户将文件保存到分布式存储系统的基本要求是数据可靠。

（3）高可扩展性：分布式存储系统需要满足随着节点规模和数据规模的扩大而带来的需求。

（4）透明性：需要让用户在访问网络中其他节点中的数据时能感到像是访问自己本机的数据一样。

（5）自治性：分布式存储系统需要拥有一定的自我维护和恢复功能。

5. CDN 内容分发、P2P 技术、数据压缩技术

当未授权的用户账户访问云存储中存储的数据，可以通过 CDN 内容分发系统、数据加密技术保护这些数据避免被非法访问，从而保证数据的安全。同时，通过各种数据备份和容灾技术来保证云存储中的数据安全，同时也保证云存储自身的安全和稳定。如果云存储中保存的数据的安全得不到保证，潜在给用户带来的损失也是不可估计的。

6. 存储虚拟化技术、存储网络化管理技术

云存储中的存储设备数量庞大且在地域上分布很散，如何实现不同厂商、不同型号甚至于不同类型（如 FC 存储和 IP 存储）的多台设备之间的逻辑卷管理、存储虚拟化管理和多链路冗余管理是一个巨大的难题。这个问题得不到解决，存储设备就会是整个云存储系统的性能瓶颈，结构上也无法形成一个整体，而且还会带来后期容量和性能扩展难等问题。

6.6.4 云存储的模型及特征

1. 云存储的模型

云存储系统的结构模型由 4 层组成，分别是存储层（SL）、基础管理层（BML）、应用接口层(AIL)和访问层(AL)。

(1) 存储层。存储层是云存储最基础也是云存储系统最重要的部分。存储设备可以是光纤通道存储设备,也可以是其他的存储设备。云存储中的存储设备往往在数量上比较庞大且分布多在不同地域,设备彼此之间通过局域网、广域网、互联网或者光纤通道网络连接在一起。在存储设备之上是一个统一的存储设备管理系统,可以实现存储设备的逻辑虚拟化管理、多链路冗余管理以及硬件设备的状态监控和日常的故障维护等。

(2) 基础管理层。基础管理层是云存储中最难以实现的部分,也是云存储最核心的部分。基础管理层想要完成存储设备的相关工作,需要使用网络计算、分布式文件系统以及相关技术,并在此基础上,将统一的存储服务对外进行提供。基础管理层通过集群、分布式和网格计算等技术,实现云存储中多个存储设备之间的协同工作,使多个存储设备可以对外提供同一种服务,并提供更大、更强、更好的数据访问性能。数据加密、权限管理类型的管理技术也可以在基础管理层中发挥重要的作用,如内容分发系统、数据加密技术保证云存储中的数据不会被未授权的用户所访问。同时在此基础上,云存储数据正确的用户就会得到相应的访问权限,从而使云存储的稳定性和安全性都在一定程度上得到相应的保障。

(3) 用接口层。用接口层主要实现实际应用和云存储的基础服务的交互功能,是云存储结构模型中最灵活多变的部分。云存储服务商可以结合不同用户的不同需求,提供与其相符合、最合适的应用服务,不同形式的应用服务接口便随之被开发出来。不同的云存储运营单位可以根据实际业务类型,开发不同的应用服务接口,提供不同的应用服务。如视频监控应用平台、网络硬盘引用平台、远程数据备份应用平台等。

(4) 访问层。任何一个通过授权的用户都可以通过标准的公用应用程序接口(API)来登录云存储系统,享受云存储服务。云存储运营服务商不同,云存储提供的访问类型和访问手段也不同,用户可以通过客户端访问或者 Web 端登录访问云端等。

2. 云存储的特征

一个完整的云存储系统应该具备如下几个特征:

(1) 高扩展性与高性能:存储需求最近几年呈指数级增长,针对文件内容和文件元数据无缝且快速地伸缩是必要的。传统储存系统通常将文件数据及其元数据存储在同一个文件系统中,并且大多数时候储存在相同的物理设备上。一些现代分布式系统,为了提升扩展性和性能,将元数据分开存储在一个或多个元数据服务器中。然而,其中的大多数系统在高并发访问率的情况下仍然会遭遇瓶颈。一个拍字节级文件系统将包含上十亿条元数据记录,消耗太字节级或更多的存储空间。因此,合理、高效的元数据管理是确保云存储系统具备扩展性与高性能的至关重要条件。

(2) 数据持久性:相对于硬件故障与无法预测的灾难,更为常见的是用户人为的操作错误,即数据无意地删除或重写。因此,云存储系统应具有冗余、版本控制、恢复机制等,以确保数据的持久性和可用性。

(3) 支持多种价格模型:传统软件价格模型是一次付费终身使用。云存储资源作为一种公用基础资源,类似电力和水,其价格模型应采用按需付费、按月租付费等多种方式。与价格模型相匹配,云存储系统还需要一套高效的监控框架,记录所有资源的使用状况,包括网络数据传输、I/O 请求、存储数据量(文件内容和文件元数据)和用于计算的资源消耗。

(4) 安全模型:安全模型用于保证存储的文件能够在正确的时间、正确的地点被正确的人访问,并且在保证性能的同时提供适当且准确的安全控制。

(5) 互操作性:互操作性是指数据可以从一个云转移到另一个云。由于目前没有一个统一的标准,云存储供应商间的互操作难以实现。相似的问题还出现在传统文件系统中的应用迁移到云的过程之中。理想的云存储系统必须提供一个抽象、易用的支持互操作的中间层,并能以最小的支撑和开发代价提供云互操作服务。

6.6.5 云存储的应用

不同用户使用云存储服务的目的不同,存储文件的大小和格式也不同。一些用户使用云来存储大的音视频文件,一些用户则使用云来存储大量相对较小的文件。不同的使用目的形成访问存储文件方式的多样性。文件本身的一些自然属性,如大小、格式和访问方式等,也是影响云存储服务质量的主要因素。对于未来的云存储,主要应用领域如下:

(1) 计算存储:大量科学界和企业界的应用对计算和数据的需求越来越多。数据密集型和I/O密集型的应用,例如生物信息学分析和日志处理,需要太字节级的存储数据和频繁的I/O操作。对于这类应用,要想获得全局的性能提升,通常需要云存储系统提供与数据级规模相当的处理能力。Amazon 弹性 MapReduce 服务采用运行在 Amazon EC2 基础设施之上的 hadoop 框架。该框架可以通过设置计算任务、处理存储在 Amazon S3 上的数据来提供按需服务。

(2) 小文件存储:许多大型电子商业公司和社交网站存储了大量的小文件,这些文件大多是图像文件,并且数量在持续不断增长。每1s,都会有大量用户请求这些文件。由于小文件的元数据相对于文件本身占用更多空间,因此对小文件的大量并发访问将导致对元数据的不断查询,进而造成过度和冗余的I/O操作。这种情况最容易造成系统瓶颈。

(3) 元数据操作密集型存储:元数据是描述数据文件的数据。通常,元数据包括事件的时间、作者姓名、位置信息和标题等。各种科学实验的相关信息,如实验环境的温度、湿度等其他一些数据,都可以作为实验文件的元数据,且已经成为文件存储中不可分割的一部分。对于元数据密集型存储的应用,元数据的精确标识和对元数据查询的支持将给存储的原文件带来较大的附加值,并确保分析和计算能够正确高效地进行。但是大多数存储系统不具备对元数据进行高效搜索的能力,特别是对用户定义的元数据。云存储服务的著名厂商如 Amazon S3、CloudFiles 和 GoogleCloudStorage 也仅提供对对象数据的存储服务。目前已经有一些元数据索引和搜索服务的研究在开展。

当前的有效工作主要集中在一些常见领域的云存储系统上,还有更多的新领域有待研究。通常来说,构建适合不同领域的通用云存储系统比较困难。然而,通过对成功应用到某些领域的存储系统进行研究,分析它们共同的特点和面临的问题,可以构建一个通用性较强、适应领域较宽的云存储服务系统,满足不同用户的需求。

第7章　分布式文件系统及计算技术

7.1　分布式文件系统

分布式文件系统(Distributed File System,DFS)是指文件系统管理的物理存储资源不一定直接连接在本地节点上,而是通过计算机网络与节点相连,也就是集群文件系统,可以支持大数量的节点以及拍字节级的数量存储。

分布式文件系统,在整个分布式系统体系中处于最低层、最基础的地位,分布式文件系统为大规模计算平台和数据库系统提供了基础服务。分布式文件系统,顾名思义,就是分布式+文件系统。它包含这两个方面的内涵,从文件系统的客户使用的角度来看,它就是一个标准的文件系统,提供了一系列API,由此进行文件或目录的创建、移动、删除,以及对文件的读写等操作。从内部实现来看,分布式的系统则不再和普通文件系统一样负责管理本地磁盘,它的文件内容和目录结构都不是存储在本地磁盘上,而是通过网络传输到远端系统上,并且,同一个文件存储不只是在一台机器上,而是在一簇机器上分布式存储,协同提供服务。

7.1.1　GFS

为了满足Google迅速增长的数据处理需求,Google设计并实现了GFS。GFS与过去的分布式文件系统拥有许多相同的目标,例如性能、可伸缩性、可靠性以及可用性。然而,它的设计还受到Google应用负载和技术环境的影响,Google重新审视了传统文件系统在设计上的折中选择,衍生出了完全不同的设计思路,主要体现在以下四个方面:

(1) 集群中的节点失效是一种常态,而不是一种异常。由于参与运算与处理的节点数目非常庞大,通常会使用上千个节点进行共同计算,因此,每时每刻总会有节点处在失效状态。需要通过软件程序模块,监视系统的动态运行状况,侦测错误,并且将容错以及自动恢复系统集成在系统中。

(2) Google系统中的文件大小与通常文件系统中的文件大小概念不一样,文件大小通常以吉字节计。另外文件系统中的文件含义与通常文件不同,一个大文件可能包含大量数目的通常意义上的小文件。所以,设计预期和参数,例如I/O操作和块尺寸都要重新考虑。

(3) Google文件系统中的文件读写模式和传统的文件系统不同。在Google应用(如搜索)中对大部分文件的修改,不是覆盖原有数据,而是在文件尾追加新数据。对文件的随机写是几乎不存在的。对于这类巨大文件的访问模式,客户端对数据块缓存失去了意义,追加操作成为性能优化和原子性(把一个事务看作是一个程序。它要么被完整地执行,要么完全不执行)保证的焦点。

(4) 文件系统的某些具体操作不再透明,而且需要应用程序的协助完成,应用程序和文件系统 API 的协同设计提高了整个系统的灵活性。例如,放松了对 GFS 一致性模型的要求,这样不用加重应用程序的负担,就大大简化了文件系统的设计。还引入了原子性的追加操作,这样多个客户端同时进行追加的时候,就不需要额外的同步操作了。

总之,GFS 是为 Google 应用程序本身而设计的。Google 已经部署了许多 GFS 集群。有的集群拥有超过 1000 个存储节点,超过 300TB 的硬盘空间,被不同机器上的数百个客户端连续不断地频繁访问着。图 7-1 为 Google 在某处部署的数据中心。

图 7-1 Google 数据中心 GFS 集群

7.1.2 HDFS

Hadoop 分布式文件系统 HDFS 被设计成适合运行在通用硬件上的分布式文件系统。它和现有的分布式文件系统有很多共同点。但同时,它和其他的分布式文件系统的区别也是很明显的。HDFS 是一个高度容错性的系统,适合部署在廉价的机器上。HDFS 能提供高吞吐量的数据访问,非常适合大规模数据集上的应用。

HDFS 以流式数据访问模式来存储超大文件,运行于商用硬件集群上。HDFS 的构建思路是这样的:一次写入、多次读取是最高效的访问模式。数据集通常由数据源生成或从数据源复制而来,接着长时间在此数据集上进行各类分析。每次分析会涉及该数据集的大部分数据甚至全部,因此读取整个数据集的时间延迟比读取第一条记录的时间延迟更重要。

Hadoop 并不需要运行在昂贵且高可靠的硬件上。对于庞大的集群来说,节点故障的概率还是非常高的。HDFS 被设计成在遇到故障时能够继续运行且不让用户察觉到明显的中断。同时,商用硬件并非低端硬件。低端机器故障率远高于更昂贵的机器。当用户管理几十台、上百台,甚至几千台机器时,便宜的零部件故障率更高,导致维护成本更高。

HDFS 是为高数据吞吐量应用优化的,这可能会以高时间延迟为代价。目前,对于低延迟的数据访问需求,HBase 是更好的选择。

7.1.3 Lustre

Lustre 是由 Peter Braam 博士于 1999 年发起的开源项目,其目的是设计一个面向下一代的高性能、高扩展、高可用的基于对象存储的集群文件系统。Lustre 采用了元数据和存储数据相分离的技术，可以充分分离计算和存储资源，使得客户端计算机可以专注于用户和应用程序的请求；存储服务器和元数据服务器专注于读、传输和写数据。Lustre 使用了 Sandia 开放的 Portals 网络传输协议，支持多种网络，如 GigE、QSW Elan、Myrinet、InfiniBand、TCP/IP 等。它实现了分布式锁管理器，为文件访问提供细粒度的并发控制。基于分布式锁管理器，它还实现了客户端数据写回缓冲。Lustre 通过 failover 机制以及自身的恢复协议，采用双服务器共享存储设备方式的容错机制来消除单点失效，并进行透明恢复，提高了系统的可用性。

在 Lustre 文件系统中，客户端和服务器通过 Lustre 提供 mount 命令即可加入存储集群，可以方便地对 Lustre 集群进行快速配置部署，同时新增的存储容量可以自动合并到存储系统中，还提供数据存储服务器的对象分配的自动均衡技术和静态的数据迁移功能，具有很好的扩展性和易管理性。

Lustre 具有以下优势：

（1）Lustre 是一个开源的文件系统，支持绝大多数 HPC 高速网络类型，具有已经证实的高扩展性和性能，受到很多高性能计算厂商和用户的支持。

（2）Lustre 是一个纯软件存储解决方案，可以基于廉价的 SATA 磁盘驱动器构建超大规模存储集群，不需要专门的硬件支持，具有成本上的优势。

7.1.4 Ceph

Ceph 分布式文件系统主要由四个组件组成：

（1）客户端，每一个实例向一个主机或进程暴露一个文件系统接口。

（2）一个对象存储设备（Object Storage Device，OSD）集群，它们协同工作，用来存储所有数据和元数据，同时负责处理数据复制、故障恢复与负载平衡，OSD 节点还会向 Monitor 节点提供心跳信息以供其他 OSD 节点检测其状态。

（3）一个元数据集群（Metadata Server，MDS），用来管理名字空间（文件名和目录结构），同时协调数据的安全性、一致性和连贯性，Ceph 元数据服务器为 POSIX 文件系统用户执行像 ls、find 等基本操作提供了可行性。

（4）一个 Monitor 集群，它是一个轻量级结构，负责管理集群的成员状态，当对象存储设备发生故障或者新的设备添加到集群时，Monitor 负责检测和维护一个有效的集群映射。之所以说 Ceph 的接口是 near－POSIX 的，是因为它非常适合扩展接口，并且可以选择相对宽松的一致性语义，从而使应用需求和高性能之间达成更好的一致性。

Ceph 架构设计的首要目标是高可扩展性（系统存储量达到数百拍字节级别以上）、高性能和高可靠性。扩展性需要考虑很多方面，需要兼顾系统整体的存储能力、吞吐量，以及客户端、独立的目录以及文件的性能表现。Ceph 文件系统目标负载包括这样十分极端的例子——数百数千个主机并行地读取同一个文件或在同一个目录下创建文件。这种情况在运行于超级计算集群上的科学应用比较常见，同时也预示着未来普遍的负载目标。更重要的是，应用对数据和元数据的访问有很大差异，而且分布式文件系统的工作负载的本质是动态的，随着时间不断变化。Ceph 同时解决了关于扩展性方面的三个问题：动态分布式的元数据管理、解耦数据和元数据，以及可靠自治的分布式对象存储。

7.2 Map - Reduce(映射 - 规纳)

7.2.1 Map - Reduce 概述

在过去的几年中,Google 设计了上百个用于处理海量数据的应用程序,用来对不同数据进行计算,例如爬虫对每个主机的网页量的采集、限定时间的常用查询等。但是应用程序需要处理的数据规模变得越来越大,为了能在合理的时间内进行数据运算,需要把计算任务分布到成百上千台计算机上并行处理。当综合考虑并行计算、数据分布存储以及容错能力等因素时,原本简单的问题变得异常复杂,而 Map - Reduce 编程模型可以很好地解决这些问题。

Map - Reduce 整个框架会负责任务的调度和监控,以及重新执行已经失败的任务。基于该框架设计出来的应用程序可以在由上千台计算机组成的大型集群上运行,并且以可靠的并行方式处理海量规模的数据集。

通常,分布式文件系统 HDFS 和 Map - Reduce 计算框架运行在一组相同的节点之上,也就是说,计算节点和存储节点通常在一起。这种配置允许框架在那些已经存好数据的节点上高效地调度任务,这可以高效地利用整个集群的网络带宽。Map - Reduce 框架由一个单独的主节点工作追踪器(Master Job Tracker)和集群节点上所有从节点作业追踪器(Slave Task Tracker)共同组成。主节点负责调度构成一个作业的所有任务,这些任务分布在不同的从节点上,主节点监控它们的执行及重新执行已经失败的任务,而从节点仅负责执行由主节点指派的任务。

Map - Reduce 是一种处理和产生大规模数据集的编程模型,程序员在 Map 函数中指定对各分块数据的处理过程,在 Reduce 函数中指定如何对分块数据处理的中间结果进行归约。用户只需要指定 Map 和 Reduce 函数来编写分布式的并行程序。当在机群上运行 Map - Reduce 程序时,程序员不需要关心如何将输入的数据分块、分配和调度,同时系统还将处理集群内节点失败以及节点间通信的管理等。

Map - Reduce 执行流程包括以下步骤:

(1) Master 把输入文件分成 M 份,通常 $16M \sim 64M$ 每份。

(2) Master 选择处于空闲状态的 Worker,分配一份给他,此时 Worker 的角色是 Map Worker,分配的过程很简单,就是把这个任务块传输到 Worker 上。

(3) Map Worker 拿到任务后读取任务的内容,解析出 Key/Value 键值对,这些中间结果开始是存在 Worker 的内存里面,周期性地写到 Map Worker 的本地磁盘上。但是 Map Worker 产生的中间结果不是写在一个文件里,而是由 Partition Function 分割成 R 个中间文件,尽量把相同 Key 的 Key/Value 对写在一个中间文件里。

(4) 当 Map 完成任务以后,会把这些 Partition 文件在本地磁盘中的位置通知 Master。

(5) Master 接到任务完成的消息后,寻找空闲状态的 Worker,通知他去 Reduce,此时的 Worker 就是 Reduce Worker(值得注意的是刚刚完成任务的 Map Worker 可能会担当 Reduce Worker 的角色),Reduce Worker 通过 RPC 读取 Map Worker 磁盘上的中间文件到本地磁盘,读完之后,Reduce Worker 对其进行排序,如果中间文件太大,就要用外部排序。

Master 并不是随便找一个 Worker 来做 Reduce 的,尽量让一个 Reduce Worker 做包含同样 Key 的 Partition 文件。例如:Map Work1 包含 *R* 个 Partition 文件,Key 为 K1,K2,…,K*R*,Master 会把所有 Map Works 产生的 Partition 文件含有 *K*1 的尽量交给同一个 Reduce Worker,当然这里面也有个负载平衡的问题。

(6) Reduce Worker 把合并后的结果写入一个文件,因为一个 Reduce Worker 尽量处理同一个 Key 的 Partition 文件,所以当 Reduce Worker 合并完成之后,所有包含这个 Key 的结果都在这个文件里了。

(7) Reduce Worker 把合并的结果传回 Master。

(8) 当所有的 Reduce Workers 都完成之后,Master 得到了 *R* 个结果文件(每个 Reduce Worker 一个),唤醒用户进程,把 *R* 个结果文件交给客户程序。

7.2.2 使用 Map - Reduce 算法

正如其名字所表述的那样,Map - Reduce 的概念来源于函数式编程,其编程模型也借鉴了函数式编程。本节将从 Map 和 Reduce 操作的详细定义以及一个具体的案例来介绍 Map - Reduce 的编程模型。

很容易理解,一个完整的 Map - Reduce 操作过程被分解成了一个 Map 操作和一个 Reduce 操作,如表 7 - 1 所列。

表 7 - 1 Map - Reduce 操作说明

操作	输入	输出	说 明
Map	< K1,V1 >	List(< K2,V2 >)	① 将小数据集进一步解析成一批 < Key, Value > 对,输入 Mapper 中进行处理; ② 每一个输入的 < K1, V1 > 会输出一批 < K2, V2 >,其中 < K2, V2 > 是计算的中间结果
Reduce	< K2,List(V2) >	< K3,V3 >	输入的中间结果 < K2,List(V2) > 中的 List(V2)表示是一批属于同一个 K2 的 Value

以一个计算文本文件中每个单词出现的频数的程序为例,< K1,V1 > 可以是 < 行在文件中的偏移位置,文件中的一行 >,经 Map 函数映射之后,形成一批中间结果 < 单词,出现次数 > 对,而 Reduce 函数继续对中间结果进行处理,将相同单词的出现次数进行累加,得到每个单词的总的出现次数。

简单说来,一个 Map 映射函数就是对一些独立元素组成的概念上的列表(例如,一个测量体重的列表)的每一个元素进行指定的操作。例如,所有被测量的体重都被低估了 1kg,那么可以定义一个"+1"的映射函数,用来改正这个错误。事实上,每个元素都是被独立操作的,而原始列表并没有发生变化,原因是这里通过创建了一个新的列表来保存新的结果。也就是说,高度并行的 Map 操作对性能要求高的应用程序来说是个很好的解决思路,也可以在并行计算领域中得到广泛应用。

化简操作指的是将一个列表中的元素进行适当的合并。结合上面提到的例子,如果想得到所有人的平均体重该怎样处理呢? 这里可以先定义一个化简函数,通过把列表中的偶数(even)或奇数(odd)元素同自己相邻的元素进行相加使列表长度减半,如此递归运算直至列表中只剩下一个元素,然后用该元素除以总人数,这样就得到了所有人的平均体重。虽然化简操作不如映射函数那么高效,但化简总是可以得到一个简单的答案,由于大规模的运算相对独立,所以化简函数在高度并行的环境下表现也很出色。

基于 Map - Reduce 计算模型编写分布式并行程序很简单,程序员主要的编码工作就是实现 Map 操作和 Reduce 操作,其他的并行编程中的种种复杂问题,如分布式存储、工作调度、负载平衡、容错处理、网络通信等底层的问题,均由 Map - Reduce 框架(如 Hadoop)负责处理,把程序员从底层的细节中解放出来。

7.2.3 编程模型示例

本节通过一个词频统计的简单例子介绍 Map - Reduce 的算法思路。

如果有个需求需要统计过去 3 年关于大数据的论文中出现最多的几个单词,那么会有如下几个实现思路:

(1) 方法一:写一个小程序,把所有论文按顺序遍历一遍,统计每一个遇到的单词的出现次数,最后就可以知道哪几个单词出现次数最多了。这种方法在数据集比较小时,是非常有效的,而且实现最简单,用来解决这个问题很合适。

(2) 方法二:写一个多线程程序,并发遍历论文。这个问题理论上是可以高度并发的,因为统计一个文件时不会影响统计另一个文件。对于多核计算机来说,方法二肯定比方法一高效。但是写一个多线程程序要比方法一困难多了,需要应用程序开发人员谨小慎微地控制多线程的并发与同步。

(3) 方法三:把作业交给多个计算机去完成。可以使用方法一的程序,部署到 N 台机器上去,然后把论文集分成 N 份,一台机器跑一个作业。这个方法跑得足够快,但是部署起来很麻烦,要人工把程序 copy 到别的机器,要人工把论文集分开,最痛苦的是还要把 N 个运行结果进行整合(当然也可以再写一个程序)。

(4) 方法四:使用 Map - Reduce 算法。Map - Reduce 本质上就是方法三,但是如何拆分文件集,如何 copy 程序,如何整合结果这些都是框架定义好的。只要定义好这个任务(用户程序),其他都交给 Map - Reduce。

Map 函数和 Reduce 函数是交给用户实现的,这两个函数定义了任务本身。

Map 函数:接受一个键值对(key - value Pair),产生一组中间键值对。Map - Reduce 框架会将 Map 函数产生的中间键值对里键相同的值传递给一个 Reduce 函数。

Reduce 函数:接受一个键,以及相关的一组值,将这组值进行合并产生一组规模更小的值(通常只有一个或零个值)。

```
map(String key,String value):
    // key: document name
    // value: document contents
    for each word w in value:
        EmitIntermediate(w,"1");
reduce(String key,Iterator values):
    // key: a word
    // values: a list of counts
    int result = 0;
```

```
        for each v in values:
            result + = ParseInt(v);
        Emit(AsString(result));
```

统计词频的 Map - Reduce 函数的核心代码非常简短,主要就是实现这两个函数。

在统计词频的例子里,Map 函数接受的键是文件名,值是文件的内容,Map 逐个遍历单词,每遇到一个单词 w,就产生一个中间键值对 <w,"1">,这表示单词 w 又找到了一个;Map - Reduce 将键相同(都是单词 w)的键值对传给 Reduce 函数,这样 Reduce 函数接受的键就是单词 w,值是一串"1"(最基本的实现是这样,但可以优化),个数等于键为 w 的键值对的个数,然后将这些"1"累加就得到单词 w 的出现次数。最后这些单词的出现次数会被写到用户定义的位置,存储在底层的分布式存储系统(GFS 或 HDFS)。

7.2.4 Map - Reduce 工作原理

图 7 - 2 是 Map - Reduce 的流程图。一切都是从最上方的 user program 开始的,user program 链接了 Map - Reduce 库,实现了最基本的 Map 函数和 Reduce 函数。图中执行的顺序都用数字标记了。

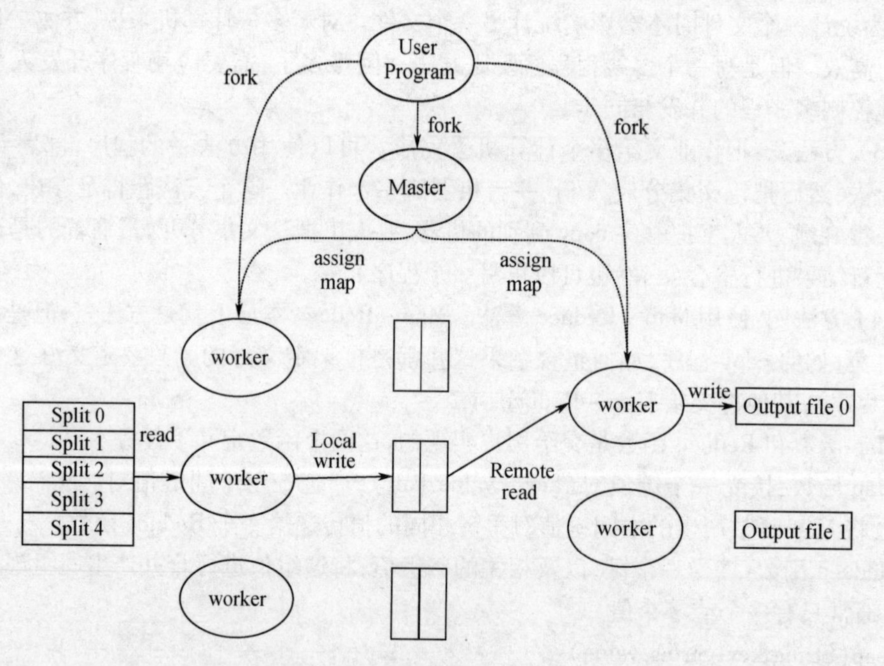

图 7 - 2 Map - Reduce 流程图

Input:文件; Map:阶段; Intermediate:文件; Reduce:阶段; Output:文件。

Map - Reduce 库先把 user program 的输入文件划分为 M 份(M 为用户定义),每一份通常有 16MB 到 64MB,如图 7 - 2 左方所示分成了 split0 ~ 4;然后使用 fork 将用户进程拷贝到集群内其他机器上。

user program 的副本中有一个称为 Master,其余称为 Worker,Master 是负责调度的,为空闲 Worker 分配作业(Map 作业或者 Reduce 作业),Worker 的数量也是可以由用户指定的。被分配了 Map 作业的 Worker,开始读取对应分片的输入数据,Map 作业数量是由 M

决定的，和 split 一一对应；Map 作业从输入数据中抽取出键值对，每一个键值对都作为参数传递给 Map 函数，Map 函数产生的中间键值对被缓存在内存中。

缓存的中间键值对会被定期写入本地磁盘，而且被分为 R 个区，R 的大小是由用户定义的，将来每个区会对应一个 Reduce 作业；这些中间键值对的位置会被通报给 Master，Master 负责将信息转发给 Reduce Worker。

Master 通知分配了 Reduce 作业的 Worker 它负责的分区在什么位置（肯定不止一个地方，每个 Map 作业产生的中间键值对都可能映射到所有 R 个不同分区），当 Reduce Worker 把所有它负责的中间键值对都读取过来后，先对它们进行排序，使得相同键的键值对聚集在一起。因为不同的键可能会映射到同一个分区也就是同一个 Reduce 作业（谁让分区少呢），所以排序是必须的。

Reduce Worker 遍历排序后的中间键值对，对于每个唯一的键，都将键与关联的值传递给 Reduce 函数，Reduce 函数产生的输出会添加到这个分区的输出文件中。

当所有的 Map 和 Reduce 作业都完成了，Master 唤醒正版的 user program，Map - Reduce 函数调用返回 user program 的代码。所有执行完毕后，Map - Reduce 输出放在了 R 个分区的输出文件中（分别对应一个 Reduce 作业）。用户通常并不需要合并这 R 个文件，而是将其作为输入交给另一个 Map - Reduce 程序处理。整个过程中，输入数据是来自底层分布式文件系统（GFS）的，中间数据是放在本地文件系统的，最终输出数据是写入底层分布式文件系统（GFS）的。而且我们要注意 Map/Reduce 作业和 Map/Reduce 函数的区别：Map 作业处理一个输入数据的分片，可能需要调用多次 Map 函数来处理每个输入键值对；Reduce 作业处理一个分区的中间键值对，其间要对每个不同的键调用一次 Reduce 函数，Reduce 作业最终也对应一个输出文件。

7.2.5 Map - Reduce 容错性

Map - Reduce 库的设计目标是帮助成百上千台这样巨大数量的机器进行处理，所以 Map - Reduce 库必须拥有非常好的容错性，下面分别对 Worker 的容错性、Master 的容错性、语义层面的容错性进行描述。

1. 对 Worker 的容错性

Master 将定期 ping 每一个 Worker。如果在一定的时间内没有从一个 Worker 那里收到响应，Master 则认为该 Worker 出错了，并进行出错标记。任何由该 Worker 完成的 Map 任务将会被重置到初始的未完成状态，并将这些任务调度给其他的 Worker。同样地，任何在进行中的 Map 任务或 Reduce 任务也将由于 Worker 的任务失败被复位闲置，成为调度给其他 Worker 的备选任务。

即使是完成了的 Map 任务，也将被重置为失败并被重新执行，主要原因是它们的输出都存储在本地磁盘上，而失败的机器却无法被其他机器访问。值得注意的是，完成的 Reduce 任务并不需要被重新执行，因为他们的输出是在一个全局的文件系统中。

假如一个 Map 任务首先是由 Worker A 执行（假设 Worker A 发生了错误），然后由 Worker B 执行，所有执行 Reduce 任务的 Worker 都将会收到此任务被再执行的通知。所有还没有从 Worker A 中读取数据的 Reduce 任务，将会从 Worker B 中读取其所需要的数据。

Map - Reduce 框架具有抵御大规模 Worker 失败的能力。例如,在 Map - Reduce 运行的过程中,网络上正在运行群集维护,可能会造成 90 组机器长达十几分钟的不可达状态。Map - Reduce 的 Master 只需安排无法访问的 Worker 机器上所做的工作重新执行,并继续按既定的方案去执行相关操作,最终仍然可以顺利完成 Map - Reduce 操作。

2. 对 Master 的容错性

如上所述,如果 Master 使用上面所述的 Master 数据结构,设置定期的检查点将是一件很容易的事情。如果 Master 在执行任务的时候出错,只需从最后一个检查点的状态开始一个新的 Master 实例即可。不过,由于只有一个 Master,其失败的可能性不大,因此,在目前大部分时间中,如果 Master 失败,用户可以终止 Map - Reduce 执行,并检查当前状态,然后重试 Map - Reduce 操作。

3. 语义层面的容错性

如果用户提供的 Map 和 Reduce 操作的输入值是确定的,我们的分布式实现所产生的输出应该和未经过失败的重新执行那样顺序执行所输出的结果是一致的。

我们利用 Map 和 Reduce 任务输出的自动提交的这一性质来达到目的。每个在工作中的任务都把它们的运行结果输出到它们各自的临时文件中。Reduce 任务将输出到一个这样的文件中,而 Map 任务将输出到 R 个这样的文件中(每个文件分别为一个 Reduce 任务而准备)。当一个 Map 任务完成后,Worker 将消息发送给 Master,并把这 R 个临时文件的名称包含在消息中。如果 Master 重复接收到一个 Map 任务的完成消息,则自动忽视重复的消息。否则,它将这 R 个文件的名称记录在 Master 数据结构中。

当一个 Reduce 任务完成后,Reduce Worker 将自动重新命名临时输出文件名为最后的输出文件名。如果相同的 Reduce 任务在多台计算机上执行,多个重命名请求将对相同的最终执行输出文件进行重命名。我们依靠由底层文件系统提供的自动重命名操作来保证最终的文件系统状态仅包含一个 Reduce 任务执行所产生的数据。

绝大多数 Map 和 Reduce 操作的输出都是确定的。事实上,我们的语义等价于在顺序执行的情况,这使得程序员要了解他们的程序的行为是否合适是非常容易的。当 Map 或 Reduce 操作具有非确定性特征时,我们只能提供较弱但仍然合理的语义。当有不确定性操作存在的时候,一个特定的 Reduce 任务 R1 的输出相当于 R1 是由一个非确定性程序序列顺序执行产生的输出。但是,一个不同的 Reduce 任务 R2 的输出可能却和另一个非确定性程序序列顺序执行而生产的输出相同。

考虑 Map 任务 M 和 Reduce 任务 R1 和 R2。设 e(Ri)表示提交的任务 Ri 的执行过程(恰好有一个这样的执行过程)。这时较弱的语义问题就出现了:因为 e(R1)的输入可能是第一次 M 执行的结果,e(R2)的输入则是第二次 M 执行的结果。

7.3 云计算技术

7.3.1 云计算提供的服务

云计算本质上等同于网络,并对网络中分布的相关资源协同操作,统一调度与管理,计算任务在集群中分布并行处理。通过云计算提供的服务模式有软件即服务(Software as a Service，SaaS）、平台即服务（Platform as a Service，PaaS）、基础实施即服务（Infrastructure as a Service，IaaS），如图 7－3 所示。

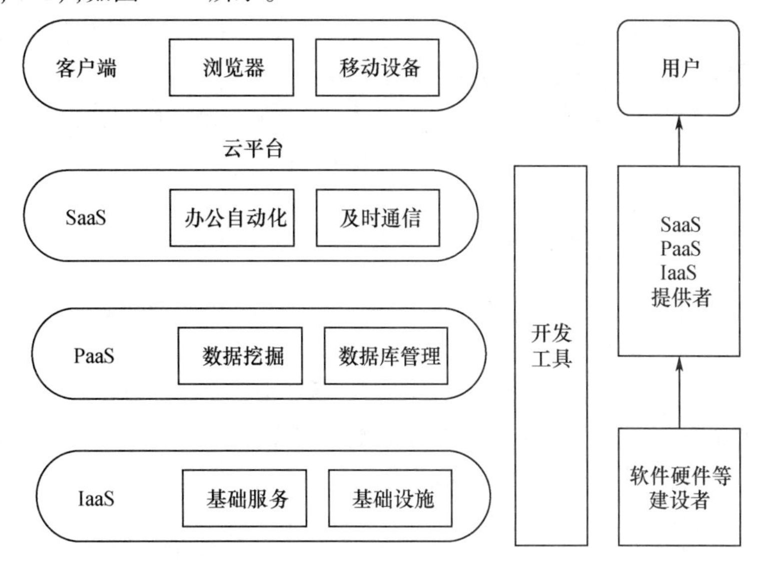

图 7－3　云计算的服务模式

SaaS，软件作为服务，在云基础设施上构建各种软件应用服务，云服务提供者管理维护软件，而用户只需要根据自身的需求租用云软件即可。

PaaS，平台作为服务，将一个开发平台作为服务提供给用户，用户可以借助云服务所提供的编程语言和开发工具实现应用开发。

IaaS，基础设施作为服务，用户不仅可利用基础设施提供的存储服务，还可利用该设施提供的计算服务来满足自身需求。

7.3.2　云集群关键技术

云计算是以数据为中心的移动计算，作为新计算模式，主要涉及以下关键技术。

1. 虚拟化技术

云虚拟化技术，是指计算资源基于虚拟化的平台，降低虚拟机软件资源消耗，更易部署在其他操作系统。虚拟化技术集中各种软件、服务、存储及网络设备于一体，提供给用户的服务实质上都属于虚拟化服务。如果想要在云上构建各种服务及应用，均需以虚拟化技术作为基础。

2. 分布式存储与并行处理技术

云计算系统由大量的服务器构成，分布式地存储与并行处理数据，通过数据的冗余备份机制，有效提高数据存储可靠性。云计算将一个总作业任务划分为多个子任务，子任务的分布并行处理能够充分利用云计算的优势。

3. 数据管理技术

云计算数据管理方法区别于传统的关系数据库，其能够准确地在海量数据中定位所需数据，但是 SQL 数据库接口不可以直接移植到云管理系统中，目前 Hadoop 云平台子项目分布式数据库 HBase 和数据仓库 Hive 为云数据管理提供类似数据库和类 SQL 的接口。

4. 云平台管理技术

由于云计算所需要的计算资源非常巨大且呈分布特性,有序地协调管理控制这些计算资源与提供高效的服务是非常困难的,而云平台管理技术通过其自身的管理体系协调各个服务器,保证云平台系统可靠有效地运行。

7.4 Hadoop

7.4.1 Hadoop 原理概述

Hadoop 作为可有效应对大规模数据的分布式软件平台,是由 Apache 软件组织根据 Google 公司开发的文件系统(GFS)和并行模型 Map - Reduce 而研发的开放源代码软件架构,可部署在通用廉价的硬件集群,由社区维护且所有用户均可无偿使用和修改。

Hadoop 具有几个特点:在计算任务和数据存储失效的情形下,可管理若干备份的数据副本,并重新分配调度失败的任务或者节点中存储的数据,具有可靠性;可以并行化的方式进行数据计算,具有高效性;可处理达到太字节或拍字节数量级的大规模数据,通过并行编程模型 Map - Reduce 提供的应用函数接口,程序开发的底层细节对用户透明化。

随着越来越多的程序贡献者加入社区,Hadoop 不断完善形成一个强大的生态系统,如图 7 - 4 所示。

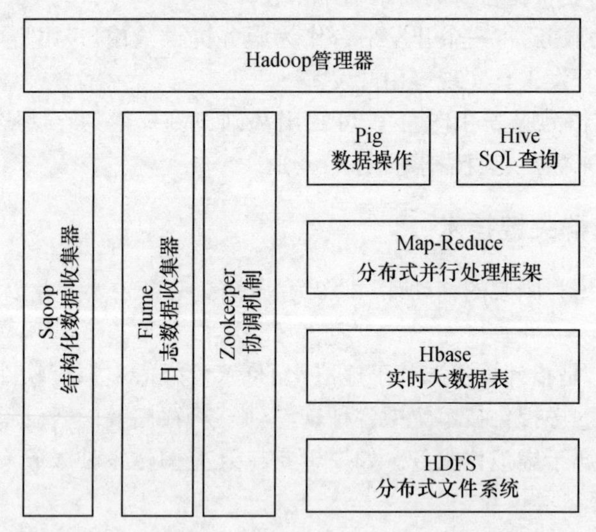

图 7 - 4 Hadoop 的生态系统

开源 Hadoop 平台的数据管理与计算,首先是基本的数据存储技术即分布式文件存储系统 HDFS,然后是基于 HDFS 数据存储的并行化编程模型 Map - Reduce,管理模式采用主节点与从节点架构模式,主节点中运行名字节点 NameNode、副名字节点 Secondary NameNode以及作业监视服务 JobTracker 三个主要进程,各从节点运行数据节点服务 DataNode和任务监视服务 TaskTracker 两个主要进程。Hadoop 的主从架构体系结构如图 7 - 5所示。

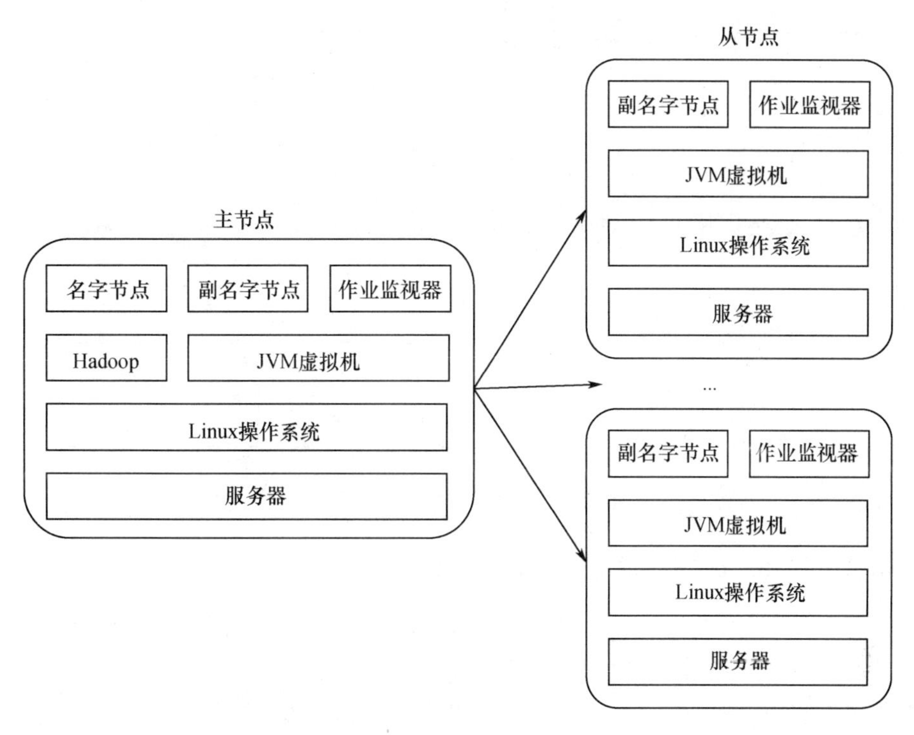

图 7－5　Hadoop 主从架构

开源 Hadoop 平台因其诸多优点而得到普遍应用，总结其主要优势如下：

（1）经济性。Hadoop 平台的部署不需要昂贵的大型服务器，可以在若干普通廉价计算机构成的集群中部署。

（2）高扩展性。Hadoop 平台的可扩展性既包括存储的扩展性又包括计算的扩展性，可以容易地扩展成大规模集群。

（3）高可靠性。Map－Reduce 模型的安全监控和文件系统 HDFS 的数据块冗余备份，实现数据处理的高可靠性。

（4）高效性。Hadoop 可以根据集群数据节点的存储情况动态地在节点间移动数据，保持整个集群的平衡，HDFS 可以高效地实现数据存储，Map－Reduce 实现基于 HDFS 的高效并行处理。

（5）高容错性。数据存储到 HDFS 时会被切分成若干数据块，并对数据块复制实现多个数据节点冗余存储。当存储该数据块的节点故障时，可从其他节点获取该数据块；某些 Map－Reduce 执行失败的子任务被重新分配执行。

Hadoop 平台最大的优点是：程序开发者及用户可在不了解或者了解一点点 Hadoop 平台分布式系统底层功能细节的情况下，基于 Hadoop 平台开发分布式应用程序。Hadoop 平台充分利用集群组合的威力对需要处理的大规模数据进行任务分割、高速运算、数据存储、并行计算和归约处理。

随着云计算技术的发展，如今，Hadoop 平台正在逐步演变成一种功能强大的分布式资源管理器，它是数据处理、分析和挖掘的一个广泛、通用、开源的功能强大的操作系统。基于 Hadoop 平台，广大用户可更加方便快速地将不同类型的数据操作和分析处理投入到 Hadoop 分布式存储系统中来运算执行。图 7－6 为 Hadoop 平台的分布式文件系统架构图。

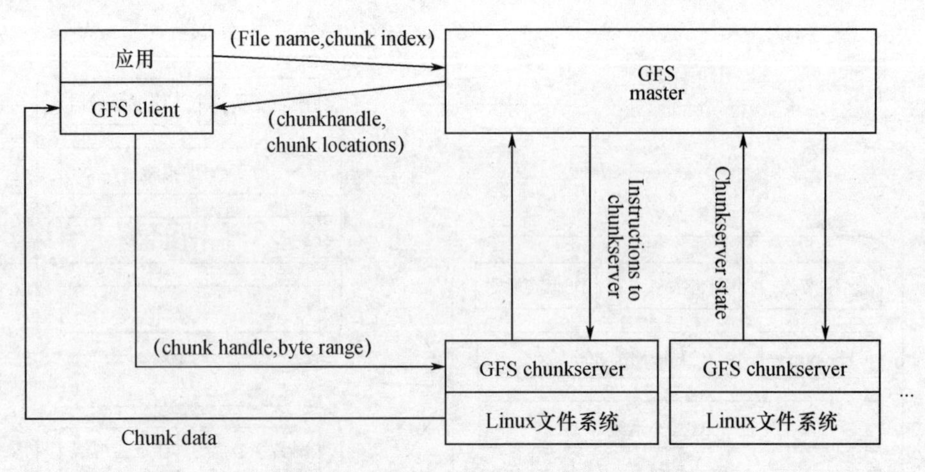

图 7-6 Hadoop 分布式文件系统架构图

7.4.2 Hadroop 的 HDFS 文件系统

HDFS 是运行在集群或者服务器等通用硬件上的存储数据的分布式文件系统,实现了对 Hadoop 平台要处理的数据文件的分布式存储。HDFS 提供了一个解决高度容错性、高可扩展性、高吞吐量、使用低成本存储和服务器构建的海量数据处理及存储方案。目前,HDFS 已经在政府、企业及需要提供各种大型在线服务和大型存储系统的商业机构中得到非常广泛的应用,同时 HDFS 广泛借鉴并实现了 Google 系统的 GFS 分布式文件系统的理论思想使其非常适用于各种并行分布式海量数据的处理,并且 HDFS 又是一种与应用相关的、可扩展的、可自我修复的分布式文件系统,已经成为各大在线服务公司海量数据存储的标准,多年来为广大客户提供了可靠、高效的服务。

随着互联网及各种商业信息系统数据存储技术的飞速发展,大规模的数据信息既需要安全可靠的存储,同时还需要能被大量的用户和使用者便捷、快速地进行存储和访问。然而,传统数据存储解决方案的系统架构已经很难适应大数据时代的海量数据处理业务的发展,已经成为制约各大企业对商业数据挖掘与分析业务发展的瓶颈。HDFS 是通过一个开源、高效的分布式计算算法,将需要存储和访问的数据分布到大量计算机节点之中,同时在可靠的服务器中进行数据备份存储,同时还能将数据访问分散到集群中的各个计算机节点之上,是对传统在线信息系统存储架构的一个颠覆性的发展。

Hadoop 的 HDFS 存储数据,由名字节点 NameNode 和数据节点 DataNode 构成的主/从架构模式集群,能够被客户端 Client 访问。其具有高容错性、高可靠性、高扩展性、高吞吐性,数据处理可达到太字节甚至拍字节级等特征,可为大数据提供不怕故障的存储及高吞吐量的数据访问。

HDFS 在一台专用的节点上运行主服务名字节点 NameNode,主要负责管理元数据,管理集群系统的活动、负责文件到数据块的映射与位置信息,垃圾块的回收,数据块分布的平衡,文件的读写等相关操作,并控制客户端访问文件。副名字节点 Secondary NameNode,顾名思义,主要是辅助 NameNode 完成一些管理,如映像文件、日志文件管理等。数据文件在 HDFS 存储时根据配置文件中设置的文件大小(数据块大小默认为 64MB)切分成若干数据块存储在数据节点 DataNode 中,保证了数据的可靠,DataNode 根据 NameNode

的相关命令管理和存储这些数据块，且 DataNode 周期性地通过心跳信号向 NameNode 报告数据块信息。

HDFS 考虑节点故障时的处理原则，保证云集群的可靠存储，提高海量数据文件的安全可靠性，具有以下功能。

1. 备份与检错

HDFS 文件在存储时被分成若干个数据块，数据块的大小可配置，为了容错，每个数据块根据配置文件中的复制因子设置备份数(默认复制因子为 3)，这些数据块副本分布存储在几百个服务器组成的集群中，可用的数据节点都会通过心跳信息向 NameNode 报告，当某些原因导致故障，NameNode 不能再接收到 DataNode 的心跳信息时，那么这些节点就会被认定为宕机，它们不会再收到新的数据操作请求。

2. 数据访问

HDFS 集群中不同机架间的计算机彼此相互通信，相同机架间的网络带宽优于不同机架间带宽，HDFS 通过机架感知改进数据块存储和节点间带宽的利用率，如果在该机架中的数据节点存储有所需数据块副本，这个副本将被直接读取。文件系统可通过增加节点扩展文件系统，实现大规模数据的存储及高吞吐量访问。

3. 安全模式

云集群服务开启的时候，NameNode 会在一定时间内进入安全模式，处于这一特殊模式时，数据块不允许执行写操作等，同时检测数据是否达到复制要求，如果达到要求 NameNode 到时会退出该模式。否则数据块会被复制到另外的 DataNode 中，直到满足要求。

4. 数据校验

HDFS 对每个数据块进行校验计算，并将该校验信息存放在 NameNode 的隐藏校验文件中，客户端获取文件以后，首先校验信息，判断此信息与 NameNode 隐藏文件中的校验信息，如果信息校验不一致，那么文件系统将从其他的 DataNode 得到该数据块副本，以保证数据的正确性。

HDFS 文件读流程：

(1) 执行 HDFS 文件读取时，客户端程序首先向 NameNode 提出文件读取请求，NameNode 提供数据在集群中的存储地址。

(2) 客户端根据 NameNode 提供的存储位置信息从相应的 DataNode 读取所需数据块；当然如果数据块就存储在本地，那么客户端就可以直接从本地读取数据。

(3) 当客户端完成数据块读取以后，就会断开与 DataNode 的连接，如果读取流程没有结束，客户端就会做好下个数据块读取准备。

(4) 客户端对读取的数据块进行校验，如果读取数据块出现异常，客户端将不能获取数据的情况反馈给 NameNode，再从其他存储该数据块副本的 DataNode 完成读取。

HDFS 文件写流程：

(1) 执行文件写操作时，客户端程序向 NameNode 提出请求，NameNode 需要判断该文件是否已经被创建，并且判断该文件的创建者是否有足够的权限执行写操作。

(2) 当客户端开始写入文件的时候，根据 NameNode 提供的数据地址开始写入数据。写入流程开始后，数据包以流的方式存入第一个 DataNode，这个包完成写入以后，数据包开始写入第二个 DataNode，直到成功写入最后一个 DataNode，数据包成功写入后会反馈一个成功信息。

(3) 若在数据写入过程中 DataNode 出现异常,那么该 DataNode 会从写流程中移除,NameNode 将重新分配可用的 DataNode 写入数据。

7.5 Spark

7.5.1 Spark 产生背景

目前的大数据处理可以分为如下三个类型:

(1) 复杂的批量数据处理(Batch Data Processing),通常的时间跨度在数十分钟到数小时之间。

(2) 基于历史数据的交互式查询(Interactive Query)通常的时间跨度在数十秒到数分钟之间。

(3) 基于实时数据流的数据处理(Streaming Data Processing),通常的时间跨度在数百毫秒到数秒之间。

目前已有很多相对成熟的开源软件来处理以上三种情景,我们可以利用 Map - Reduce 来进行批量数据处理,可以用 Impala 来进行交互式查询,对于流式数据处理,可以采用 Storm。然而,现实世界中的大数据处理问题复杂多样,难以有一种单一的计算模式能涵盖所有不同的大数据计算需求。研究和实际应用中发现,由于 Map - Reduce 主要适合进行大数据线下批处理,在面向低延迟和具有复杂数据关系与复杂计算的大数据问题时有很大的不适应性。因此,近几年学术界和业界在不断研究并推出多种不同的大数据计算模式。

所谓大数据计算模式,即根据大数据的不同数据特征和计算特征,从多样性的大数据计算问题和需求中提炼并建立的各种高层抽象(Abstraction)或模型(Model)。例如,Map - Reduce 是一个并行计算抽象,Spark 系统中的分布内存抽象(a Distributed Memory Abstraction,RDD),CMU 著名的图计算系统 GraphLab 中的图并行抽象(Graph Parallel Abstraction)等。传统并行算法主要是从编程语言和体系结构层面定义了较为底层的模型,但由于大数据处理问题具有很多高层的数据特征和计算特征,因此大数据处理需要更多地结合这些高层特征考虑更为高层的计算模式。

根据大数据处理多样性的需求,目前出现了多种典型和重要的大数据计算模式。与这些计算模式相适应,出现了很多对应的大数据计算系统和工具。由于单纯描述计算模式比较抽象,因此,在描述不同计算模式时,将同时给出相对应的典型计算系统和工具,这将有助于对计算模式的理解以及对技术发展现状的把握,并进一步有利于在实际大数据处理应用中对合适的计算技术和系统工具选择使用。如果要在一个项目中同时满足各种大数据需求,需要使用多套特化系统。一方面在各种不同系统之间避免不了要进行数据转储(ETL),这无疑将增加系统的复杂程度和负担,另一方面使用多套系统也增加了使用和维护的难度。而使用 Spark 系统则可以适用目前常用的各种大数据计算模式。

Spark 是一款开源的、基于内存计算的分布式计算系统,能够对大数据进行快速分析处理。Spark 项目 2010 年由加州伯克利大学 AMP 实验室开发,采用 Scala 语言编写,核心代码只有 63 个 Scala 语言文件。2014 年 2 月，Spark 成为 Apache 软件基金会的顶级开源项目。图 7－7 为 Spark 的标识。

图 7－7 Spark 标识

7.5.2 Spark 混合计算模式

Spark 可以满足各种不同大数据计算模型的主要原因是提出了弹性分布式数据集(Resilient Distributed Dataset，RDD)这一抽象工作集。RDD 是基于内存工作的，由于内存存取的速度要远远快于磁盘的读取速度，并且可以减少 I/O 操作的时间，因此可以提升 Spark 处理数据的速度。同时 RDD 实现了容错，传统上实现容错的方法主要有两种：检查点和日志。由于使用检查点容错机制会存在数据冗余并且会增加网络通信的开销，因此 Spark 系统采用日志数据更新的方式进行容错。

1. RDD

利用其基于内存的特点，Spark 浓缩提炼出了 RDD 这一高度通用的抽象结构进行计算和容错。本质上是对分布式内存的抽象使用，以类似于操作本地集合的方式来处理分布式数据集。RDD 是一串序列化的，已被分区的数据集，并且每次对 RDD 操作后的结果都可以 cache 到内存中，以后的每个操作可以直接从内存读取上一个 RDD 数据集，从而省去了对磁盘 IO 操作的过程。这对于交互式数据挖掘和机器学习方法中使用频率较高的迭代计算而言大大提升了工作效率。

RDD 创建的方法有两种：

(1) 直接从 HDFS(或者其他与 Hadoop 兼容的文件系统)加载数据集。

(2) 从父 RDD 转换得到新 RDD。

RDD 支持两种操作：

(1) 转换(transformation)，如 filter，map，join，union 等，从现有的数据集创建一个新的数据集。

(2) 动作(actions)，如 reduce，count，save，collect 等，是将 transformation 的数据集进行叠加计算，并将计算结果传递给驱动程序。

为了提高运行效率，Spark 中所有的 actions 都是延迟生成的，也就意味着 actions 不会立即生成结果，它只是暂时记住之前发生的转换动作，只有当真正需要生成数据集返回给 Driver 时，这些转换才真正执行。例如，在实际使用过程中我们先调用 map 生成一个新数据集，然后在 reduce 中使用这个数据集，最终 Spark 只会将 reduce 的结果返回给 driver，而不是返回整个数据集。通过这种运行方式提高了 Spark 的运行效率。

2. Lineage（血统）

Spark 是一种利用内存进行数据加载的系统，但是与其他 In – Memory 类系统的主要区别是 Spark 提供了独特的分布式运算环境下的容错机制。当节点失效/数据丢失时，为了保证 RDD 数据的鲁棒性，Spark 通过 Lineage 来记忆 RDD 数据集的演变过程并进行数据恢复。相比于其他内存系统如 Dremel，Hana 依靠备份或者 LOG 进行细颗粒度的数据容错，Spark 中的 Lineage 是一种粗颗粒的容错机制，它只是记录特定数据转换操作行为过程。当某个 RDD 数据丢失时，可以根据 Lineage 获取足够的信息，从而重新计算或者获取丢失的数据。这种粗颗粒度的数据模型减少了数据冗余和备份，也带来了性能的提升。

RDD 在 Lineage 依赖方面分为 Narrow Dependencies（窄依赖）与 Wide Dependencies（宽依赖）两种，用来解决数据容错的高效性。如图 7 – 8 所示：窄依赖是指父 RDD 的每个分区仅对应一个子 RDD 分区，而一个子 RDD 分区可以使用一个或者多个父 RDD 分区。宽依赖是指父 RDD 的每个分区可以对应多个子 RDD 分区，而一个子 RDD 分区也可以使用父 RDD 的多个分区。

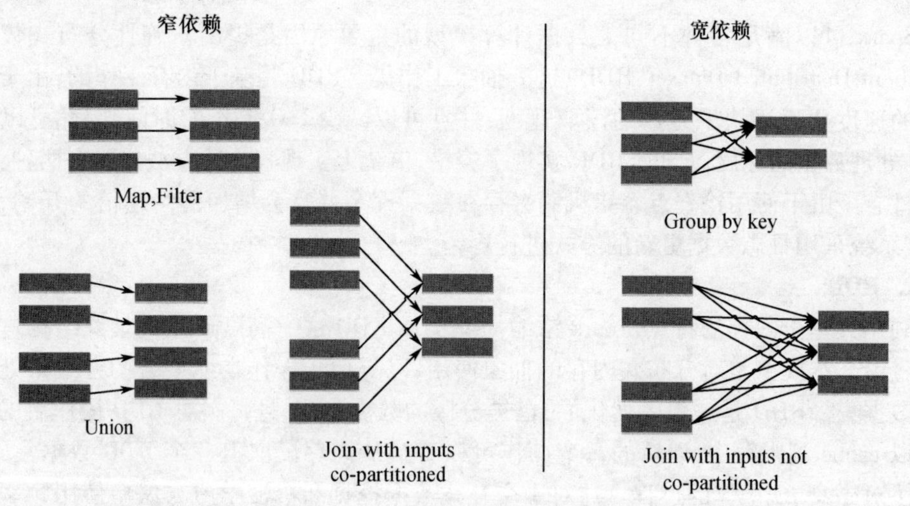

图 7 – 8　窄依赖和宽依赖示意图

当一个节点宕机时，如果运算是窄依赖，因为丢失的数据不依赖其他节点，那么只需要根据 Lineage 记录的操作过程，重新计算 RDD 分区即可。如果运算是宽依赖，由于 Lineage 会对之前每一步计算操作进行物化，保持中间结果，这样根据前面操作的物化结果重新计算数据集即可。如果上一步中间的物化结果也丢失了或者中间节点也宕机时，这时候需要再向上判断其祖先节点的所有输入是否有效（这就是 lineage，血统的意思），如果有效则根据 Lineage 记录的操作重新计算。因此可以看出，宽依赖情况下对于数据重算的开销要远大于窄依赖。

3. Spark 执行过程分析

Spark 执行过程主要分为两个阶段：

（1）第一阶段生成 RDD 数据集、增量构建有向无环图（Direct Acyclic Graph，DAG）、Lineage 记录变换算子序列。

（2）第二阶段 Task Scheduler 通过 Cluster Manager 如（Mesos，Yarn 等）将 DAG 中的任务集发送到集群中的节点上执行。

总的来说，每一个 Spark 应用都通过驱动程序（driverprogram）调用用户的 main 函数，在集群上并行地执行 RDD。RDD 可以是从 HDFS 中创建或者通过已经存在的 RDD 计算生成，用户可以在内存中保留 RDD 以方便重复使用，最后当 RDD 丢失时也可以通过 Lineage 自动恢复。

4. Spark 生态系统

正因为有了 RDD 这个抽象数据结构，Spark 立足于内存计算，提供了流计算、迭代计算、图计算等一系列计算范式的解决方案。可以说目前 Spark 是大数据领域内罕见的“全能选手”。Spark 的生态系统如图 7－9 所示。

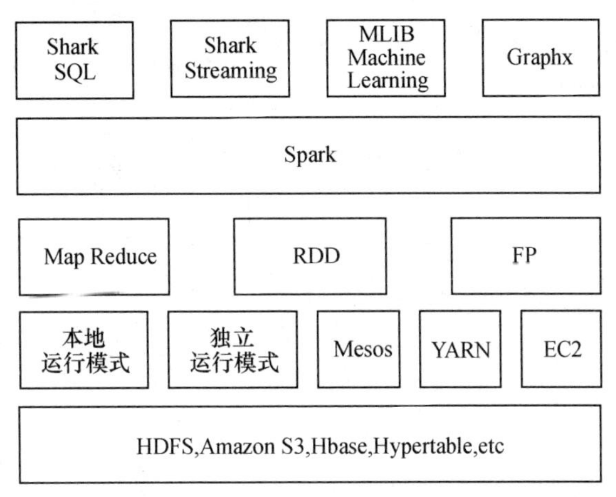

图 7－9　Spark 生态系统

目前 Spark 主要支持的组件有：

（1）用于大数据查询分析计算组件 Shark。对于 Spark 来说，Shark 的作用就类似于 Hive 在 Hadoop 系统中的作用。Shark 提供了一系列的命令接口，通过配置参数可以缓存 Spark 中特定的 RDD，并对数据集进行检索。此外，Shark 可以调用 UDF（用户自定义函数）将数据分析与 SQL 查询相结合并实现数据重用，从而提高计算速度。

（2）用于流式计算组件 Spark Streaming。它的基本原理是将流数据分割成非常小的数据片段封装到 RDD 分区中，然后以类似批处理的方式来处理这些小数据。利用 Spark 基于内存的特点，可以保证计算的低延迟性（100ms 左右），以及兼容批处理和实时数据处理的算法，另外通过 Lineage 也能保证数据的容错处理。

（3）用于图计算的 GraphX。Spark 的 Graphx 提供了对图操作的 API，它通过 Resilient Distributed PropertyGraph 从 Spark 的 RDD 继承。GraphX 在图加载、边反转和邻接计算方面对通信的要求更低，产生的 RDD 图更简单，从而在性能方面得到了很大提升。利用 GraphX 框架可以很方便地实现多种图算法。

（4）用于机器学习 MLIB 组件。MLIB 提供了机器学习算法的实现库，目前支持聚类、二元分类、回归以及协同过滤算法，同时也提供了相关测试和数据生成器。

Spark 既可以在本地单节点运行（开发调试用），也可以集群运行。在集群运行的情况下需要通过集群管理系统如 Mesos、Yarn 等将计算任务分发到分布式系统中的各个节点上运行。

Spark 中的 RDD 数据来源可以由 HDFS(或者其它类似文件系统如 Hbase、Hypertable、本地文件)等生成。

7.5.3 Spark 混合计算模型架构

如图 7-10 所示,一般大数据架构首先确定数据源,经过一个处理过程,把它存储下来,经过计算(Map-Reduce,Spark 等),将计算结果存放到可以实时查询的数据库中或者存储介质上去。为节省查询和计算的时间,可以将提前一些数据结果作为 Web 接口或者报表展示给用户。根据一般数据操作流程本书抽象出了一种基于 Spark 系统的大数据架构,具体如图 7-11 所示。

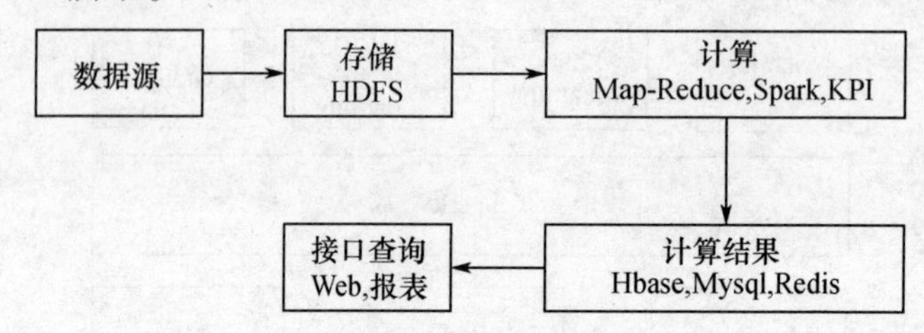

图 7-10 数据操作流程

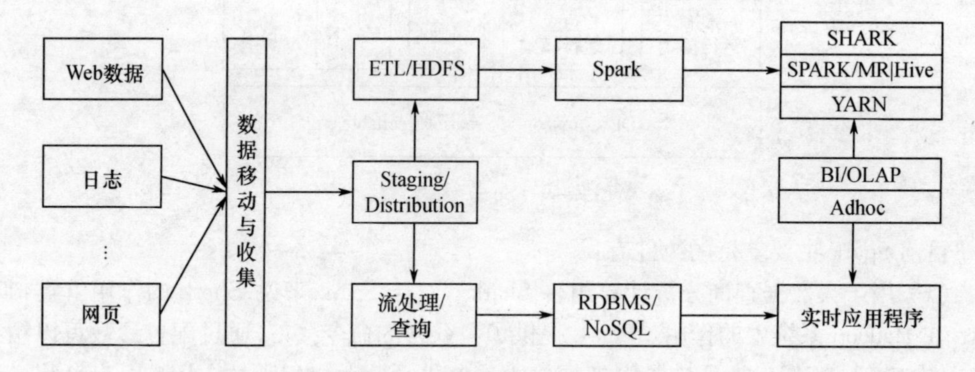

图 7-11 Spark 混合计算模型

首先将不同数据源数据通过分布式系统的每个 Agent 进行移动和收集,通过 Staging/Distributing 模块进行数据分发。分发以后的数据会分为两种流向。一种流向是通过 ETL 存入 HDFS 上,然后经过 Spark 处理,也可以编写一些 Shark 程序进行批处理。因为系统是运行在 yarn 上,所以即使以前的 Map-Reduce 或者 Hive 来不及替换,也可以继续运行。另一种数据流向是直接走流处理路线。走流处理流程会阶段性地将计算数据放到 RDBMS 或者 NoSQL 中,然后一些实时应用会去调用已经计算好的中间结果,减少操作时间。

该架构既包含了大数据批处理和实时处理的需求,同时对原有的 Map-Reduce 架构有良好的兼容性,我们可以在使用过程中逐步将系统中的 Map-Reduce | Hive 替换为 Spark | Shark 架构。

7.5.4 Spark 的应用

目前大数据在互联网公司主要应用在广告、推荐系统等业务上。在广告业务方面需要大数据做应用分析、效果分析、定向投放等;在推荐系统方面则需要大数据进行排名计算、个性化推荐以及热点点击分析等。Spark 可以满足这些应用场景计算量大、效率要求高的需求。

1. 腾讯

腾讯广点通是最早使用 Spark 的应用之一。腾讯大数据精准推荐借助 Spark 快速迭代的优势,围绕"数据 + 算法 + 系统"技术方案,实现了在"数据实时采集、算法实时训练、系统实时预测"的全流程实时并行高维算法,支持每天上百亿的请求量。

基于日志数据的快速查询系统业务使用 Spark Shark 构建,利用其查询快速和内存表存储等优势,承担了日志数据的即时查询工作。在性能方面,普遍比 Hive 高 2 ~ 10 倍,如果使用内存表,性能将会比 Hive 快百倍。

2. Yahoo

Yahoo 使用 Spark 完成 Audience Expansion 算法。Audience Expansion 算法是在广告中寻找目标用户的一种算法:首先根据观看了广告并且购买产品的样本客户进行学习,寻找更多可能转化的用户,对其定向投放广告。基于 Spark 集群,完成目标用户寻找和交互式/即席查询。目前在 Yahoo 部署的 Spark 集群有 112 台节点,9. 2TB 内存。

3. 淘宝

阿里搜索和广告业务曾经使用 Mahout 或者自主设计的 Map - Reduce 程序来实现复杂的机器学习算法,效率低而且代码可维护性差。后来通过使用 Spark 来解决多次迭代的机器学习算法处理、高计算复杂度的算法处理等后,算法效率提升明显。此外,还利用 Spark Graphx 解决了许多生产问题(基于度分布的中枢节点发现、基于最大连通图的社区发现、基于三角形计数的关系衡量、基于随机游走的用户属性传播等)。

4. 优酷土豆

优酷土豆在使用 Hadoop 集群时存在三个突出问题:一是商业智能(BI)方面,分析师提交任务后,等待分析结果时间长;二是大数据量计算,如进行一些模拟广告投放时,计算量非常大的同时对效率要求也比较高;三是机器学习和图计算的迭代运算也需要耗费大量资源且速度很慢。

这些应用场景并不适合使用 Map - Reduce 处理。引入 Spark 后,通过对比发现 Spark 性能比 Map - Reduce 提升很多。首先,交互查询响应快,性能比 Hadoop 提高若干倍;模拟广告投放计算效率高、延迟小;机器学习、图计算等迭代计算大大减少了网络传输、数据落地等,极大地提高了计算性能。目前 Spark 已经广泛使用在优酷土豆的视频推荐、广告业务等。

7.5.5 Spark 与 Hadoop Map - Reduce 的对比分析

Spark 与 Hadoop Map - Reduce 均为开源集群计算系统,但是两者适用的场景并不相同。其中,Spark 基于内存计算实现,可以以内存速度进行运算,优化工作负载迭代过程,加快数据分析处理速度;Hadoop Map - Reduce 以批处理方式处理数据,每次启动任务后,需要等待较长时间才能获得结果。在机器学习和数据库查询等数据计算过程中,Spark 的处理速度可以达到 Hadoop Map - Reduce 的 100 倍以上。因此,对于实时要求较高的计算处理应用,Spark 更加适用;对于海量数据分析的非实时计算应用,Hadoop Map - Reduce 更为合适。同时,相比 Hadoop Map - Reduce,Spark 代码更加精简,且其 API 接口能够支持 Java、Scala 和 Python 等常用编程语言,更方便用户使用。

第8章 数据融合技术

数据融合这个概念是针对多传感器系统提出的，这个词最早出现在20世纪70年代初期，当时人们并没有过多地关注它，它的使用也只是局限于军事应用方面的研究。数据融合是多传感器数据融合(Multi－Sensor Data Fusion，MSDF)的简称，有时也被称为多传感器信息融合(Multi－Sensor Information Fusion，MSIF)。多传感器数据融合技术的产生主要用于解决多传感器系统中信息表现形式的多样性、数据量的巨大性、数据关系的复杂性，以及要求数据处理的实时性、准确性和可靠性等问题。

8.1 数据融合概述

8.1.1 数据融合的目的与定义

多传感器数据融合是一个新兴的研究领域，它主要利用多个传感器对某个系统感知的海量数据进行处理。近几年来，多传感器数据融合技术逐渐发展成为一门实践性较强的应用技术，交叉多种学科，涉及信号处理、概率统计、信息论、模式识别、人工智能、模糊数学等多方面的理论。

最初数据融合技术主要被用于军事方面，随着技术的发展，人们对它的应用和技术进行了广泛和深入的研究，它的理论和方法也逐渐被广泛用于诸多民事领域，并且在这两个方向上不断深入发展。目前，多传感器数据融合技术已经获得了诸多领域的普遍关注和广泛应用，其理论与方法也成为智能信息与数据处理的一个重要研究领域。

同单个数据源相比，多传感器数据融合除了具有结合同源数据的统计优势外，多种类型的传感器还能提高观测的精度，因此从原则上讲多传感器数据融合要比单个数据源更有优势。例如，用雷达和红外图像传感器同时探测前方障碍物，利用红外成像传感器能精确判断障碍物的范围，但是不能测量与障碍物之间的间距，而雷达能精确判断障碍物的距离却不能确定它的精确方向，但是如果能有效地结合这两者的数据，就能得到比从其中任何一个数据源获取的障碍物信息更精确的信息。

数据融合技术能满足海量数据处理的需要，同时利用这些信息正确地反映实际情况，它为分析、估计和校准不同形式的信息提供了可能。数据融合技术的实际使用意义表现为如下：

(1) 提高了系统信息的利用率。

(2) 扩大了系统时间的覆盖率。

(3) 扩大了系统空间方面的覆盖率。

(4) 提升了系统的生存能力，多个传感器并行工作，当部分传感器出现故障时，系统仍可利用其他传感器获取信息，此时系统仍可以正常运行。

（5）提高了系统的精确度，传感器获取的信息可能会受到各种各样的噪声的影响，利用数据融合可以实现同时描述同一对象的多个信息，这样可以降低由测量不精确所引起的不确定性，提升系统的精确度。

（6）增强了对目标的检测与识别功能，多个传感器可以对同一目标进行多个角度的特征描述，这些互补的特征信息可以增加系统对目标的了解，提高系统正确决策的能力。

（7）降低系统的投资成本，数据融合利用信息的高利用率可以使得利用多个较廉价的传感器来达到昂贵的单一高精度传感器所能达到的效果，这样就大大降低系统的成本。

数据融合的产生、形成与发展，是现代科学技术，特别是高新技术、信息技术迅猛发展的结果。实践证明，与单传感器系统相比，运用多传感器数据融合技术在目标探测、跟踪和目标识别等问题方面，能够提高整个系统的时间、空间覆盖率，以及可靠性，增强数据的可信度、精度，提升系统的实时性和信息利用率等，具有重大的使用价值。

目前数据融合已被多个领域频繁使用，由于各个领域研究的内容广泛而多样，造成了统一定义上的困难。美国国防部三军实验室理事联席会（JDL）对数据融合技术的定义为：数据融合是一个对从单个和多个信息源获取的数据和信息进行关联、相关和综合，以获得精确的位置和身份估计，以及对态势和威胁及其重要程度进行全面及时评估的信息处理过程。后来，JDL将该定义修正为：数据融合是指对单个和多个传感器的信息和数据进行多层次、多方面的处理，包括自动检测、关联、相关、估计和组合。

有的专家对上述定义进行了补充和修改，用状态估计来代替位置估计，给出了如下定义：数据融合是一个多层次、多方面的处理过程，这个过程是对多源数据进行检测、结合、相关、估计和组合，以达到精确的状态估计和身份估计，以及完整及时的态势评估和威胁估计。这个定义中有三个要点：首先，数据融合是多信源、多层次的处理过程，每个层次代表信息的不同抽象程度；其次，数据融合过程包括数据的检测、关联、估计以及合并；最后数据融合的输出包括低层次上的状态身份估计和高层次上的态势评估。

8.1.2 数据融合原理

多传感器数据融合最常见的使用表现在人类和其他逻辑系统中。人非常自然地运用这一能力把来自人体眼、耳、鼻、四肢的景物、声音、气味、触觉组合起来，并使用先验知识去估计、理解周围环境和正在发生的事件，此时，人体的眼、耳、鼻、四肢就相当于数据融合中的多个传感器，景物、声音、气味、触觉是多个传感器获得的信息。由于人类感官具有不同的度量特征，因而可测出空间范围内的各种物理现象，这一过程是复杂的，也是自适应的。把各种信息或数据（图像、声音、气味以及物理形状等）转换成对目标或环境有价值的描述，需要大量不同的智能处理，以及适用于解释组合信息含义的知识库。

多传感器数据融合技术的基本原理就像人脑综合处理信息一样，充分利用多个传感器资源，通过对多传感器及其观测信息的合理支配和使用，把多传感器在空间或时间上冗余或互补信息依据某种准则来进行组合，以获得被测对象的一致性解释或描述。具体地说，多传感器数据融合原理可以按照如下描述。

（1）利用N个不同类型的（有源或无源）传感器收集观测目标的数据。

（2）对各个传感器获取的各种数据进行特征提取，提取代表观测数据的特征矢量$\boldsymbol{X}_i$。

（3）用聚类算法、自适应神经网络或其他能将特征矢量 $\boldsymbol{X}_i$ 变换成目标属性判决的统计模式识别法对特征矢量 $\boldsymbol{X}_i$ 进行模式识别处理，完成各传感器关于目标的描述。

（4）将各传感器关于目标的说明数据按同一目标进行分组关联。

（5）利用融合算法将每一目标各传感器获得的数据进行合并处理，得到该目标的一致性解释与描述。

8.1.3 数据融合的功能模型

在数据融合系统的功能模型中，JDL 模型是目前数据融合领域使用最为广泛、认可度最高的一类模型，它在军事应用和民事应用中都具有其他模型不可替代的作用。

最初的 JDL 功能模型包括目标优化、态势估计、威胁估计和过程优化四个主要功能模块。后来随着数据融合定义的完善与技术的发展，相应地，数据融合的功能模型也发生了变化。2004 年 Bowman 提出了一种推荐修正数据融合模型，各融合级别推荐如图 8－1 所示。

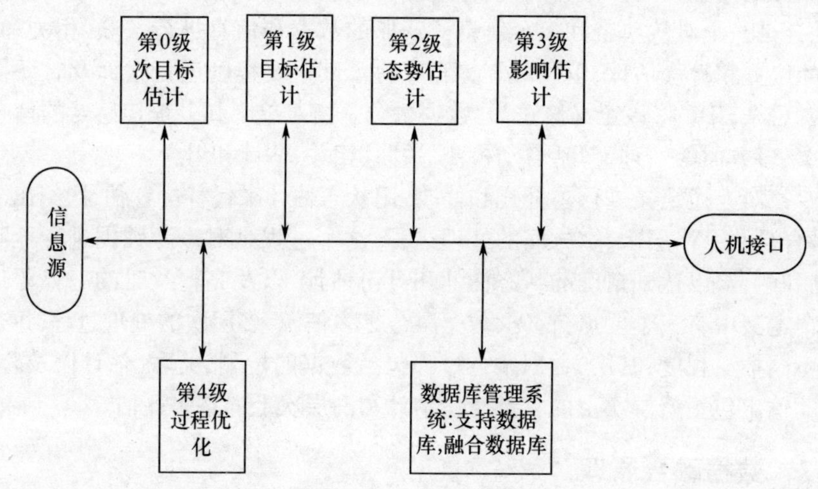

图 8－1　推荐修正数据融合模型

第 0 级次目标估计（信号/特征估计）：估计信号或特征的状态。信号和特征可以定义为从观测或测量推理得到的模式。这些模式可以是静态的也可以是动态的，可以是局部的或源于某种现象源的。

第 1 级目标估计（实体估计）：估计实体的状态或属性。

第 2 级态势估计：对实际环境部分结构的估计。即对实体之间相互关系，以及与相关实体状态的隐含联系的估计。

第 3 级影响估计：对信号、实体、态势状态的可用性和花费代价的估计，包括对系统某一行动可用性和代价的评估。

第 4 级过程优化（过程估计）：通过与预期性能和效率的比较，所完成的系统性能自我估计过程。

可见，推荐修正数据融合模型从输入数据、模型、输出数据和推理类型等方面，对数据融合各级别的功能进行了比较明确的区分。当然，这种融合也不需要按融合级别的顺序依次实现，任何融合级别都可以在给定自身输入的前提下正常工作。

随着数据融合技术的应用领域越来越宽广，所解决的问题也越来越复杂，完全自动的数据融合系统在一定程度上已经不能满足许多实际需求。这些难题的解决通常需要借助于人的智能活动与行为。因此，许多专家认为在数据融合功能模型中应该增加人的认知优化功能，相应的 JDL 功能模型可以修改为如图 8－2 所示的结构框图。

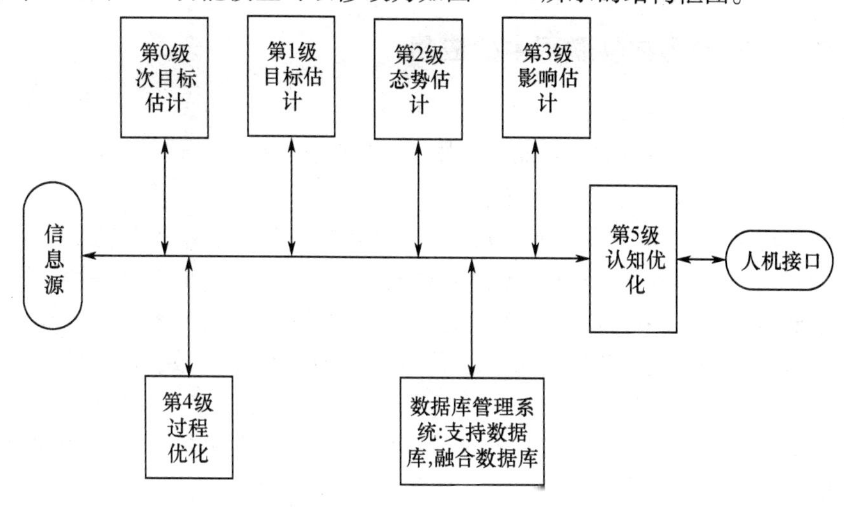

图 8－2　增加认知优化功能的 JDL 数据融合模型

8.2　数据融合与物联网

8.2.1　物联网的数据需求

互联网的出现和发展使人们一定程度上突破空间的限制，做到了互联互通。传感器的出现使人们能进入更广更深的领域，同时一定程度上突破时间的限制，充当环境的外部感知工具，对世界有了更加感性的认识。

随着大量传感器投入应用，如交通网络堵塞状况监控、大桥健康状况监控、地质灾害防控、海洋监视、资源勘探、煤矿辅助救援、森林火灾及生态监控等，人们自然地将共同完成一个项目的传感器和计算设备组织联成网络，形成智能自我协同、自动运作的系统。这样，信息与通信技术的目标已经从满足计算机与计算机、人与人之间的沟通，发展到实现人与物、物与物之间的连接，无所不在的物联网通信时代已经快要来临，物联网使我们在信息与通信技术的世界里获得一个新的沟通维度，将任何时间任何地点连接任何人，扩展到连接任何物品，万物的连接就形成了物联网。

在物联网诞生之初，研究的热点集中在实现的方面，如射频识别技术、传感器技术、无线广域网技术和能耗管理技术等技术。而随着物联网构建技术的成熟，研究者们开始将精力投入到物联网产生的数据处理上。物联网被看作信息领域一次重大的发展和变革机遇，物联网的数据处理技术的发展应用将在未来为解决现代社会问题带来极大贡献。

随着物联网应用的不断深入，数据处理的问题日益显现。首先是大数据的问题：传感器端无时无刻地工作，从传感器端上传的数据不断累积，带来了大量数据。再者，同一个系统存在不同种类的传感器，这使得上传的数据存在异构性。最后，物联网上层应用的需求,如节能性、实时性、安全性等,对传感端的数据有相应的要求。由于物联网硬件端的不断发展以及应用的不断拓展,面对海量的传感数据,如何进行实时处理、压缩存储、组织及查询数据成为物联网研究的热点。

此时,数据融合技术的出现就给物联网的发展带来了极大的便利。

8.2.2 数据融合在物联网中的应用

数据融合是支撑物联网广泛应用的关键技术之一,在物联网技术体系中具有重要地位和作用。但鉴于物联网感知节点能源有限、网络的动态特性和数据的时间敏感特性等特点,物联网数据融合技术将面临更多挑战。

物联网环境下,被监测对象的数量可能是海量的、种类是比较繁杂的、监测条件也是互不相同的等,这些问题使得系统要想得到对该对象或区域准确的描述,就需要为其设置大量的传感器节点,这样就可以保证系统最终所得数据的全面性、完整性。所以物联网中往往因为大量节点的设置而产生海量的数据,需要对这些海量的数据进行融合并分析,得出对我们有用的各种信息及决策。

数据融合技术已经发展的非常成熟,但是由于物联网本身的复杂性,传统的数据融合如果直接应用于物联网环境下都会产生一定程度的不适应性。所以需要对传统的数据融合算法进行分析研究,找出原数据融合方式不符合物联网特点的方面,然后对其针对性研究,指定适合物联网特定场景的数据融合方法与架构,是研究工作的重点。

以无线多媒体传感器网络中的数据融合为例。在以往的无线传感器网络中,传感器模型往往采用标量传感器,例如声音、震动、温度等。其监测区域为固定或可变半径的圆或部分球的内部,如图 8-3 所示。

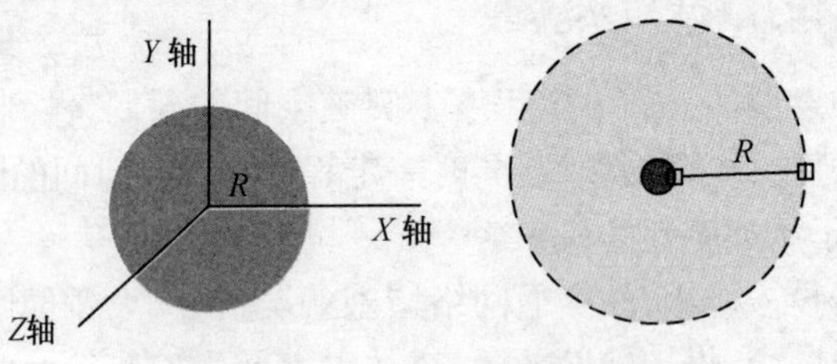

图 8-3 常规标量传感器探测区域

随着多种传感器的加入,特别如具备视频、图像采集等功能的多媒体传感器,继续使用上面的简单模型就容易产生较为严重的失真:

(1) 引入视频、图像监控设备的监控区域,往往由具体设备的视角与焦距的不同而有所变动。

(2) 因为自身物理性质、外界障碍等制约,原本简单、规则的传感器探测范围会出现较大的改变。

(3) 对于多类异质传感器,因各自的结构、原理呈现出不同的探测范围。

如此一来,上图的探测范围脱离了其原本代表的实际内容。进一步地,建立在偏离实际情况的模型上进行的处理就失去了意义。当处理要求是与探测区域相关度极大的数据融合时,这一问题将会凸显出来。

运用数据融合的立足点是被融合数据的相关性。此处的相关性,主要针对数据所表达的应用意义而言。在应用于监控的传感器网络中,当数据所描述的内容有相重叠部分时,则该数据具有相关性。显然,作为数据来源传感器的传感探测区域必然存在相交部分。反之,存在相交探测区域的传感器所采集的数据,必然存在相关性。如图8-4所示,在某一场景中,有两个传感器 A、B。在不涉及传感类别的前提下,A、B 两传感器有着各自的监控区域,在图中以扇形区域所示,两扇形区域存在相交部分。显然地,在一定时间限制内,监控同一场景内相干区域的传感器所采集到的传感数据具有相关性。在此基础上可以拓展出将两区域合并的区域,如图中 D 点所辖的虚线区域,也可以针对相交区域生成如 C 所辖的虚线内部区域。

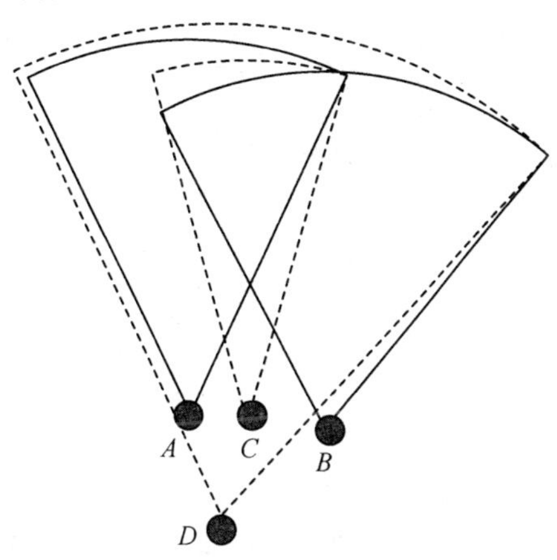

图8-4 基于探测区域的感知示意

既可以通过合并扩展视角,也可以通过相交强化信息。当传感器增多,而区域情况又多种多样时,针对信息所能进行组合强化的方式将会大大丰富。在此基础上进行的数据融合才有意义。

另一方面,如果混淆传感探测区域与通信覆盖范围,在此基础之上进行数据融合,后果是一些看似顺理成章的处理,会为系统带来灾难性的后果。

在如图8-5的场景中,作为同样是视频传感器的 A、B、C,依据各自的属性对一定的区域进行监控,各自区域即为摄像头所辖的扇形区域。通信范围为以各自所在点为圆心的虚线圆区域。从监控区域上看,摄像头 A、B 有较大部分的相交;而摄像头 C 所辖的区域不与 A、B 的扇形区域相交,为孤立监控。考虑联通性,彼此在对方的传输范围内方可通信。因此由图可知,节点 A、B 互为邻居,B、C 互为邻居。

当要针对该场景的监控进行融合时,从内容上看 A、B 由于区域的相关性较大,所以理所当然要进行融合。但是由于 B、C 的距离较近,当不考虑监控区域相干性进行路由选择时,选择 B、C 进行融合操作的可能性较大。

系统由于进行了融合处理,系统势必要消耗大量的能量。付出了一定的代价后,所得到的融合信息显然是没有太大价值的。因为是同质的传感器,融合算法一定会得到一定压缩比例的数据,但是由于背离了"融合基于数据相关性"这一原则,得到的结果几乎一定是错误的。如果基于该信息,进行下一阶段的处理、解释,将会误导系统,得出错误的结论。

以上的讨论分析提出了一个两难问题:当传感区域、通信范围都有作用时,如何进行决策。将考虑偏向探测区域的相关性上,难免会导致路由质量、效率的下降,进而导致大量信息到达延迟增加,大大降低网络的时效性,对进一步的处理也有相当大的影响;如果仅仅考虑通信范围,就又回到了大量冗余数据充斥网络的情况,这也正是数据融合被引入无线传感器网络的原因。

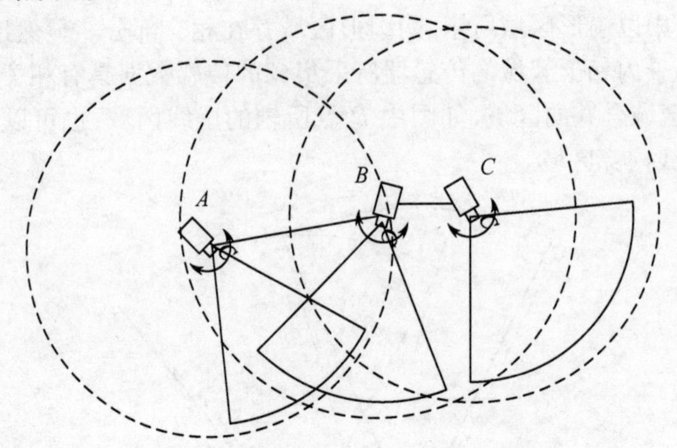

图 8-5　多媒体传感器监控相干区域示意

从协议的角度,一个处在面向应用的顶层,一个基于底部的传输层。要做到兼顾融合、路由,就要进行跨越层次的操作。

进一步仔细分析可知,基于相干区域的融合是与具体的传感器类型、监控区域密不可分的,而这些信息在系统建立之前就已经得知,属于静态的信息。在这些信息确定的前提下,需要运用到的数据融合技术也可以选定。反观基于通信范围的路由则着眼于全局的消息传递机制。确定传输方向、联系邻居、决定下一跳节点等操作都是在组建网络之后动态进行的,目前的多数方式是全局性的信息结合本地节点进行分布式计算,在基于庞大数目节点的网络中形成次优路由。

因此,可以考虑将两者结合,进行一定原则下的判决后做出决策。

一般的数据融合,往往"后知后觉":建立在路由的基础上,如果存在融合的可能(传输路径交叠),则在此处进行融合。其目的是整合信息、去除冗余、节省能耗。当对于融合的能耗忽略、数据相关性考虑较少的前提下,这一方式可以奏效。但是在引入了融合消耗不可忽略的多媒体传感器后,这一方式的效果就不甚明显了,甚至还会适得其反。同样地,数据相关性的考虑也同样重要。在实际应用中,触发区域传感器采集数据相关度较大,此时进行融合是最好的时机。一方面,相关度大时可以带来较好的融合效果;另一方面,越早融合,信息传输消耗的减少就越明显。随着消息的逐级传递,优化传输能耗的机会会越来越少。另外,一旦数据相关性较小,则消耗将集中在传输上,此时的路由策略成为系统能耗的关键,所以要及早调整策略。

这里结合实际情形,研究融合、传输的代价与收益。图 8-6 中的节点组成一个典型传感器网络。在该区域中,传感节点随机散布,形成网络拓扑。区域 A、B 为事件触发区,此处的节点采集传感数据,之后发送到 Sink 节点。令无线通信与数据融合的开销分别为 TC_o 以及 Q_o。通信开销与距离及传输量成正比,融合与数据量成正比。

一般的的常规做法是:A、B 区域内的节点分别汇聚到选出的首领节点,经过融合后发送到 Sink 节点。

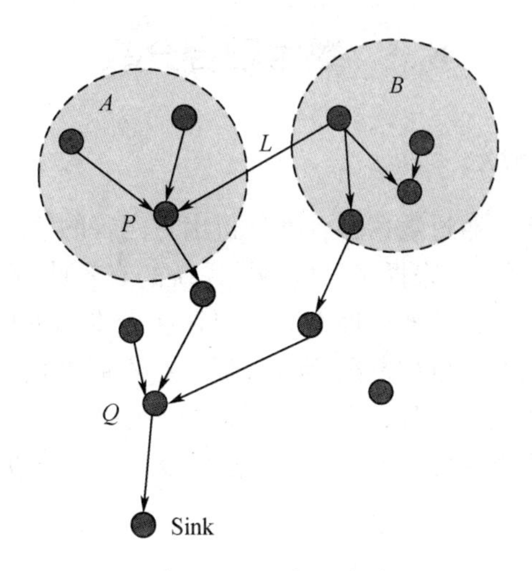

图 8-6 融合与代价

这里以 $W(\cdot)$ 表示数据量，$W(B)$ 则为区域 B 的采集数据量；经过融合后数据量变为 $W(\cdot)(1-C_o)$，其中 C_o 为融合的数据压缩程度。这样，经过融合，两区域的数据量为

$$W_{AB}=((W(A)+W(B))(1-C_o)$$

就节点 Q 而言，以上融合操作以及传输消耗为

$$TC_0(W(A)+W(B))(1-C_0)+Q_0(W(A)+W(B))$$

然而，不融合只转发，则消耗为

$$TC_0 \quad (W(A)+W(B))$$

对以上两式进行比较发现：当 $C_0<Q_0/TC_0$ 时转发数据，将会更省能量。

这样的判断是基于单个节点的角度来看的，或许对于单个节点能耗负担因此减轻了，但是从整体网络性能的角度看，这只是将消耗转移了而已。而我们的最终目的，是针对整个传感器网络而言的，经过全网各个节点的互动、协作，最终达到全局的能耗降低。因此，可以损失甚至牺牲个别节点，以达到目的。

继续上文的场景，如果 P 节点到达 Sink 需要经历有 M 次转发，则 P 点融合后发送的能耗为

$$Q_o(W(A)+W(B)+MTC_o(W(A)+W(B))(1-C_o))$$

当 P 不做融合处理，而是打包转发时，消耗为

$$LTC_o(W(A)+W(B))$$

针对上两式的情况，我们看到：以全局的视角分析，在 $C_0<Q_0/TC_0$ 的条件下，P 转发将会更好。

通过以上的初步分析可知：要优化网络整体能耗，需要进行融合/转发的决策。以上的例子中，P 的决策可以轻易得到。然而，在网络情况复杂，节点情况各异且自主性较强时，选择哪种方式就需要一定的方法了，这不是以往静态网络所具备的条件。同时，研究并利用好这一动态性，对于传感器网络的研究将会大有裨益。

8.3 数据融合分级

8.3.1 数据融合分级

数据融合的基本目标是通过数据融合处理得出更完善的信息。它的最终目的是通过使用多个传感器同时获取信息,来提高多传感器系统的有效性、准确性。

多传感器数据融合与经典信号处理方法之间存在着本质的区别,其关键在于数据融合所处理的多传感器信息形式更加复杂,而且,可以在不同的信息层次上出现,每个层次代表了对数据不同程度的融合过程,这些信息抽象层次包括数据层(像素层)、特征层和决策层。相应的数据融合也主要有数据级(像素级)融合、特征级融合和决策级融合三种方式。

8.3.2 数据级融合

数据级融合是最低等级的融合层次,是直接在原始数据上进行的数值融合,数据级融合在各种传感器的原始数据未经预处理之前就进行数据的特征提取与判断决策。数据层融合一般采用集中式融合体系进行融合处理。这类数据融合方法的优点在于由于只是对传感器原始数据进行数值处理,数据量上的损失较小,而且精度较高。但是也存在着一定的不足,数据集融合的不足主要体现在以下几个方面:

(1) 传感器对原始数据进行处理时涉及海量数据,因此需要的计算资源较大,造成处理的代价高、时间长、实时性不强、通信量大且抗干扰能力差。

(2) 由于传感器直接在原始数据上进行处理,原始信息的不确定性、不稳定性和不完全性等弱点也随着带到融合过程中,这就要求数据融合系统具有较强的纠错处理能力。

(3) 要求各传感器必须是同类并且目标相同,参与融合的数据具有相同规格和物理含义等。

数据级融合主要应用于图像融合。图像融合将多个传感器获得的同一景物的图像配准后,合成一幅新图像,解决了单一传感器图像在几何、空间分辨率等方面的局限性。

目前,数据级数据融合常用的方法有加权平均法、小波变换融合法和金字塔融合法。图 8-7 为数据级融合结构框图。

8.3.3 特征级融合

特征级融合属于中间层次的融合,先对来自传感器的原始信息进行目标的边缘、方向、速度等特征的提取,然后对特征信息进行综合分析和处理获得融合后的特征,最后将这些特征用于决策。特征层融合的优点在于实现了可观的信息压缩,有利于实时处理,并且融合结果能最大限度地给出决策分析所需要的特征信息。特征级融合的缺点在于一些有用的信息可能被忽略,影响融合性能。

特征层融合可分为两大类:一类是目标状态融合;另一类是目标特性融合。前者主要用于多传感器目标的追踪,后者属于模式识别。

目前,特征级数据融合的主要方法有聚类分析方法、证据推理方法、贝叶斯估计方

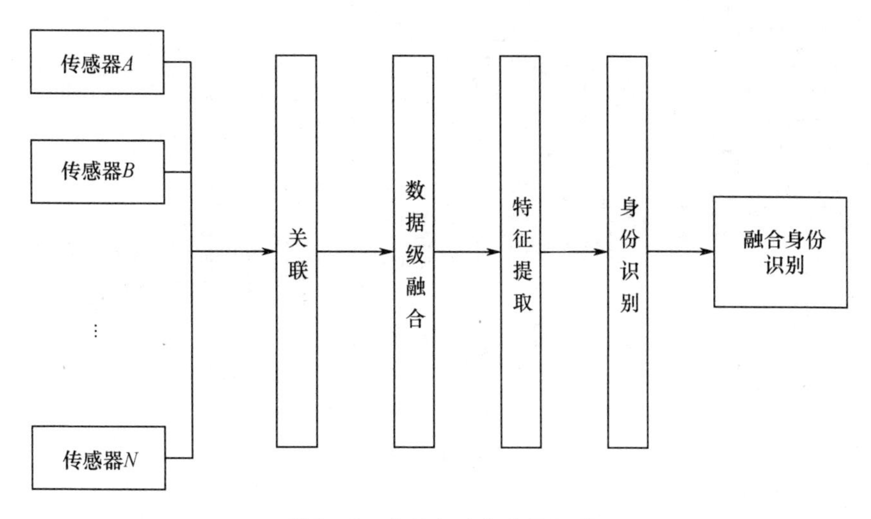

图 8-7　数据级融合结构框图

法、信息熵方法、加权平均方法、表决方法以及神经网络方法等。图 8-8 为特征级融合结构框图。

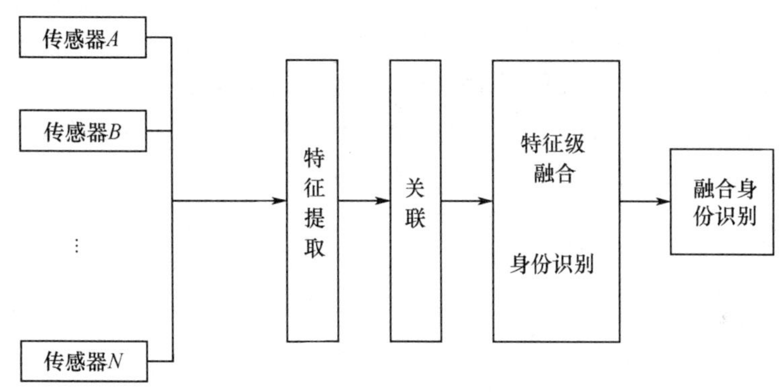

图 8-8　特征级融合结构框图

8.3.4　决策级数据融合

决策级数据融合是高层次的融合,通过不同类型的传感器观测同一个目标,每个传感器在自身完成基本的处理,其中包括预处理、特征抽取、识别或判决,以建立对所观察目标的初步结论。然后通过关联处理进行决策层融合判决,最终获得联合推断结果。

这类融合方法得到的结论是数据融合的最终结果,结论往往只在假设中选出,损失的数据量最大,可能损失有用的信息,但是需要通信量最小,实时性强。

决策级融合具有灵活性高、通信量小、容错性强、抗干扰能力强、对传感器依赖小和融合中心处理代价低等优点。但是决策级融合使得判决精度降低,误判决率升高,同时,决策级融合需要先对各个传感器数据进行预处理以获得各自的判决结果,造成数据预处理的代价比较高。

目前,常用的决策级图像融合的方法主要有表决法、贝叶斯推理、D-S(Dempster-Shafer)方法、推广的证据理论、模糊集法等。

图 8-9 为决策级数据融合结构框图。

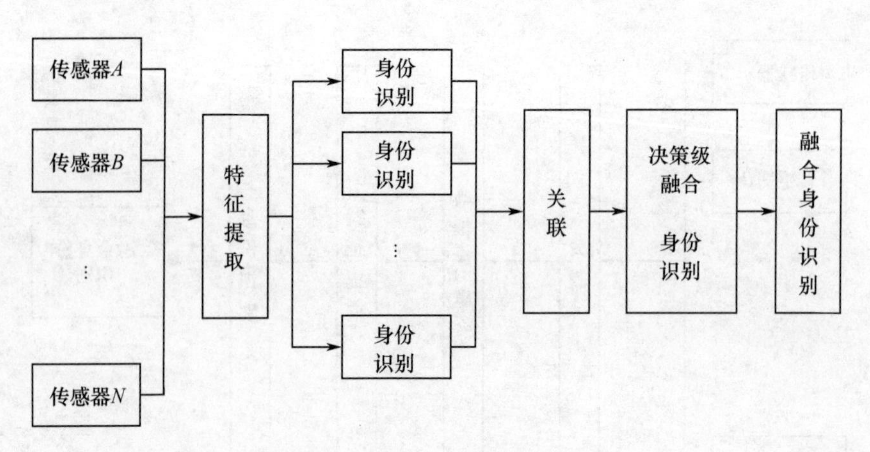

图 8-9　决策级融合结构框图

8.3.5　数据融合分级对比

数据级融合是指在融合算法中，要求进行融合的传感器数据间具有精确到一个像素的匹配精度的任何抽象层次的融合；特征级融合是指从各个传感器提供的原始数据中进行特征提取，然后融合这些特征；决策级融合是指在融合之前，各传感器数据源都经过变换并获得独立的身份估计。根据一定准则和决策的可信度对各自传感器的属性决策结果进行融合，最终得到整体一致的决策。这些数据融合分级方法，针对不同的应用场景，均有不同的应用设计，具体融合架构与算法根据实际需求进行设计。表 8-1 对其所属层次、主要特点、方法及应用进行了总结归纳。

表 8-1　不同的信息层次上的数据融合分类

类型	数据级融合	特征级融合	决策级融合
所属层次	最低层次	中间层次	高层次
主要优点	原始信息丰富，并能提供另外两个融合层次所不能提供的详细信息，精度最高	实现了对原始数据的压缩，减少了大量干扰数据，易实现实时处理，并具有较高的精确度	所需要的通信量小、传输带宽低、容错能力比较强，可以应用于异质传感器
主要缺点	所要处理的传感器数据量巨大，处理代价高，耗时长，实时性差；原始数据易受噪声污染，需融合系统具有较好的纠错能力	在融合前必须先对特征进行相关处理，把特征向量分类成有意义的组合	判决精度降低，误判决率升高，同时，数据预处理的代价比较高
主要方法	HIS 变换、PCA 变换、小波变换及加权平均等	聚类分析法、贝叶斯估计法、信息熵法、加权平均法，D-S 证据推理法、表决法及神经网络法等	贝叶斯估计法、专家系统、神经网络法、模糊集理论、可靠性理论以及逻辑模板法等
主要应用	多源图像融合、图像分析和理解	主要用于多传感器目标跟踪领域，融合系统主要实现参数相关和状态向量估计	其结果可为指挥控制与决策提供依据

8.4 典型数据融合算法分析

8.4.1 常用数据融合方法

数据融合技术涉及多方面的理论和技术，如信号处理、估计理论、不确定性理论、最优化理论、模式识别、神经网络、人工智能、小波分析理论和支持向量机等。国内外众多学者从不同角度出发提出了多种数据融合技术方案。图 8-10 对现有比较常用的数据融合方法进行了归纳，主要分为经典方法和现代方法两大类。

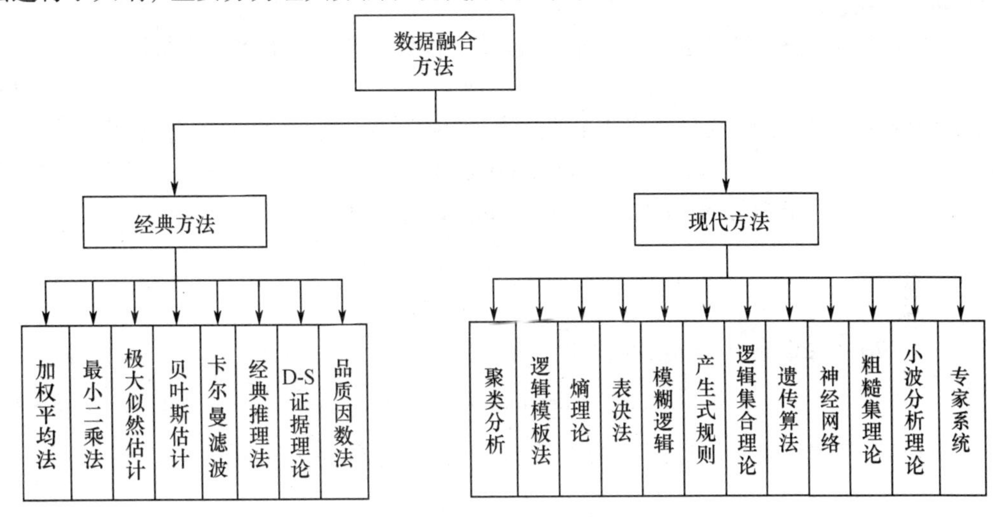

图 8-10　常用的数据融合方法

8.4.2 典型数据融合算法分析

1. 加权平均法

加权平均法是最简单直观地实时处理信息的融合方法。基本过程如下：设用 n 个传感器对某个物理量进行测量，第 i 个传感器输出的数据为 X_i，其中，$i=1,2,\cdots,n$，对每个传感器的输出测量值进行加权平均，加权系数为 w_i，得到的加权平均融合结果为

$$\overline{X}=\sum_{i-1}^{n}w_iX_i \tag{8-1}$$

加权平均法对来自不同传感器的冗余信息进行加权平均，结果作为融合值。应用该方法必须先对系统和传感器进行详细分析，以获得正确的权值。

2. 极大似然估计

极大似然估计是静态环境中的常用方法，能将数据融合取为使似然函数得到极值估计值。通过最大化似然函数 $p(z\mid x)$，可以得到极大似然估计为

$$\hat{x}_{\mathrm{ML}}=\arg\max p(z|x) \tag{8-2}$$

注意到，x 为未知常数，$\hat{x}_{\mathrm{ML}}$ 为一个随机变量，它是一组随机观测的函数。似然函数能够反映出在观测值得到的条件下，参数取某个值的可能性大小。

3. 极大后验概率估计

极大似然估计即似然方程

$$\frac{\partial \ln p(z|x)}{\partial x}=0 \tag{8-3}$$

的解,取 $x=\hat{x}_{ML}$。

极大后验估计通过最大化后验概率密度函数 $p(x \mid z)$ 得到,即

$$\hat{x}_{MAP}=\arg\ \max p(x|z) \tag{8-4}$$

极大后验估计为后验方程

$$\frac{\partial \ln p(x|z)}{\partial x}=0 \tag{8-5}$$

的解,取 $x=\hat{x}_{MAP}$。

下面给出高斯先验下的极大似然估计和极大后验估计。考虑单输出量测:

$$z=x+w \tag{8-6}$$

式中:x 为未知常数,加性的量测噪声 w 服从均值为0,方差为 σ^2 的高斯分布,即

$$\omega \sim N(0,\sigma^2)$$

首先假定 x 为未知常数(未先验信息)。x 的似然函数为

$$\Lambda(x)=p(z \mid x)=\frac{1}{\sqrt{2\pi}\sigma}\mathrm{e}^{-\frac{(z-x)^2}{2\sigma^2}} \tag{8-7}$$

由于式(8-7)的峰值在 $x=z$ 处,因此有

$$\hat{x}_{ML}=\arg\ \max\Lambda(x)=z \tag{8-8}$$

下面假设参数的先验信息为:x 为均值 $\bar{x}$,方差 σ_0^2 的高斯分布,记为

$$p(x)=N[x;\bar{x},\sigma_0^2] \tag{8-9}$$

同时假设 x,ω 之间相互独立。在观测 z 条件下 x 的后验概率密度函数为

$$p(x \mid z)=\frac{p(z \mid x)p(x)}{p(z)}=\frac{1}{c}\mathrm{e}^{-\frac{(z-x)^2}{2\sigma^2}-\frac{(x-\bar{x})^2}{2\sigma_0^2}} \tag{8-10}$$

式中:

$$c=2\pi\sigma\sigma_0 p(z)$$

为与 x 无关的归一化常数。这个归一化常数保证概率密度函数的积分为1。

通过对指数部分配方,可以得到后验概率密度函数为

$$p(x \mid z)=N[[x;\xi(z),\sigma_1^2]=\frac{1}{\sqrt{2\pi}\sigma_1}\mathrm{e}^{-\frac{[x-\xi(z)]}{2\sigma_1^2}} \tag{8-11}$$

即高斯分布,式中:

$$\xi(z)\overset{\text{def}}{=}\frac{\sigma^2}{\sigma_0^2+\sigma^2}\bar{x}+\frac{\sigma_0^2}{\sigma_0^2+\sigma^2}=\bar{x}+\frac{\sigma_0^2}{\sigma_0^2+\sigma^2}(z-\bar{x}) \tag{8-12}$$

和

$$\sigma_1^2\overset{\text{def}}{=}\frac{\sigma_0^2\sigma^2}{\sigma_0^2+\sigma^2} \tag{8-13}$$

式中关于 x 的最大化,可得

$$\hat{x}_{MAP}=\xi(z) \tag{8-14}$$

也就是说,针对具有先验概率密度函数式的随机参数 x,给出的 $\xi(z)$ 是一个极大后验

估计。

注意到针对本问题中的极大后验估计式为如下两部分的加权和：

(1) z,极大似然估计,似然函数的最大值点。

(2) $\bar{x}$,待估计参数的先验概率密度函数峰值点。

方程可以改写为

$$\begin{aligned}\bar{x}_{\mathrm{MAP}} &= (\sigma_0^{-2}+\sigma^{-2})^{-1}\sigma_0^{-2}\bar{x}+(\sigma_0^{-2}+\sigma^{-2})^{-1}\sigma^{-2}z \\ &= (\sigma_0^{-2}+\sigma^{-2})^{-1}\left[\frac{\bar{x}}{\sigma_0^2}+\frac{z}{\sigma^2}\right]\end{aligned} \tag{8-15}$$

其中隐含地显示了先验均值和量测值各自的权重和它们的方差成反比。

类似地,可以改写为

$$\sigma_1^{-2}=\sigma_0^{-2}+\sigma^{-2} \tag{8-16}$$

它表明方差的逆是加性的。当信源独立的时候,信息的加性在一般意义下成立。

4. 卡尔曼滤波

由卡尔曼于1960年提出的卡尔曼滤波是一种线性最小方差估计。该算法主要用于动态环境中冗余传感器信息的实时融合,滤波器的递推特性使得它特别适合在那些不具备大量数据存储能力的系统中使用。

对于系统是线性模型,且系统与传感器的误差均符合高斯白噪声模型,则卡尔曼滤波将为融合数据提供唯一的统计意义下的最优估计。对系统和测量不是线性模型的情况,可采用扩展的卡尔曼滤波。对于系统模型有变化或系统状态有渐变或突变的情况,可采用基于强跟踪的卡尔曼滤波。常规卡尔曼滤波融合算法如下。

动态系统的数学模型为

$$\begin{cases}\boldsymbol{X}_{k+1}=\boldsymbol{\Phi}(k)\boldsymbol{X}(k)+\boldsymbol{\Gamma}(k)\boldsymbol{W}(k)\\ \boldsymbol{Z}_k=\boldsymbol{H}\boldsymbol{X}(k)+\boldsymbol{V}(k)\end{cases} \tag{8-17}$$

式中:$\boldsymbol{X}(k)$为系统的n维状态向量;$\boldsymbol{\Phi}(k)$为系统的$n\times n$维状态转移矩阵;$\boldsymbol{W}(k)$为p维系统过程噪声,其协方差阵为$\boldsymbol{Q}(k)=E[\boldsymbol{W}(k)\boldsymbol{W}(k)^{\mathrm{T}}]$;$\boldsymbol{Z}(k)$是观测向量;$\boldsymbol{V}(k)$为$m$维观测噪声;$\boldsymbol{R}(k)=E[\boldsymbol{V}(k)\boldsymbol{V}(k)^{\mathrm{T}}]$为其协方差阵;$\boldsymbol{H}(k)$是系统的$m\times n$维观测矩阵。

系统噪声和初始状态可做如下假设:

$$E[\boldsymbol{W}(k)]=0, E[\boldsymbol{W}[k]\boldsymbol{W}(j)^{\mathrm{T}}]=\boldsymbol{Q}(k)\delta_{kj} \tag{8-18}$$

$$E[\boldsymbol{V}(k)]=0, E[\boldsymbol{V}(k)\boldsymbol{V}(j)^{\mathrm{T}}]=\boldsymbol{R}(k)\delta_{kj} \tag{8-19}$$

$$E[\boldsymbol{W}(k)\boldsymbol{V}(j)^{\mathrm{T}}]=0 \tag{8-20}$$

如果状态向量$\boldsymbol{X}(k)$和观测向量$\boldsymbol{Z}(k)$满足数学模型方程,就可以递推$k+1$时刻的状态值$\hat{\boldsymbol{X}}(k+1)$,递推过程如下。

状态的一步预测方程为

$$\hat{\boldsymbol{X}}_{k+1,k}=\boldsymbol{\Phi}_{k+1,k}\hat{\boldsymbol{X}}_{k,k} \tag{8-21}$$

其一步预测误差方程为

$$\tilde{\boldsymbol{X}}_{k+1,k}\triangleq\boldsymbol{X}_{k+1,k}-\hat{\boldsymbol{X}}_{k+1,k}=\boldsymbol{\Phi}(k)\tilde{\boldsymbol{X}}_{k,k}+\boldsymbol{\Gamma}(k)\boldsymbol{W}(k) \tag{8-22}$$

其一步预测误差协方差为

$$\boldsymbol{P}_{k+1,k} \triangleq \boldsymbol{\Phi}(k)\boldsymbol{P}_{k,k}\boldsymbol{\Phi}(k)^{\mathrm{T}} + \boldsymbol{\Gamma}(k)\boldsymbol{Q}(k)\boldsymbol{\Gamma}(k)^{\mathrm{T}} \tag{8-23}$$

观测的一步预测方程为

$$\hat{\boldsymbol{Z}}_{k+1,k} = \boldsymbol{H}(k+1)\hat{\boldsymbol{X}}_{k+1,k} \tag{8-24}$$

其一步预测误差方程为

$$\tilde{\boldsymbol{Z}}_{k+1,k} = \boldsymbol{Z}(k+1) - \hat{\boldsymbol{Z}}_{k+1,k} = \boldsymbol{H}(k+1)\tilde{\boldsymbol{X}}_{k+1,k} + \boldsymbol{V}(k+1) \tag{8-25}$$

其预测误差协方差方程为

$$\boldsymbol{S}(k+1) = \boldsymbol{H}(k+1)\boldsymbol{P}_{k+1,k}\boldsymbol{H}(k+1)^{\mathrm{T}} + \boldsymbol{R}(k+1) \tag{8-26}$$

$k+1$ 时刻滤波器增益方程为

$$\boldsymbol{W}(k+1) = \boldsymbol{P}_{k+1,k}\boldsymbol{H}(k+1)^{\mathrm{T}}\boldsymbol{S}(k+1)^{-1} \tag{8-27}$$

状态更新更新方程为

$$\hat{\boldsymbol{X}}_{k+1,k+1} = \hat{\boldsymbol{X}}_{k+1,k} + \boldsymbol{K}(k+1)\tilde{\boldsymbol{Z}}_{k+1,k} \tag{8-28}$$

误差协方差更新方程为

$$\boldsymbol{P}_{k+1,k+1} = \boldsymbol{P}_{k+1,k} - \boldsymbol{W}(k+1)\boldsymbol{S}(k+1)\boldsymbol{W}(k+1)^{\mathrm{T}} \tag{8-29}$$

根据上述逆推公式就可以递推地计算出 $k+1$ 时刻最优状态估计值 $\hat{\boldsymbol{X}}_{k,k}$。卡尔曼滤波算法利用反馈控制的方法估计系统过程状态:滤波器估计过程某一时刻的状态,然后测量以更新的方式获得反馈。

5. 贝叶斯估计法

贝叶斯估计法是静态数据融合中常用的方法。其信息描述是概率分布,适用于具有可加高斯噪声的不确定信息处理。每一个源的信息均被表示为一概率密度函数,贝叶斯估计法利用设定的各种条件对融合信息进行优化处理,它使传感器信息依据概率原则进行组合,测量不确定性以条件概率表示。当传感器组的观测坐标一致时,可以用直接法对传感器测量数据进行融合。在大多数情况下,传感器是从不同的坐标系对同一环境物体进行描述的,这时传感器测量数据要以间接方式采用贝叶斯估计进行数据融合。

贝叶斯推理技术主要用来进行策略层融合,此时要求系统可能的决策相互独立,它是通过把先验信息和样本信息合成为后验分布,对检测目标作出推断。设 $P(A_i \mid A)$ 是真值为 A 的条件下测量 A_i 的概率已知,当接收到测量数据 A_i 时,用贝叶斯公式来计算其真值为 A 的后验概率,即

$$P(A \mid A_i) = \frac{P(A_i \mid A)P(A)}{\sum_B P(A_i \mid B)P(B)} \tag{8-30}$$

当有两个信源对系统进行观测,除了上述的 A_i 外,另一个观测结果为 A_j。则条件概率公式可表示为

$$\begin{aligned} P(A \mid A_i, A_j) &= \frac{P(A_j \mid A, A_i)P(A \mid A_i)}{P(A_j \mid A_i)} \\ &= \frac{P(A_j \mid A, A_i)P(A_i \mid A)P(A)}{P(A_j \mid A_i)P(A_i)} \end{aligned}$$

$$= \frac{P(A_i \mid A, A_j)P(A_j \mid A)P(A)}{P(A_i, A_j)} \tag{8-31}$$

6. D－S 法

D－S 法是目前数据融合技术中比较常用的一种方法。该方法通常用来表示对于检测目标的大小、位置及存在与否进行推断。它实际上是广义的贝叶斯方法。根据人的推理模式，采用了概率区间和不确定区间来决定多证据下假设的似然函数来进行推理。由各种传感器检测到的信息提取的特征参数构成了该理论中的证据，利用这些证据构造相应的基本概率分布函数，对于所有的命题赋予一个信任度。基本概率分布函数及其相应的分辨框合称为一个证据体。因此，每个传感器就相当于一个证据体。多个传感器数据融合，实际上就是在同归分辨框下，用 Dempster 合并规则将各个证据体合并成一个新的证据体，产生新证据体的过程就是 D－S 法数据融合。

8.5 数据融合的主要应用

8.5.1 典型应用

数据融合技术首先是从军事领域发展起来的，到目前为止，它已经应用到海上监控、空—空防御和地—空防御、战场侦察、战机监视和捕获等多个领域，主要用于包括战术和战略上指挥、控制、通信及舰艇、飞机、导弹等军事目标的检测、定位、跟踪和识别。例如，在进行航迹跟踪时，多传感器融合技术通过综合处理不同传感器获取的信息可估计出目标的位置及方向、速度和加速度等运动情况。即实现军事目标的监测、定位，之后我方就可以对敌方和己方的飞机、导弹等进行识别、跟踪，帮助指挥中心对战场进行态势估计与威胁估计，并根据估计结果指挥各兵种进行协同作战，充分发挥己方兵力优势。尽早、尽快地将敌方歼灭，赢取战争的胜利，尽可能将己方的人员和设施损失降低到最低。此外，在多传感器侦察系统中使用数据融合技术，不仅使系统组合的结构更加合理，而且综合利用多种传感器信息的互补性和冗余性，信息的确定性和可靠性得到了大幅度的提升，低可观性目标的探测和识别能力也得到了提高。这样不仅有利于提高侦查系统决策的实时性和准确性，同时也降低了侦查系统的成本。

下面以机载多传感器数据融合系统来做一个典型应用的介绍。

数据融合需求对机载多传感器收集信息进行进一步的分析处理，根据不同的传感器数据以及功能需求，可以将数据融合中心按照层次分为几个部分，具体流程简图 8－11 如下。

通过对数据融合流程的分析，可以设计数据融合及态势评估模拟系统框图如图 8－12 所示。

首先，系统可以通过对单个传感器获得目标的位置与身份类别的估计信息进行融合，获得更加精确的目标位置、状态与身份类别的估计。目标的位置、状态估计，包括数据和时间的配准、关联、跟踪和识别。数据配准是把从各个传感器接收的数据或图像在时间和空间上进行校准，使它们有相同的时间基准、平台和坐标系。数据关联是把各个传感器传送来的点迹与数据库中的各个航迹相关联，同时对目标位置进行预测。保持对目标进行

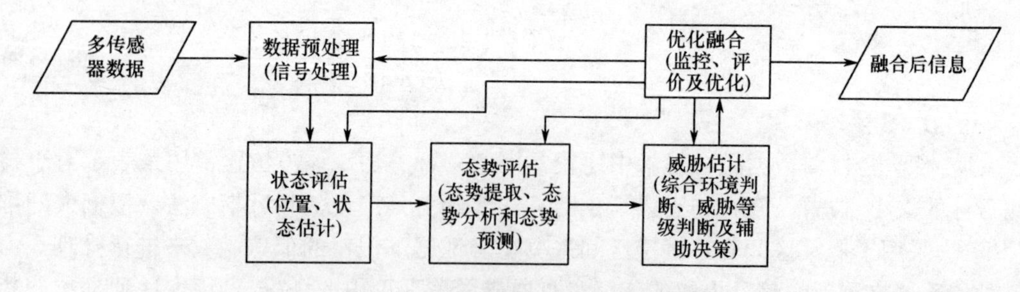

图 8－11　数据融合数据流程框图

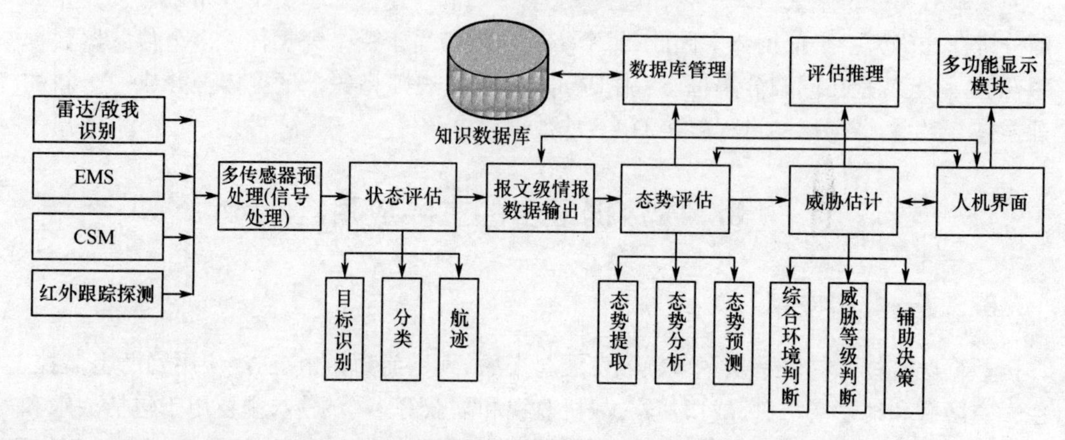

图 8－12　数据融合及态势评估模拟系统框图

连续跟踪，关联不上的那些点迹可能是新的点迹，也可能是虚警，将其保留下来，在一定条件下，利用新点迹建立新航迹，消除虚警。识别主要指身份或属性识别，给出目标特征，以便进行态势和威胁评估。数据融合技术路线示意图如图 8－13 所示。

接着进行敌我态势估计，包括态势提取、态势分析和态势预测，统称为态势评估。

态势提取是从大量不完全的数据集合中构造出态势的一般表示，为前级处理提供连贯的说明。静态态势包括敌我双方合战斗力估价等；而动态态势包括意图估计、遭遇点估计、致命点估计等。态势分析包括实体合并，协同推理与协同关系分析，敌我各实体的分布和敌方活动或作战意图分析。态势预测包括未来时刻敌方位置预测推理等。图 8－14 为态势评估一般方法框图。

然后进行敌方威胁估计，威胁估计是关于敌方对我方杀伤能力及威胁程度的评估，具体地说，包括综合环境判断、威胁等级判断及辅助决策。

威胁估计不同于态势估计，因为威胁估计要多方面且定量地对敌方火力进行分析，从而估计出敌人行动的进程和火力的杀伤力，威胁估计的主要功能有实力估计、预测敌方意图、威胁识别、多方面估计以及进攻与防御分析。

在上述所描述的数据融合技术中主要针对数据融合技术的属性级融合即目标识别级进行了分析，其中目标识别层的信息融合有三种方法，分别是决策级融合、特征级融合及数据级融合。通过对整个机载拦截系统的分析，主要选择特征级融合方法，即每个传感器完成对自身数据的处理，形成各自关于目标的状态信息，然后送至融合中心，进行融合处理，求得有关目标的完整的状态信息。

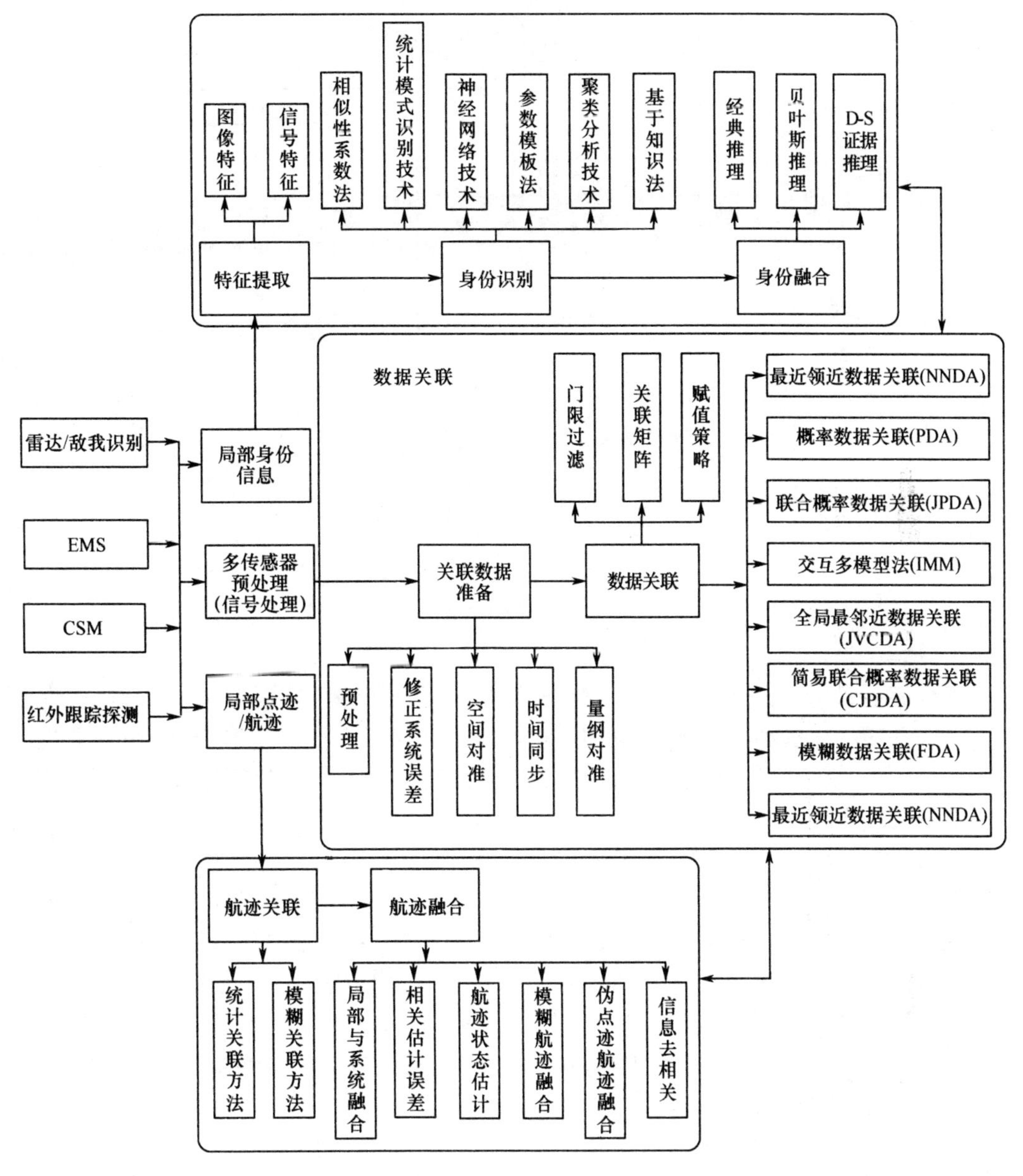

图 8-13 数据融合技术路线示意图

8.5.2 其他应用

近年来,数据融合技术在工业机器人、工业过程监视、医疗诊断、天气预报、森林火警、自然灾害预报、金融领域、粮食产量预测、生物医学工程、智能交通系统、社会安全与犯罪预防等民用领域都得到了较快的发展,在此仅例举其中的几项。

1. 医疗诊断

对普通病人,医生诊断病情主要是通过接触、看、听、问和病人自述等途径了解病情,而对一些复杂的情况可能就需要多种传感器的信息,如 X 射线图像、核磁共振图像等,对人体的病变、异常的部位进行定位与识别。通过综合分析得到的这些结果医生再确定病情,减

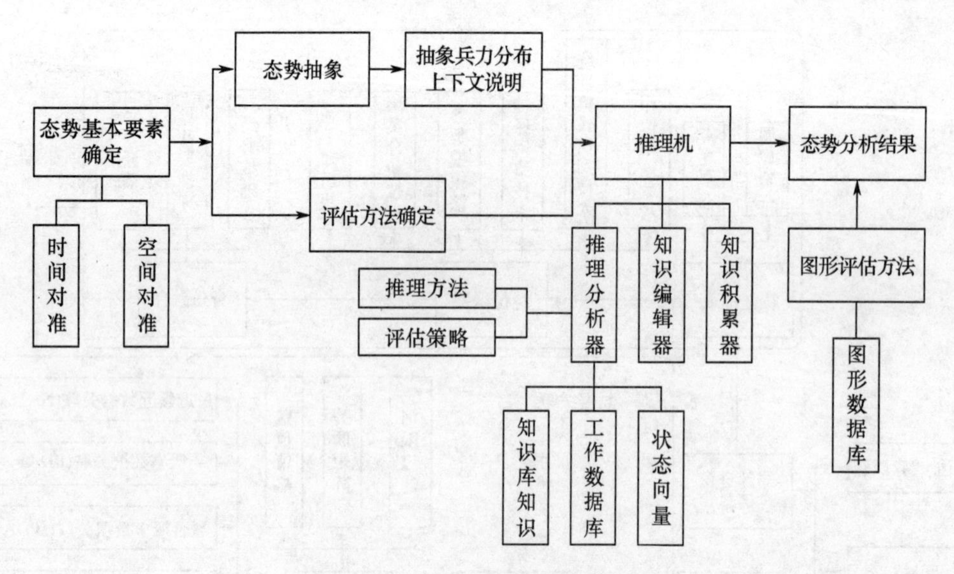

图 8-14 态势评估一般方法框图

少或避免误诊。利用数据融合原理还可开发成软件和专家系统，更方便病情的确诊。

2. 机器人

多传感器数据融合技术的另一个典型应用领域为机器人，特别是那些难以由人完成或对人体有害的一些环境和场合，利用工业机器人完成工业监控、水下作业、危险环境工作是最好不过了。还可以利用机器人对三维对象或实体进行识别和定位，所用传感器包括听觉、视觉、电磁和 X 射线等传感器。目前，主要应用在移动机器人和遥控操作机器人上，因为这些机器人工作在动态、不确定与非结构化的环境中，这些高度不确定的环境要求机器人具有高度的自治能力和对环境的感知能力，而多传感器数据融合技术正是提高机器人系统感知能力的有效方法。实践证明，相比于单个传感器，机器人若采用多个传感器，可利用这些传感器的冗余和互补的特性来获得外部环境动态变化的、比较完整的信息，并对外部环境变化作出实时的响应，提高机器人感知外部环境能力的可靠性。目前，机器人学界提出向非结构化环境进军，其核心的关键之一就是多传感器系统和数据融合。

3. 交通管制系统

多传感器数据融合系统的另一个应用领域是空中交通管制系统。通常，它是在一个雷达网的监视、引导和管理下工作的，包括多雷达系统融合处理的全部内容。空中交通管制系统通过二次雷达识别各种类型的飞机，确定哪些是民航机、其航班号以及飞行状态，并且与一次雷达进行配对，再通过配对分析的结果来判断来机是否能安全通行或是给予警告。

4. 金融系统

金融系统、大型企业或国家的经济管理体系需要利用许多信息来源，例如进出口贸易数据、股市数据、海关数据、地方经济数据等，所以会涉及到数据融合问题。

8.6 数据融合的性能评价

数据融合最初产生是因为军事的需要，迄今为止已经有很多数据融合系统日趋成熟，被广泛应用于各行各业当中。随着数据融合的发展，它独立成为一门学科，不受外界明显影响,借助于推理和对概念进行一般化、特殊化的综合分析来解决问题。作为一门独立学科,数据融合需要有通用的评价系统与评价手段,目前,国内外对数据融合策略与评估的研究还没有形成完整的理论体系、模型和方法。

考虑到目前系统模型层次比较全面、系统比较完善、评价体系有一定的理论基础的融合系统都是在军事领域建立的,在下述数据融合系统性能评价方法中,我们结合军事应用,分析在融合系统性能评价中需要评估的指标,以及可采用的方法。

首先必须要建立下列对系统性能和系统效率的评价:

(1) 从技术意义上来说,某个算法、技术或技术的集合执行的效果如何。

(2) 当系统应用到实战任务中时,某一技术作为系统的一部分,对系统成功的概率作出的贡献大小。

在对数据融合系统中各个过程进行评估时,有一点是不容忽视的,那就是,这些处理过程可能是系统最初就有的一部分,也可能是为了提高系统性能而增加的改进增强部分。在计算某一处理过程对整个系统的贡献时,必须保证其他的因素不变。如果某一过程是改进部分加入的,那么必须与原来未加入的情况进行系统性能的比较。

评价指标体系是融合系统效能评价的基础,它是否合理、完整、可测、无冗余,直接关系到最后的评价结果。数据融合系统评价指标的选择不仅要遵循针对性、可测性、客观性、独立性等基本原则,而且必须反映现代战争对自动化系统的需求。选择合适的评价指标体系并将其量化,是需要解决的一项关键技术。融合系统效能评价指标可分为三大类:

(1) 性能指标(Measures of Performance,MOPs)。

(2) 效能度量(Measures of Effectives,MOEs)。

(3) 作战效能(Measures of Force Effectiveness,MOFE)。

特定的性能指标(MOPs)通过计算下面的一个或多个指标来得到融合系统特征:

(1) 检测概率——受距离变化影响的检测到物体的概率,信噪比等。

(2) 虚警率——把噪声或干扰信号错误地识别成有效目标的概率。

(3) 位置估计准确性——确定物体所处位置的准确性。

(4) 识别概率——把物体正确识别为目标的概率。

(5) 目标识别距离——传感系统和目标之间的距离范围,在该距离范围内正确识别目标的概率超过预设的阈值。

(6) 通信延时——从一个信号被某一目标(或主动传感器)发射到被融合系统探测到的时间延迟。

(7) 目标分类准确性——一组传感器或者融合系统的把某一目标正确识别为某一类别的能力。

上述 MOPs 测度某一融合过程(作为一个信息处理过程)转换由目标发射或反射的信号能量的能力,推断目标的位置、属性以及目标识别的能力,它们描述的是融合系统各子系统的功能。

MOEs 是用来衡量融合系统对完成某一实战任务所起的作用,就是融合系统在军事环境下实现其总体功能的情况。

MOEs 包括如下内容:

(1) 目标识别率——系统正确识别目标的比率。

(2) 信息时限——信息支持指挥决定的有效性时限。

(3) 预警时间——用来警告用户潜在危险或敌方行动所需时间。

(4) 目标遗漏——敌方部队或目标避开探测的百分比。

(5) 反对抗——融合系统避免敌方对抗、干扰的能力。

对于融合系统的更高层次,MOFE 量化了整个军队(包括有数据融合能力的系统)完成作战任务的能力。MOFE 描述了融合系统与作战结果之间的关系。典型的 MOFE 包括损耗速度、损耗率、作战结果以及这些变量的函数。在总的任务定义中,其他因素如系统代价、战争规模、部队组成等也都包括在 MOFE 内。

在这些指标中,性能指标一般与环境无关,取决于系统部件或子系统本身的特性,属于技术指标的范畴。而数据融合系统的效能和作战效能则必须在作战环境下考虑,它们是系统对一组特定任务要求满足程度的度量,是综合性的指标,它们表示系统的整体属性。一般来说,系统设计者强调数据融合系统的性能指标,而用户则更强调系统效能和作战效能。在评价数据融合系统时,主要考虑系统的两类指标:一是系统的性能指标;二是系统的作战效能指标。性能指标主要包括系统反应时间、系统有效度(可靠性)以及系统生存能力等。作战效能主要包括融合系统的单项作战效能(战术系统的作战效能)、数据融合系统的综合作战效能以及效能/费用比等。

第9章　物联网及其数据处理典型案例

9.1　数字精准农业

数字农业,即精准农业是将遥感、地理信息系统、全球定位系统、计算机技术、通信和网络技术、自动化技术等高新科技与地理学、农学、生态学、植物生理学、土壤学等基础学科有机结合,实现在农业生产全过程中对农作物、气候、土壤从宏观到微观的实时监测,以实现对农作物生长、发育状况、病虫害、水肥状况以及相应的生理、生态环境状况进行定期信息获取和动态分析,通过诊断和决策,制定实施计划,并在GPS和GIS集成系统支持下进行田间作业的信息化现代农业。

针对数字农业的主要需求:信息表达数字化、装备数字化和管理信息化,需要满足以下基本技术路线:

(1) 对各种农业信息,生物的、环境的、管理的都要用数字化的方式进行表达,并对某些方面用精确的数学模型加以描述。

(2) 将各种先进的数字化的软硬件技术广泛地应用于农业设备,以实现农业设备的小型化、数字化和智能化。

(3) 先进的信息获取与采集技术。将3S("3S"技术是指对地观测的3种空间高新技术系统即遥感(RS)、全球定位系统(GPS)和地理信息系统(GIS))和无线传感器网络技术应用于数字农业,以实现各种宏观的、微观的农作物生长信息及环境地理信息的获取。利用航天遥感、航空遥感、地面无线传感器网络,对主要农作物的长势与产量、土地利用与土地覆盖、土壤墒情、水旱灾害、病虫草害等进行监测。从信息流道可以将信息源分为从空中获取的(如农业遥感)和从地面获取的(如地面监测站、GPS采样)、智能机械自动产量数据获取两条通道,两者之间相互补充,为精细农业工程提供及时准确的数据。同时应用最新的4G网络技术,以实现大数据量农业信息的无线传输和通信。

(4) 智能专家系统。智能专家系统是数字农业的核心。其应用已遍及灌溉、施肥、栽培、病虫害诊断与防治、育种、产量预测、农产品安全检测等方面。该系统包括数据库、模型库与知识库,通过系统界面与用户交互,完成信息服务、科学计算与决策咨询的功能,并和农田地理信息系统集成生成田间作业方案,以便控制农药机械实施调控投入。

(5) 先进的信息管理系统。要求在农业的各个部门的生产、科研、教育、行政、流通、服务等全面地实现数字化与网络化管理。

"3S"技术涉及电磁波理论、图像处理、图像解译、计算机硬件与软件技术、空间分技术、卫星导航原理、测量等多个领域,将这些理论方法和技术与农业生产结合,具有很强的技术性。将"3S"技术引入农业研究和实践,可有效地管理具有空间属性的各种农业资源信息,对农业管理和实践模式进行分析测试,便于制定决策、进行科学甚至政策的标准评价；能有效地对多时期的农业资源及生产活动变化进行动态监测和分析比较；可将数据收集、空间分析和决策过程综合为一个共同的信息流，提高农业生产效率和效益。

GPS 的优势是精确定位，GIS 的优势是管理和分析，RS 的优势是快速提供各种作物生长与农业生态环境在地表的分布信息，它们可以做到优势互补，促进精细农业的发展。

GPS 可以确定农业机械在田间作业中的精确位置，GIS 可对各种田间数据进行处理和分析，二者结合为科学种田提供了所需要的定位和定量的技术手段，进行田间作业和田间管理。例如：GIS 能够根据地块中土壤特性和土地条件，结合 GPS 提供的位置数据，指挥播种机进行定量播种，确定播种的疏密程度；在 GIS 和 GPS 指挥下，农药喷洒机可以去病虫害自动喷洒农药。

RS 和 GIS 结合提供了多种数据源，这为建立农田基础数据库奠定了基础。农田基础数据库是农田科学管理的基础。搭载在农田机械上的 GIS，可以记录下各种农田操作过程中的数据，如作物品种、播种深度、喷洒农药类型、施肥和灌溉以及收获产量，同时记录下田间作业时的位置与范围、灌溉量、化肥使用量、农药喷洒量、喷施部位、使用时间、当天天气状况等。通过 RS，则可以获得作物生长情况、作物生态环境等数据。将这些数据都记录在数据库内，日积月累就形成了农田基础数据库。再由专家系统及其他决策支持系统对数据进行加工处理，做出科学的农业作业决策，再通过作业者或农业机器携带的计算机控制器控制变量执行设备，实现对作物的变量投入或操作调整。

对于精准农业来说，在利用 3S 技术得到作物生长的大面积信息的同时，利用传感器可以进一步地观测到每株作物的生长状况并控制相应的设施做出合理的反应。作为精准农业信息直接采集与操作的一部分，传感器网络对于实时数据的采集具有重要的作用，图 9-1 为传感器网络层次图。精准农业实施所需要的产量图、土壤水分、土壤养分、土壤污染物含量、作物长势等在 RS 技术之外，更多地需要传感器的实时采集来得到精确的数据，并通过 GPS 技术实现时间与空间的定位，形成信息层进入 GIS。此外，传感器还可用于对变量管理机具的控制。

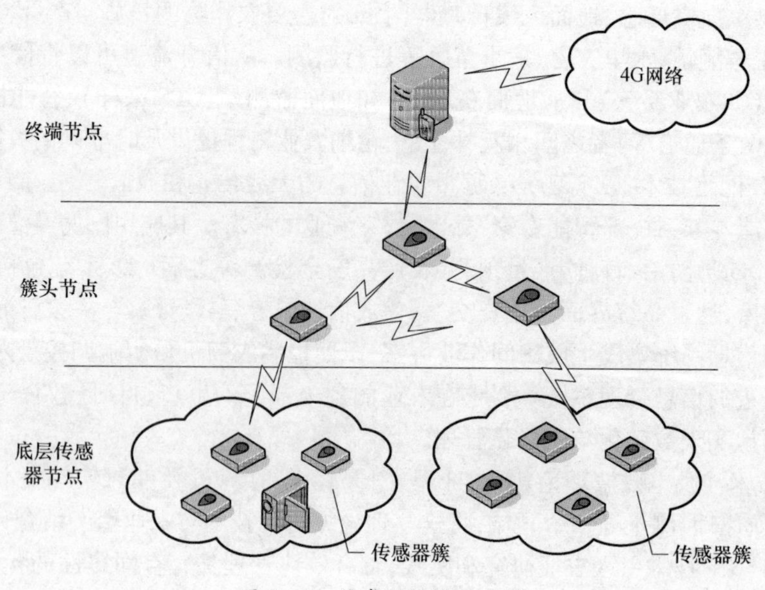

图 9-1　传感器网络层次图

在传感器网络的设计中,无线传感器作为了网络的主体。基于成本控制与推广,大量价格低廉的无线传感器的使用成为很好的选择。而由于需要对3S系统提供的信息加以利用,传感器网络需要与信息中心相互通信,因此引入能够接入4G网络的节点作为传感器网络的上层节点。同时,该高端节点的引入也为外部网络的查询与互动提供了基础——通过LTE网络,4G终端可以实时地对作物的当前状态进行查询、操作相应设施,也可以实时地访问GIS信息中心等,而决策系统也可以通过网络连接到传感器,从而实现机器到机器(M2M)的同时也实现了人机的交互。

在精确农业中无线传感器网络是以数据为中心的,因此在网络的设计上可以利用多层结构。我们将传感器网络按照其功能划分为三个层次,分别对应不同的传感器节点。底层的传感器节点作为监测作物生长信息及环境信息的简单传感器,在此基础之上是作为数据初步融合与计算的簇头节点,直接接入4G网络的终端则为最上层节点。

作为底层的传感器节点需要对作物生长环境及作物的生长态势进行信息感知与收集。从农业生产的角度来说,对于土壤肥力、温度、湿度、pH值,空气的温度、湿度和气压,光照强度,作物的生长状态,病虫害等都是需要监测的。目前比较成熟的有对于土壤成分与湿度的监测技术,土壤监测传感器主要有基于光电分色技术、基于近红外技术、基于离子探测技术等几种,并且都有相应的投入应用,如基于离子探测技术的传感器在土壤分析系统中已经投入使用,并可以基本满足实时采样分析的要求。而在土壤湿度监测方面,根据基于时域反射仪(TDR)原理的土壤水分仪,发展出了多套系统。此外,还有基于频域反射(TDR)原理的测量仪器,如Thetarobe水分测量仪等。瑞士Sensirion公司推出的新一代基于CMOSensTM技术的传感器更可将温、湿度传感器结合在一起。

同时,作为传感器网络信息收集的一种方式,视频传感器节点也是网络底层节点的一部分。除定时采集图像信息外,还可以通过传感器网络控制数字摄像头进行实时拍照并获取数字照片。利用视频传感器不仅可以实时获取直观的田间信息,还可以对GPS信息进行补充。

由于信息涉及具体的定位,具有GPS模块的传感器也是传感器网络的一部分。利用带有GPS模块的传感器进行传感器节点的定位,才能将传感器节点采集信息与RS技术等得到的信息匹配、结合起来。而对于带有GPS模块的传感器节点来说,除了作为一般节点加入网络中,其GPS模块启动时还作为单独的定位节点服务于全网,因此会带来较大的能量消耗。由于网络节点静止,可以推断GPS模块的定位消息发送不需要十分频繁,而是在一次定位后,可以存在相当长的有效期。因此,在此可以引入模块的休眠算法,在前一次定位的有效期内可以让GPS模块进入睡眠状态从而减少能量的消耗。

此外,在精准农业的传感器网络中除了依照作物分布布置的静止节点外,还有因为农艺操作而引入的人或机械的移动节点存在。这种节点一般以很低的速度移动,在操作时同样依赖于GPS和GIS数据中心信息或决策。例如,进行变量机械作业的导航与决策信息提供等。在网络的设计中,要充分考虑到这种节点的接入与退出行为及通信。要设计一种合理的方式对这种设施进行管理,并且当出现移动节点时,传感器所带的GPS模块会频繁地启用定位功能。同时,由于移动节点的特殊性,一般具有跨层的性质,既可以以一般节点的方式加入传感器簇与单个节点通信,也可以在簇头层面上进行信息交流或直接与4G终端通信。

根据节点成本，底层节点中简单的环境与植物生长参数感知的节点可大量布置，甚至可以做到对每株作物的监测，但成本较高的视频监测节点、带有 GPS 定位模块的节点等可以选择性的布置。如视频监测节点在某一区域中只需几个便可以完成全区域的监测任务，而利用定位算法，从有限个带 GPS 模块的节点也可以得到作物的具体位置，而且也不需要大量布置作为网络接入点的 4G 终端节点。

无线传感器网络协议很多，考虑到精准农业的传感器网络规模，分层的结构会是较好的节省能量的选择。它们依据各种不同的标准进行簇的划分和簇头的选择。由于在精准农业中，GPS 技术的应用使得节点位置已知，并且可以推断相邻区域的作物生长状态与环境具有更高的相似性，因此可以选择基于地理位置信息或地理位置辅助的成簇方式，以便对于作物和环境的监测，减少融合后的数据传输量。同时，由于传感器网络的异构性与传感器节点的异构型，需要定义一种通用的数据结构来保证传感器节点与簇头节点间的信息正常流动，簇头节点与 4G 节点及 GIS 信息中心之间的信息能正常识别与流动。保证 GIS 信息中心所得到的传感器网络信息与通过 RS 技术得到的信息能够互相融合、相互补充，为决策系统等提供充分、有效的信息。

而由于这种网络中大部分传感器节点不会移动，在簇头轮换上可以使用更长的轮换周期、更公平的算法使能量消耗更加平均，以延长网络的生存时间。簇头节点间形成网状或树状结构，通过多跳方式与 4G 终端节点通信，实现传感器网络与 GIS 信息中心等进行通信。因此，在传感器网络的协议选择上，不仅需要选择合理的成簇算法，还需要选择一种能够快速收敛的路由协议应用于簇头节点层。

在数据的上行过程中，底层节点的信息在簇头节点汇集、融合，由簇头节点传送到 4G 终端进入网络；而在数据的下行过程中，操作指令从 4G 终端或决策中心等通过 4G 网络首先传输到 4G 终端，再由终端通过相应的簇头传送到底层传感器节点。

与以 IP 地址为基础的有线或无线网络相比，无线传感器网络更侧重于完成数据任务。当用户应用无线传感器网络时，只需针对自己所关心的事件，并将其描述、转化为查询语言告知网络，无需关心到个别的节点，网络就像一个中间件：收到需求、组织查询处理、返回结果。这种纯粹以数据进行往来的特性是无线传感器网络的基本特征。

探测监控是无线传感器网络应用的基本任务，同时要对所监控的区域数据汇总计算，因此数据融合技术成为不可缺少的重要组成部分。数据融合就是将多个数据源的信息加工处理，之后得到更加符合用户要求的信息数据的流程。从宏观效果上讲经过数据融合后可以压缩数据。

在无线传感器网络中，数据融合的作用十分重要，主要表现在降低能量消耗、增强准确性以及提高效率三方面。

(1) 降低消耗。无线传感器网络由大量传感器节点组成的，这些节点经过随机抛撒或定点摆放，散布在被监测场景中。对于单独的传感器节点来说，有限的监测范围和可靠性不能完成全部任务。因此，为了确保监测信息的准确性和网络的通信连通性，在散布中，要求传感器节点分布达到一定的密度。与此同时，不可避免地会存在多个传感器节点的监测范围互相交叠，尤其当有多个相交叠的同质传感器节点时，这些邻近节点采集到的信息间包含大量重复部分，因此带来了数据的冗余。

例如，在基于温度传感器的监控应用中，互相邻近的传感器节点监测到的温度数据将会非常接近，甚至相同。在这种情况下，把所有节点的采集信息全部发送给中心汇聚节点要耗费大量的能量。而数据融合就是针对上述情况进行网内的数据处理，也就是在某个或某些个中间节点转发信息之前，先对多源数据进行融合处理，最大程度地压缩冗余信息，在保证信息量不减的前提下减少网内传输数据。

(2) 提高信息准确性。由于受到通信及环境等多个方面的制约，传感器节点在采集和传输监测信息时可靠性难以得到保证。接收到少量分散节点的传感器数据，其信息的正确性比较难以保证。因此可将一些传感器关联起来，对采集到的数据汇总分析，提高信息的可信度。尽管可以在数据全部到达汇聚点之后进行集中处理，但此处的信息较为庞杂，处理起来没有网内计算准确。

(3) 提高数据采集效率。数据融合在一定程度上可以减少网络中传输的数据量，进而缓解网络的传输拥塞，减少数据传输到达汇聚节点的延迟。即使在融合度很低的情况下，虽然有效数据量并未见减少，但通过合并数据分组也可以减少数据分组个数，进而可以减少传输中的冲突碰撞的可能性，这样间接地提高无线信道的利用率。无线传感器网络用户只是关心监测的结果，对于谁采集的原始数据毫不关心。数据融合正是实现这一目标的重要手段。

节点的智能信息在网计算与数据融合技术不仅可以为精准农业监测提供更全面、更智能的监测信息，同时也可以节省传感器节点能量，保证监测系统长时间工作，实现长期监测的目的。

由于传感器网络的特殊性，在传感器节点能量、通信带宽、计算处理能力等资源普遍受限情况下，必须利用分布于网络中的各级节点的不同处理能力，应用低功耗有效计算以及最小化消耗分布算法，通过在网计算功能完成各类信息压缩编码、特征提取以及监控信息融合等处理，将数据量小、信息量足的处理结果逐级上传、逐级处理。

由于能量的限制，不可能将所有采集到的信息直接传输到融合节点进行融合。这就要求将终端传感器采集的信息就地进行处理，不仅是简单的压缩编码，而是同时进行特征的提取，这样传输到区域中心的是压缩后的特征编码。对多个传感终端得来的数据进行融合之前，要进行时间空间的校准。校准的前提一方面是存于该节点的传感器终端路由和位置信息，另一方面是由传感器终端带来的时序信息。例如，CCD 传感器节点中间图像的配准问题要求两幅或多幅图片之间的配准以确保叠加的每幅图像上相应的像素代表地面上的同一位置、对应于同一物体。由于图像传感器是非线性的，而且在被观测的 3D 空间和 2D 空间图像平面之间要执行一个复杂的变换，这使得配准问题更加恶化。

特征层目标特性融合就是特征层联合识别，它实质上是模式识别问题。应用于精准农业监测的智能传感器网络系统具有的包括视频、温度、湿度、土壤养分等多传感器系统为信息决策提供了比单传感器更多的有关目标的特征信息，增大了特征空间维数。具体的融合方法仍是模式识别的相应技术，只是在融合前必须先对特征进行关联处理，把特征向量分类成有意义的组合，区域异构传感特征融合流程结构如图 9－2 所示。

相邻节点异构的传感设备(温度、生物、图像等)所采集的数据融合，并配合使用，是信息融合的一项主要内容。这里将要采取的方式是通过时序的采集，分别将传感设备中的数据进行特征提取，以特征向量的形式共同传向融合节点，在节点处处理单一时刻的多方信息。对目标进行的特性融合识别，就是基于关联后的联合特征向量进行模式识别。

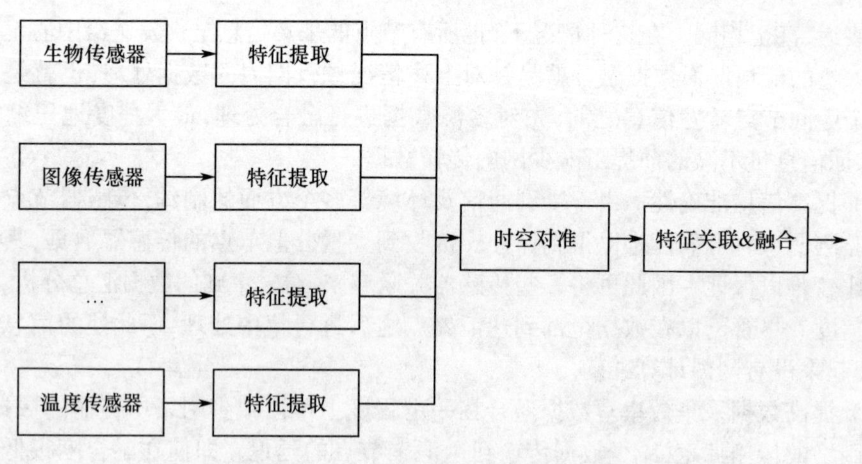

图9-2　数字农业传感特征融合示意

具体实现技术包括参数模板法、特征压缩和聚类算法、K阶最近邻、人工神经网络、模糊积分等。除此之外，采用基于知识的推理技术在抽取环境和目标特征先验知识的基础上完成特征融合识别的推理。得到时间序列的对象融合包，其内容是针对目标对象多角度描述的特征。

根据上述数字农业物联网及数据处理的设计思想，以果蔬生产精准农业化为应用示范，可以设计一个基于3S技术的数字农业系统。系统以无线智能传感器网络为基础平台，该无线传感器网络为异构分层传感器网络系统，由低端廉价的传感器节点以及中高端的传感器节点构成。

低端的传感器节点主要用于果蔬生产过程中如温度、土壤湿度、光照、土地养分等数据的实时感知获取传输。同时，引入部分中高端的多媒体传感器网络节点，如CCD传感器节点，用于捕获实时对果蔬生产田间观测的图像，这些图像可以用于实时观察农作物生产状况、数字农业专家系统分析以及智能的病虫害图像识别判决等。

该传感器网络具有部分高端的网络节点，该部分节点具有更为强大的计算能力与通信能力。用于对于周边簇内低端传感器网络的管理、数据分析与智能数据融合等，同时可支持IPv6，支持4G LTE通信，可以通过LTE网络与周边基站进行通信，将监测数据实时进行传输。

面向精准农业的3S智能传感器网络系统对3S提供全面的支持能力，部分中高端传感器网络节点以及可运动的农业电子机械支持GPS卫星定位，可以提供其所在的实时位置信息。GIS在网络系统中起着非常重要的作用，GIS作为系统的核心部分，传感器网络采集的农业信息数据以及经过传感器网络端采集智能融合后数据均可以选择性通过LTE节点接入4G无线通信网络，连入GIS，并可与RS数据进行多个层次的信息融合，将宏观－微观、整体－个体信息融合，进一步提高GIS系统中信息数据的精确性与实时性，使得GIS信息更加能够反映实际农业生产状况。

而用户则可以通过4G终端，实时对GIS中的信息进行查询，包括RS信息、智能传感器网络上传信息、融合后信息，同时可以根据农业专家系统等获得经过智能分析后的决策信息，来对农田实施精准农业操作。用户也可以通过4G终端直接连接智能传感器网络中的高端LTE节点以及农业电子控制机械等，进行查询与命令操作发布等操作，如用户可以查看实施监控的农田视频信息，查询农田温湿度状况，查询植物生长状况数据等。

面向精准农业的3S智能传感器网络系统支持RFID与IPv6技术，针对现代数字农业特点，面向未来的物联网应用，从果蔬生产的栽种、生长、成品加工、物流运输、销售等多个环节进行跟踪，如了解同一批次的水果生长状况、病虫害情况以及农药施肥等实际情况。

面向数字精准农业的3S智能系统示范构架图可以如图9－3所示。

在图9－3中，面向精准农业的3S智能传感器网络应用验证示范系统由底层各类传感器节点以及LTE节点为主构成，底层各类传感器网络节点可以携带多种精准农业中常见的传感器系统，如土壤水分传感器、温度传感器以及CCD视像传感器等，用于监测精准农业中农业生产必须的传感信息。这些节点之间通过自组织方式构成传感器网络，进行信息交互，具有自组性、抗毁性以及独立性，不依赖于任何固定基础网络系统。底层节点部分由于成本控制原因，不带有GPS，可以通过如DV－HOP等自定位方法进行定位。同时考虑到底层节点的低功耗特性，提供可以长时间用于监测的电源供应，电池系统应该至少可以满足一个农作物生产季的需求，也可以考虑太阳能系统用以补充能量。此外，CCD传感器根据系统设计需求，应该满足一定的分辨率，保证采集信息的准确性。

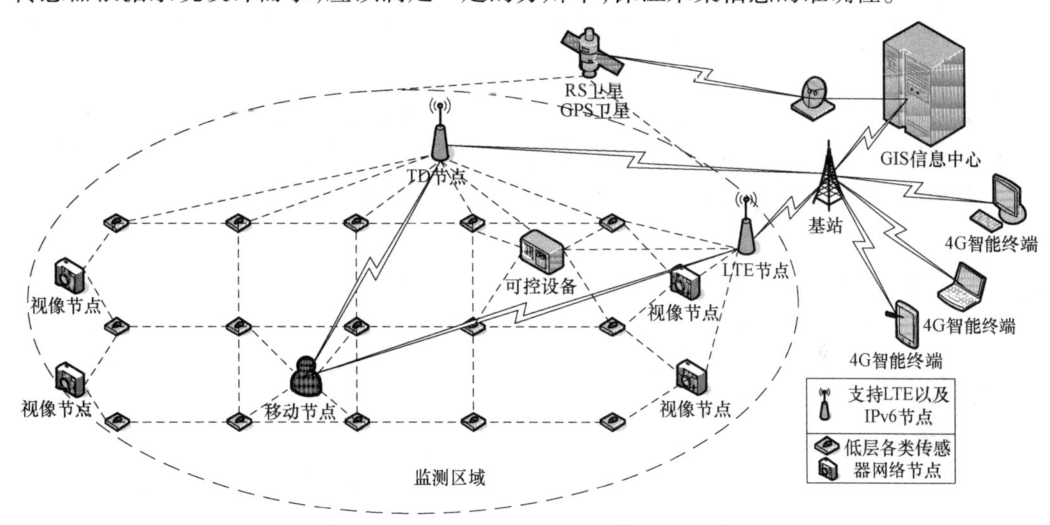

图9－3　面向数字精准农业的3S系统示范架构

系统中具有为数较少的中高端LTE节点，该节点具有较为强大的计算能力与通信能力，可支持4G通信，可以在智能传感器网络中作为簇头，对较为低端的传感器节点进行管理，同时可以将周边低端节点以及网络中其他需要融合的数据进行初步的分析与智能数据融合，获得更为精准的信息并可以有效减少网络中传输的冗余信息。节点通过LTE模式，与GIS进行信息交互，也可以通过LTE网络与用户的4G智能终端进行信息交互。节点同时支持具有海量地址的IPv6，可以满足将多个传感器节点以唯一地址方式接入广域网，便于将来接入物联网系统，使得农作物从栽种、生产、成熟销售以及运输配送的全过程可以记录信息，让用户可以全方位地了解农产品历史与实时生产信息。

GIS地理信息中心对通过LTE网络传输的传感器网络数据进行进一步的分析处理，同时可结合RS信息、GIS原有的信息，进行智能数据融合，进一步提高感知信息精确度。RS信息主要从遥感图像来获取宏观的农田信息，具有宏观广泛的特性，但是缺乏精细信息。而传感器感知仅仅具有局部性，不能从全局掌握农作物信息。RS与传感器网络信息的融合可以分别从宏观与微观、全体与个体的角度全面感知农作物环境与生长信息，为下一步制定操作方式提供更为准确的信息指导。开发更有针对性的GIS系统，使得其对3S与智能传感器网络的结合更加紧密，对数据的融合处理功能更为强大，也能够更好地支持4G网络通信，为用户提供良好的人机接口。

对用户来言，可以通过多种智能4G终端连接GIS地理信息中心，实时查询农业生产数据，包括融合分析后得出的结论数据，查询专家系统数据、原始数据以及对GIS中某些信息进行修改等。也可以通过终端连接智能传感器网络高端的LTE节点，查询网络中实时数据信息，观察田间实时图像，控制可控制的农业机械进行精准农业作业，如智能灌溉系统等。

面向精准农业的3S智能传感器网络应用验证示范系统还应该满足针对性、实用性，可以根据具体农业生产灵活配置网络节点与拓扑结构。节点成本低廉，可以大规模生产与投入实际应用。操作简洁高效，不需要复杂的专业培训就可以实际操作，具有实际的可操作性。

从精准农业服务的角度来看，面向精准农业的3S智能传感器网络应用验证示范系统包含以下几个方面的内容。

（1）网络节点灵活配置部署。针对不同的数字农业应用工作，可以提供模块化、标准化的传感器网络节点选择，可灵活选择不同的传感器节点，以简便的方式就可以搭建无线传感器网络，通过配置，可以接入4G网络，部分节点具有GPS定位功能。这些网络节点相对造价低廉，易于使用。

（2）无额外架设高效通信保障。部署后的无线传感器网络需要与用户终端以及GIS地理信息中心进行数据信息交互，而额外架设通信网络必然增加数字农业成本，采用有线网络连接也存在局限性，在很多地方没有有线网络覆盖。而采用4G网络，则不需要额外架设通信网络，利用移动基站对我国国土面积接近99%的覆盖率，接入移动通信网络，保障高效的数据通信。

（3）精准信息与智能中心。GIS信息中心为用户提供精准信息与智能信息分析处理功能，是整个以“服务”为中心的系统的核心。中心提供包括RS信息在内的精准农业地理信息，并可以与用户数字农场部署传感器网络所上传的局部精准信息进行融合，进一步提高数据精确性。中心同时为通过多种智能终端连入的用户提供信息支持与智能决策分析服务。

（4）精准农业信息服务定制。用户根据实际需求，在数字农场部署无线智能传感器网络，同时定制精准农业信息服务，GIS精准信息与智能中心根据用户定制的服务，为连入中心的授权用户提供相应的信息服务与智能分析服务。

（5）智能终端互动软件。精准农业信息服务定制用户，需要在其所拥有的智能终端安装相应软件，也可以通过B/S模式提供服务，各种智能终端包括个人电脑、智能PAD终端以及4G智能手机等。

面向精准农业的3S智能传感器网络应用验证示范系统服务体系如图9-4所示。

总的来说，面向精准农业的3S智能传感器网络应用验证示范系统具有如下特点：

（1）多层异构传感器网络组网。

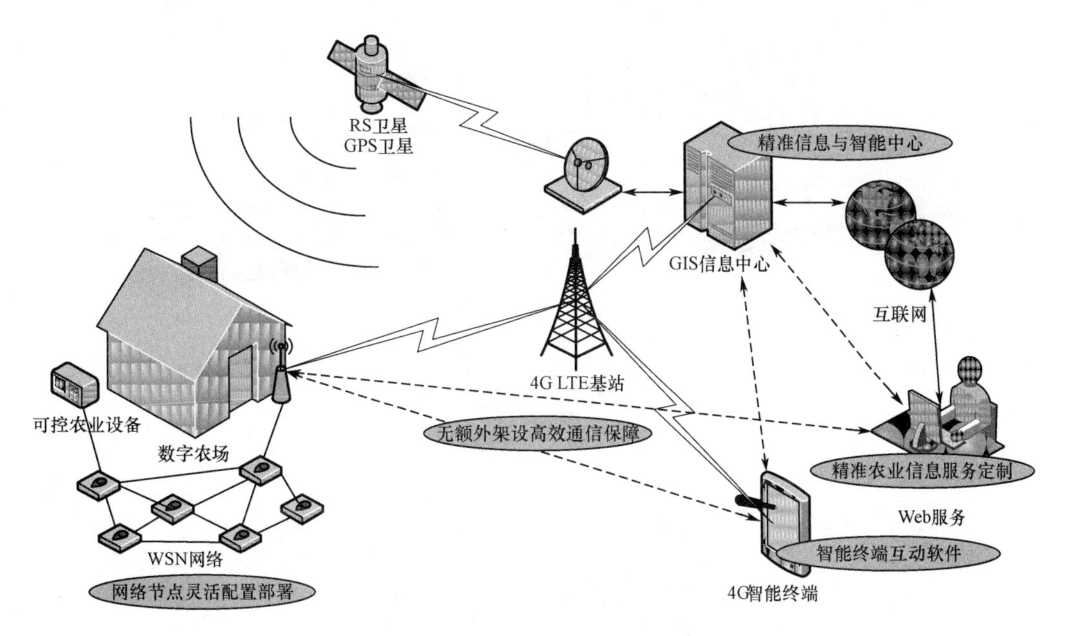

图9-4 面向精准农业的3S智能传感器网络应用验证示范系统服务体系

(2) 传感器网络智能数据融合与在网计算。

(3) 基于3S技术,充分利用信息资源。

(4) 系统成本低廉,可以大规模投入实际应用。

(5) 满足系统可以长时间工作的能量模块与休眠算法。

(6) 针对智能融合的GIS,为用户提供服务购买方式,信息全面精确。

(7) GIS智能分析与专家系统。

(8) 广域通信基于移动通信网络,无需额外架设通信设置。

(9) 4G网络终端多版本具有良好人机界面的操作软件。

(10) 满足智能终端对可控精准农业设备的操作性。

(11) 节点支持IPv6,满足海量地址需求。

(12) 系统具有可配置性,针对不同应用灵活组网。

9.2 无人值守智能巡检系统

通过在重点、敏感、关键监视区域,特别是需要无人值守区域,部署无人值守智能巡检系统,可以完成对目标区域进行实时监测探测、运动目标分析,从而有效识别人员入侵或非法进入。该系统主要用于对重点敏感区域、环境恶劣区域等应用进行全方位的实时监控,为客户提供全面的预警信息与相应的数据分析支撑。区域智能监测无人巡检传感网络系统总体设计与使用示意如图9-5所示。

区域智能监测无人巡检传感网系统典型应用场景如下。

(1) 监测路线巡检:通过临时或长期部署于巡检指定位置,发现人员目标后远程将目标定位信息发送至后方手持终端(三防加固平板)或数据中心。

(2) 重点区域无人值守:重点区域部署传感网系统,可长期无人值守监控重点监测区

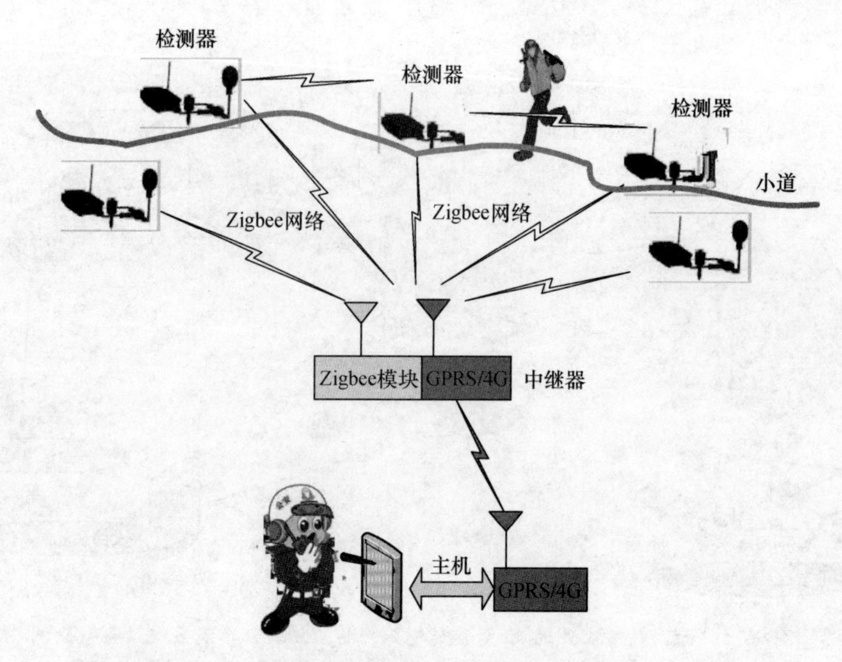

图9-5 区域智能监测无人巡检传感网系统总体设计与使用

域的可疑人员入侵情况。

(3) 综合传感信息采集:针对行业应用环境数据采集需求,可配置多种传感器,对系统进行定制,提供更为多样的传感器数据信息,为各个行业,如安防、边防、油气田等综合数据中心提供丰富的数据采集支持。

区域智能监测无人巡检传感网系统具有如下系统优势。

(1) 无人值守:系统部署后,即可快速自组网并进入监控状态,实现对重点区域及巡检路线等敏感区域的长期无人值守。

(2) 高效巡检,成本低廉,能有效降低巡检人员的任务强度,大大降低人力资源的投入。

(3) 高效部署与快速响应:可通过抛洒式及无人机部署等方式快速部署,具有部署后快速形成组网工作的快速响应能力。

(4) 智能目标识别:通过先进的传感器及融合技术,对运动中的人体等目标进行识别,而动物等目标则不会形成误判。

(5) 隐蔽性好:系统监测节点较小,并可通过仿生设计,使得系统节点具有很好的隐蔽性。

(6) 工作时间:采用高效电池+智能休眠工作方式,可工作1~2年。如配置环境供能方式,可增加监测工作时间,如配置太阳能供电系统,可以长期工作数年。

(7) 可反复使用:部署人员可以通过手持终端定位节点位置,方便回收反复使用,降低可抛洒系统成本,并可以在其他区域部署。

(8) 远距离工作:前端节点间通信距离无障碍可达到0.3~3km(可调);中继器与后端移动终端可通过移动通信(GSM/GPRS/4G)方式,提供超远距离信息传输能力。

(9) 可扩展性:可根据需求进行系统升级,提供更丰富的智能数据分析、综合评估等功能模块,更丰富的人机界面与展示平台。在中继器及检测器端,可配置更加灵敏的传感器件;配置更强大的数据处理芯片,与摄像头等设备进行联动,提供更强的数据处理能力,包括目标成像、特征提取、目标识别以及多层次的数据融合功能等。

综合上述系统优势,并与人工巡检方式及传统监控方式进行对比,如表9-1所列。

表9-1 系统优势对比

对比项	人工巡检	传统监控	本系统
巡检人员	需要	不需要	不需要
部署方式	人员巡检	无人值守,有线部署有限数量的摄像头等	无人值守 可无线部署大量探测节点
覆盖区域	有限的巡检区域	有限区域覆盖	广阔区域覆盖
目标识别能力	肉眼识别	传统摄像头等不具备识别能力	智能识别
工作时间	受人力资源限制	可长期工作	可长期工作
部署速度	较慢,并受人力资源限制	无法快速部署与响应	可快速部署与响应
成本	人力资源成本高	成本较高	成本较低
隐蔽性	差	较差	高
移动部署	人员可移动	不可移动	可移动部署
工作距离	受人力资源限制	较短	远距离
可升级/扩展性	受人力资源限制	较差	好

图9-6及图9-7分别为区域智能监测无人巡检传感网系统的监测节点以及基于移动互联网的后端手持主机。

图9-6 无人值守人员监测节点

区域智能监测传感器网络系统主节点(中继器)硬件具备电源以及电源管理单元、数据采集单元(传感器)、数据处理单元、数据传输单元、定位控制单元等,为了更好地达到

图 9-7　基于移动互联网的后端手持主机

监测以及通信效果,可以考虑在主节点硬件中增加移动控制单元,以实现对监测区域的智能补盲以及对从节点多跳通信次数的优化,提升从节点使用寿命。其结构图 9-8 所示。

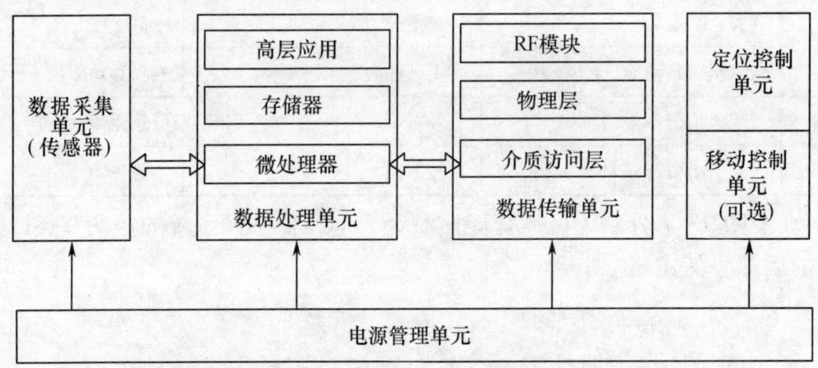

图 9-8　中继器节点硬件模块

定位单元主要是 GPS/北斗定位系统,移动控制单元为可加项,用于覆盖区域补盲,RF 模块用于对从节点进行射频识别与定位,数据传输单元用于接收从节点信息以及向指挥中心服务器发送整合数据。

区域智能监测传感器网络系统主节点硬件软件系统包括硬件驱动系统、应用函数接口、数据收发、数据融合、定位处理、数据处理、系统管理、网络管理以及能耗管理等系统模块,数据处理系统主要用于对从节点发射信息以及自身探测信息的数据预处理以及融合配准,同时根据传感器覆盖面确定需要休眠以及工作的从节点。软件平台具体如图 9-9 所示。

主节点向指挥中心发送信息时可采用多种通信方式,如微型数传电台、GPRS、LTE 等通信方式,满足实际环境中使用需求。

区域智能传感网络系统从节点应具备电源以及电源管理单元、数据采集单元(传感器)、数据处理单元、数据传输单元等,其结构如图 9-10 所示。

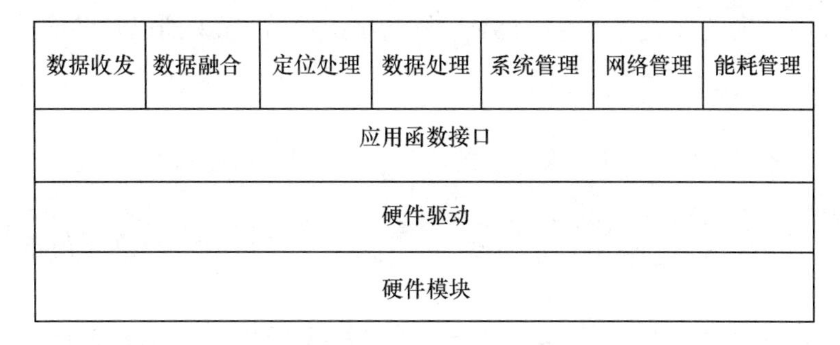

图 9－9　主节点软件平台

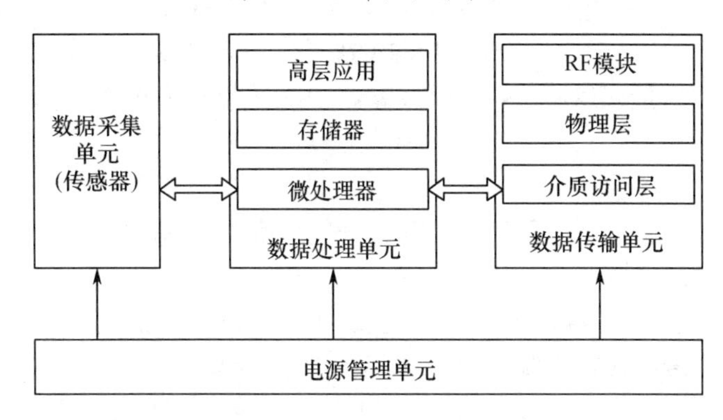

图 9－10　从节点硬件模块

处理器主要用于对从节点探测信息进行数据处理，由于设定的通信传输距离有限，故可采用多跳方式进行信息传输，因此信息收发器用于收发相应从节点的发射信息以及发送自身节点的数据信息。

从节点包括硬件驱动系统、数据处理系统以及数据收发系统等，具体平台如图 9－11 所示。

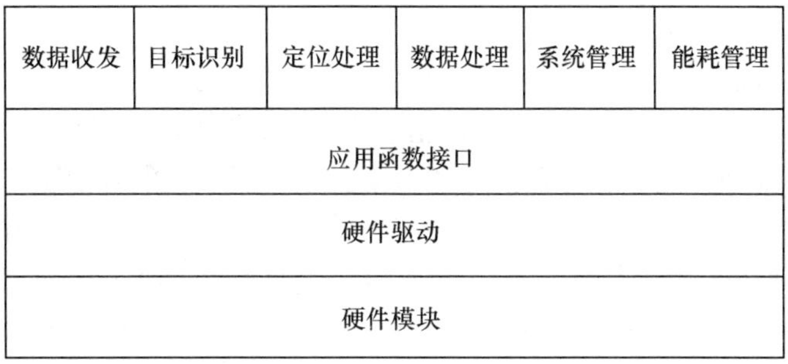

数据收发	目标识别	定位处理	数据处理	系统管理	能耗管理
应用函数接口					
硬件驱动					
硬件模块					

图 9－11　从节点软件平台

系统可以由一个主机、一个或多个中继器构成对等网络系统，每个中继节点可以通过星形网络结构支持多个检测节点。

在主机端，可考虑后期的软件升级，包括引入云计算等功能，提供更丰富的智能数据分析，提供更多的威胁估计与态势评估等功能模块，提供更丰富的人机界面与展示平台。

在中继器及检测器端，可考虑配置更加灵敏的传感器期间；配置更强大的数据处理芯片，提供更强的数据处理能力，包括目标成效、特征提取、目标识别以及多层次的数据融合功能等。

硬件总体可以如下设计。

主机：可移动平板电脑主机，满足三防要求。其配备 GPRS/4G 通信模块，可满足与中继器之间的通信。

中继器：中继器节点主要由通信模块、核心芯片、GPRS/4G 模块、充电电路及充电电池等组成。

检测节点，可连续工作时间 8～10 小时，使用寿命 3 年以上，采用可抛撒以及固定安装方式，主要由通信模块、传感器组合、核心芯片、充电电路及充电电池等组成。

系统组网方式采用基于 IEEE802.15.4 的底层协议以及开源可修改的 ZigBee 协议栈进行组网，中继器之间采用对等网状网络结构、中继器与检测点之间以中继器为中心，构成星形网络体系。

软件总体可以如下设计。

运行在主机端，安装定制开发的系统软件，包括系统数据库，可提供良好的人机界面，提供传感器网络在部署情况展示、目标定位情况，提供传感器网络健康与网络管理情况实时监测，如各个节点电源情况、传感器健康状况等。提供地图引擎支持，可支持引入卫星地图等方式。提供多级报警机制，及时响应系统监测情况发生。

在中继器及检测器端，采用嵌入式软件开发方式，底层采用基于目前常用于无线传感器网络组网的 IEEE802.15.4 的协议，在协议上层采用开源可修改的 ZigBee 协议栈。协议栈根据系统需求定制开发，可满足系统组网及数据传输需求，也可以满足未来系统的升级换代等要求的二次开发。

9.3 物联网大数据服务平台——万物云

万物云是南京云创大数据科技股份有限公司开发的一个免费的物联网设备和应用的数据托管平台。智能设备可使用多种协议轻松安全地向万物云提交所产生的设备数据，在服务平台上进行存储和处理，并通过数据应用编程接口向各种物联网应用提供可靠的跨平台的数据查询和调用服务。通过使用万物云平台所提供的各项服务，用户可以收集、处理和分析互连智能设备生成的数据，在物联网应用中方便地调用这些设备数据，而无需投资、安装和管理任何基础设施，不仅大大降低了项目开发的技术门槛，缩短开发周期，而且研发和营运成本也成倍降低。图 9－12 为基于万物云的物联网数据应用的开发与使用流程。

万物云向用户提供一个简单易用的智能硬件数据接入、存储和处理以及数据应用一站式数据托管服务平台，旨在降低物联网数据应用的技术门槛及运营成本，满足物联网产品原型开发、商业运营和规模发展各阶段的需求，特别是物联网项目初创团队和中小规模运营物联网项目的公司的需求。万物云提供快捷方便的硬件接入方式，支持主流物联网设备通信协议 TCP/IP、HTTP 以及轻量级通信协议 MQTT，支持 JSON 数据格式协议，数据上报使用了间断式连接，大大降低了设备上的代码足迹及数据带宽和流量。

用户使用万物云服务，只需完成注册账户，创建应用，添加硬件和查看及调用数据四

图 9－12 基于万物云的物联网数据应用的开发与使用流程

个步骤,如图 9－13 所示。

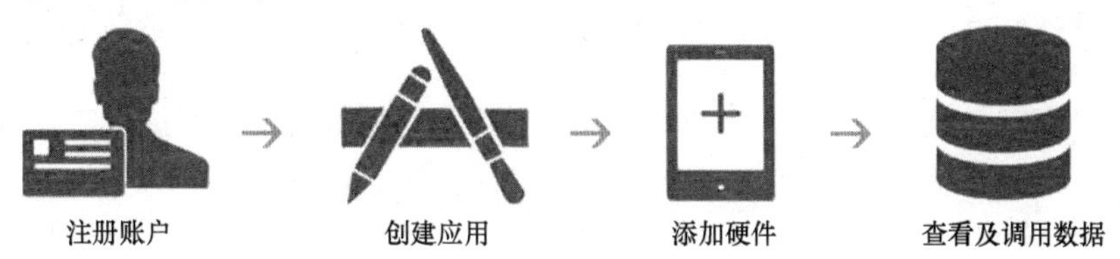

图 9－13 万物云服务获得使用步骤

万物云用户数据的安全性从几个方面给予了充分的考虑:

(1) 数据存储安全。万物云的底层存储架构有完善的数据副本保护机制,当一个副本出现问题时,系统会自我修复保全数据。所以用户无需担心在数据服务平台中发生存储数据丢失的情况。

(2) 设备安全认证。当用户设备在万物云上成功注册时,将收到一条设备安全码作为连接平台的身份标识,设备每次提交数据时万物云会查验并定位设备数据表。万物云不会接受缺乏设备安全码的设备上报数据。

(3) 数据访问安全。其通过访问身份的严格认证来实现。每个用户在开通使用万物云的服务时即获得一个数据访问安全鉴权凭证(AccessKey)。应用访问平台数据服务时,万物云提供用户的 AccessKey 对每个访问请求进行签名验证,通过后才会继续后续操作。

(4) 应用数据隔离。万物云作为一个公有数据服务平台,用户数据严格按照数据分离的原则在云端存放,即用户和用户,应用和应用的数据都有隔离机制,保证每个用户的数据不被他人访问。

(5) 专有云和私有云。除了公有云之外,还有适合数据服务规模和性能以及数据安全要求更高的基于万物云技术的专有云和私有云系列服务。根据用户的数据规模和性能要求为用户定制搭建服务平台,并可提供一系列数据迁移工具,方便用户将托管的数据从万物云迁移到自建私有云。

在万物云应用方面,代表性的案例为目前已在多个城市大规模部署的 PM2.5 云监测平台传感网系统,配合现有的环境监测站点,可准确、及时、全面地反映空气质量现状及发展趋势,为空气质量监测和执法提供技术支撑,为环境管理、污染源控制、环境规划等提供科学依据。万物云大数据服务平台很好地满足这个监控平台上的所有海量异构的传感器数据存储需求,并提供强大的准实时数据处理能力。图 9－14 为 PM2.5 云监测平台传感网系统数据界面示意图。

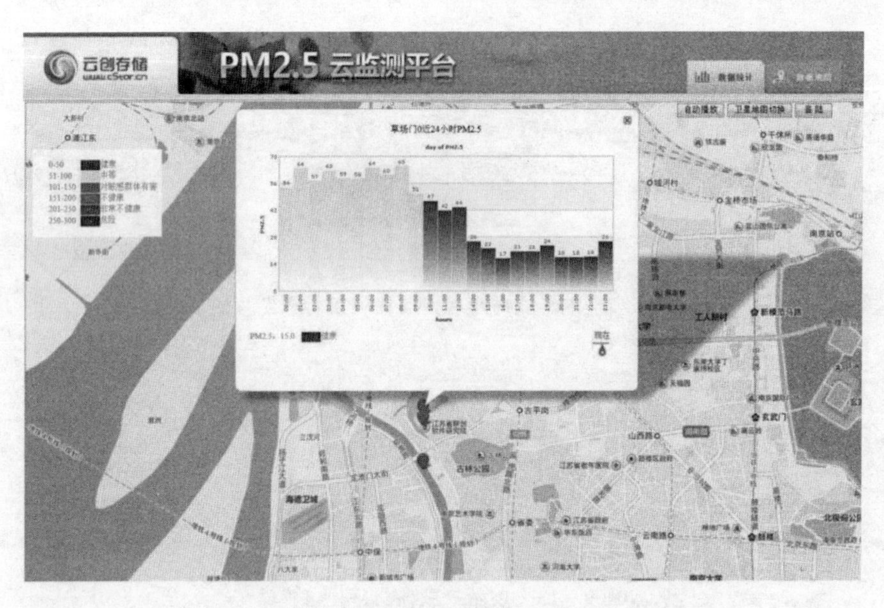

图 9 - 14　PM2.5 云监测平台传感网系统应用界面示意图

9.4　远程家用物联网数字医疗

随着社会老龄化的加剧,解决长期慢性病的监护成为重要的社会问题。一些突发性疾病和家庭保健,如心血管疾病、老人的日常护理、孕妇、胎儿、婴儿、幼儿的保健也需要长期的家庭监护。由于我国医疗资源紧缺,研究基于公用网络的家庭医疗监护,建立小区医疗网络,可以提高医疗服务水平,减轻病人负担。以往的解决方案是采用有线方式或简单的无线数据发射接收方式。被监护者身上安装的传感设备难以自由灵活地移动和接入,系统没有扩展性,成本高。

远程医疗是网络科技与医疗技术相结合的产物,随着我国经济的发展、科技的进步以及进入老龄化社会的需要,发展远程医疗已成为一种必然趋势。远程医疗从使用对象上可分为:面向医院的远程医疗系统和面向家庭的远程医疗系统。面向家庭的远程医疗系统的功能包括远程"看医生"、远程监护、远程医学信息查询/咨询等。

远程医疗是一种美好的医疗模式,但是毫无疑问,它真正普及并且介入人们的日常生活还需时日。最主要的障碍可能就是数据传输问题了。以目前的网络状况,广泛开展远程医疗还不太现实。从另外一个角度看,远程医疗对医疗仪器也提出了新的要求。例如,许多医学检查仪器需要进一步数字化,以便于直接进行网络接入,而要实现远程手术,手术器械的数字化也势在必行。

此外,远程医疗还使医疗仪器面临一种更新的任务——网络化。现在,许多大型医疗仪器往往价格昂贵,并且集中在少数大中城市中,如果有一天,医疗仪器也能充分网络化,偏远地区只需一个类似于终端的设备就能对病人实施检查,利用网络进行数据计算并返回信息,就能降低医疗成本,充分共享仪器功能。当然,远程医疗对医务工作者的素质也提出了更高的要求。

远程家用医疗物联网的总体设计目标是通过该系统帮助家人监护和护理老人、病人、孕妇、残疾人等需要额外护理的群体,平时能够实时检测他们的生理指标,分析被监护对象的身体健康状况,及时发现潜在的危险,并做出反应,如向其家人、社区医疗中心发出警报信号,救助被监护对象。通过该系统的研究设计及应用推广,减轻医护人员及家人的护理负担,并使被监护对象生命安全得到保障,在家进行诊断,减少来回奔波挂号就诊的麻烦,降低就医难度。

远程家用医疗物联网系统主要包括对监护对象的家庭检测和监护、健康管理、急救等方面的功能。其中被监护对象包括老人、孕妇、残疾人和高危发病人群。

1. 家庭检测和监护

医疗传感器节点检测监护对象的各项生理参数,如心电、血压、血氧、脉搏、呼吸、体温等,以无线的形式将收集的数据发送到无线传感器网关,接入有线网络。检测数据通过网络将数据发送至社区医院数据库服务器,由社区医院处理平台进行处理,存储每位监护对象的电子病历。远程中心服务器对数据进行实时处理和分析,识别出疾病的早期信号、异常情况和监护对象健康状况的变化。当出现异常情况时,由社区医院短消息通知被监护人。

2. 健康管理

疾病的发生、发展过程及其危险因素的干预策略是健康管理的科学基础。个体从健康到疾病要经历一个发展过程。一般来说,是从处于低危险状态发展到高危险状态,发生早期病变,出现临床症状,形成疾病。这个过程可以很长,往往需要几年甚至十几年,乃至几十年的时间。期间的变化多数不会被轻易察觉,各阶段之间也无截然的界线。在形成疾病以前进行有针对性的预防干预,可成功地阻断、延缓,甚至逆转疾病的发生和发展进程,从而实现维护健康的目的。

家用医疗物联网中在社区医院建立电子病历。当医疗传感器节点检测数据超过阈值时,社区医院处理平台自动录入数据到数据库,并短信告知被监测人。医生还可定时进行查看,一旦发现发生早期病变,则可对被监测人进行有针对性的预防干预,对疾病"早发现,早治疗"。

3. 急救

当急性疾病,如心脏病、心脑血管疾病等发生时,多数患者不能通过自身进行求救,这时远程家用医疗物联网将会产生极大的作用,危急时刻能挽救患者的性命。当医用传感器检测到被检测人身体状况发生突变时,家庭处理平台将检测数据及报警信息打包发送给社区医院,社区医院接到报警信息后,通过查看检测数据,立即派遣相关专业医生到患者家中进行紧急救助,同时,社区医院将给病人异地家属发送亲人病况信息,通知病人家属,使异地家属也能及时了解到家人身体状况信息。

该系统设计中涉及的软硬件有:各种医疗生命体征传感器节点(可根据不同的用户进行合理选择)、社区医院处理平台、无线传感器网络网关、无线路由器、数据库服务器。该系统主要是基于 Zigbee 无线网络的家庭监护,网络覆盖范围小,在构建网络架构时,可采用星型、网状或簇状拓扑结构,拓扑结构由家庭选用的传感器节点数量决定。在家庭中主要有人体生命体征传感器节点和物联网网关,各传感器节点分布式检测,采集数据,发送给物联网网关,通过物联网网关接入 Internet,数据传送给社区医院。

社区医院处理平台对数据进行分析处理,在社区医院处理平台中设置各项生理指标的阈值。当检测数据在正常阈值指标之内，则清除数据；若检测数据超出正常阈值，即给被监护人发送短消息提示身体欠佳，指明是哪一方面出现问题，并将检测数据添加进其对应的电子病历中，方便以后就诊时查看，帮助诊断；若检测数据超过极限阈值，则启动报警装置，社区医院派遣急救人员，且将被监护对象的数据添加进其对应的电子病历中，发送短消息给异地家属，及时告知被监护人的身体状况。远程家用医疗物联网系统组织架构如图9－15所示。

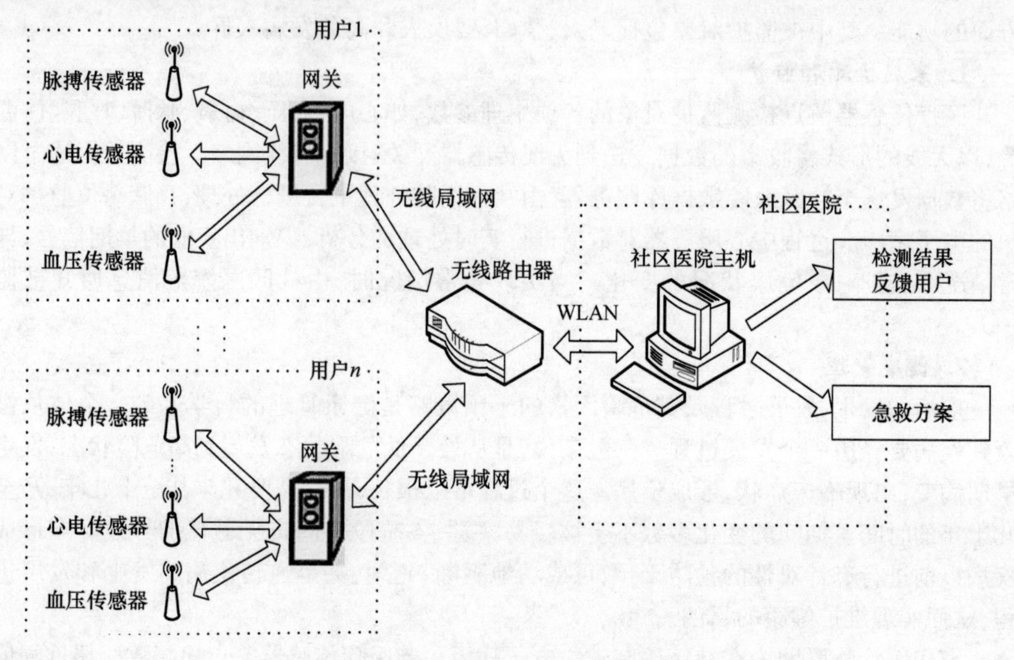

图9－15　家用医疗物联网系统架构

在图9－15中，家用医疗物联网系统由底层各类传感器节点以及物联网网关构成，底层各类传感器网络节点可以携带多种家用医疗中常见的传感器系统，如心电传感器、体温传感器以及血样饱和度传感器等，用于监测人体重要生命体征必须的传感信息。这些节点之间通过自组织方式构成传感器网络，进行信息交互，具有自组性、抗毁性以及独立性，不依赖于任何固定基础网络系统。考虑到底层节点的低功耗特性，提供可以长时间用于监测的电源供应，电池系统应该可以手动更换。

系统中每个家庭安装一个物联网网关，各传感器节点将采集的数据打包向物联网网关传输，网关接收到数据包后进行数据格式转换、数据帧封装等一系列操作并通过无线网卡模块将重新封装好的数据包发送给无线路由器。无线路由器再通过 WLAN 将数据转发给社区医院主机。社区医院主机再根据数据进行相应的处理。

家庭医疗物联网中采用能采集人体重要生命体征的传感器，如心电、无创血压、血样饱和度、血糖浓度、体温、脉搏等，现在市面上已经有了成熟产品，可择优选择。采用传感器进行自动检测，检测数据经物联网网关，无线发送给社区医院的无线路由器，由无线路由器发送给社区医院处理平台，进行实时处理，处理结果有三种情况。一是检测数据处于正常范围，则删除检测数据；二是检测数据超出阈值，社区医院处理平台把检测数据存储到社区医院电子病历数据库；三是检测数据超出极限阈值，社区医院电子病历数据库存储检测数据,产生报警信号,请求社区医院启动急救方案。系统流程图如图9-16所示。

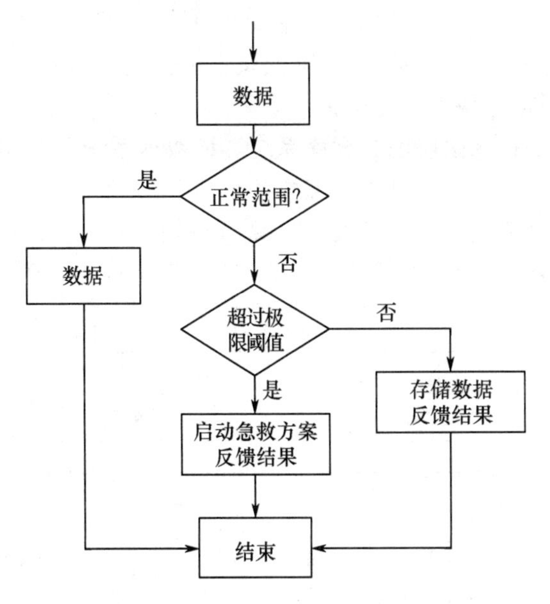

图9-16 社区医院处理平台流程图

家庭检测采用的传感器节点采用电池供电,如采用用4节AA碱性电池供电,用户可自己更换电池。传感器节点由传感器模块、处理器模块、无线通信模块组成。传感器模块负责采集生理数据;处理模块负责处理和暂存采集到的数据;无线通信模块负责将数据发送到物联网网关。该子系统组织架构如图9-17所示。

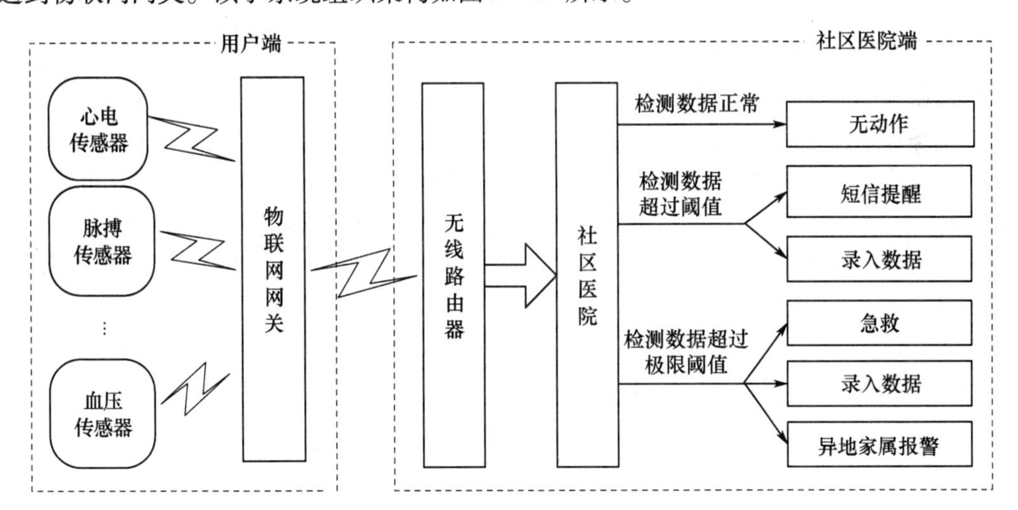

图9-17 家庭检测与监护子架构

健康管理是对个体及群体的健康危险因素进行全面管理的过程,即对健康危险因素的检查监测(发现健康问题)→评价(认识健康问题)→干预(解决健康问题)循环的不断运行。现代医学研究表明,不少疾病病因主要不是生物因素引起的,而是由不良的生活方式、心理因素、环境因素等引起的,这种新的医学观念被称为"生物、心理、社会医学模式"。

健康管理就是运用信息和医疗技术,在健康保健、医疗的科学基础上,建立的一套完善、周密和个性化的服务程序,其目的在于通过维护健康、促进健康等方式帮助健康人群及亚健康人群建立有序健康的生活方式,降低风险状态,远离疾病;而一旦出现临床症状,则通过就医服务的安排,尽快地恢复健康。

该健康管理主体是社区医院的数据库系统。该数据系统可采用 SQL Server 开发,数据库中包含被监护对象的个人信息和生理数据。其中,被监护对象个人信息中涵盖其姓名、年龄、性别、电话、家庭地址及其家人的联系方式等信息。生理数据则是由其家中的传感器节点检测得到的数据,如心电、脉搏、血压等。实现架构如图 9-18 所示。

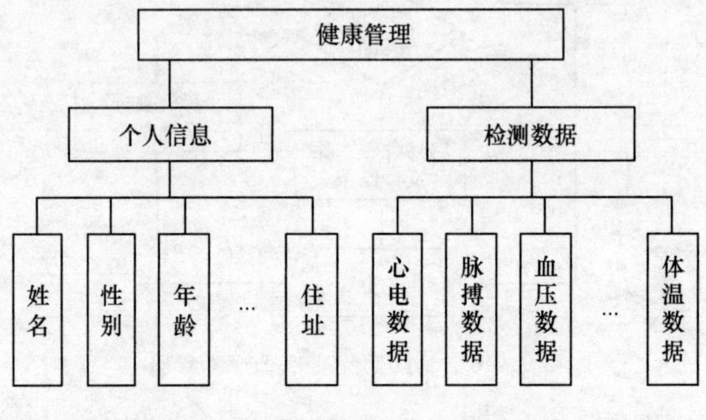

图 9-18 健康管理子系统

9.5 车联网大数据处理平台

车载信息系统(In-Vehicle Information System,IVIS),采用了车载卫星定位、计算机、控制、通信等技术,从而可提供安全可靠、有效便捷功能,是智能交通的重要组成部分。

"OnStar"系统由通用公司在 1996 年首次推出,该系统为驾驶人员提供车载导航、免提通话、紧急求救等功能。随着系统的不断完善,利用多种新技术开发了更先进的功能,如远程诊断、安全防盗等。"G-BOOK"系统是丰田公司 2009 年开发的车载智能交通系统,其功能丰富多样,使用方便,兼容性良好,有各种不同平台下的系统,能够轻松在汽车、手机、电脑之间实现互联。"MayDay"是车载信息系统中比较有代表性的系统,它将定位导航系统与无线通信技术相结合,它使用手机传输数据信息,而接收用车载全球定位系统,通过这种方式,将单台车载设备和服务中心连接起来。Ford 公司推出的 Vehicle Communication 系统在车顶上安置三个按钮,其中就有激活连接服务中心的按钮,用户点击该按钮后,用户可向服务中心发送语音信息。

如果车载信息系统不具备信息交互功能,即单机系统,那么车载信息系统提供驾驶指导所依赖的数据只来自于该车所采集的数据。由于数据的局限性,很多个性化的功能将无法在车载信息系统上查看,例如查看某一路段当前时刻的拥堵量、某一位置的空气质量(汽车上传感器检测)、好友汽车所处的位置、某一车型的在该地区的平均行驶速度等。不难看出,要实现这些功能需要两点:一是车载信息的采集和交互;二是车载信息的分析处理。此外,从全局来看,车载信息系统是信息的采集节点;而从个人用户来看,它是一个可以与外界进行通信并使用相关驾驶服务的系统。

IVIS 采集数据后,就需要一个数据处理平台来处理这些车载数据。因此构建面向车载信息的大数据处理平台的作用就是用于对 IVIS 传递的数据进行统计分析,并挖掘其中的潜在价值。从而利用这些数据,挖掘出多样化的应用,甚至是个性化的应用。这样的大数据处理平台是针对车载数据的,车载数据因其传感器类型多样,导致其数据类型也多样。除了文本数据还包括图片、音频、视频等数据。按照对实时性的不同需求,可分为实时数据和非实时数据;按照数据类型,可分为流式数据和非流式数据。

构建面向车载信息的大数据处理平台首先需要考虑 IVIS 的数据传输方式,对于非实时数据可以延迟到 IVIS 接入 WiFi 后再进行数据上传,而对于实时数据直接使用 4G 网络进行实时上传。大数据处理平台接收到数据后需要及时对其进行处理,根据数据类别分为实时数据处理框架、批处理计算框架、非流式/流式数据处理框架。数据处理过后接下来的任务就是考虑如何存储处理结果,将数据存储在数据库中而不是文本中是更为合理的选择。数据库分为传统的关系型数据库和新型非关系型数据库,根据数据的特性以及大数据处理框架的特点做出合理的数据存储模式的选取。

为了在该大数据处理平台上开发包含各种功能的应用,需要提供对外的应用程序访问接口,该接口应既考虑对已存在数据库中的数据进行访问,也应该考虑实时调用相应的数据采集节点去采集数据。

面向车载信息的大数据处理平台的最终目的就是在该平台上开发各种功能的应用,从而为驾驶人员提供出行便利,为交通管理者提供缓解交通拥堵的有利指导。车载大数据具有很大的潜在价值,只要使用合理的方法进行挖掘,就能为交通出行,当然还包括其他方面带来极大的指引。一些常见的应用包括流量分析、实时拥堵预测以及交通诱导等。

在构建面向车载信息的大数据处理平台之前,有必要对车载数据做进一步分析。数据上传策略的不同、数据类型的不同都会直接影响大数据处理技术的选取。

车载数据通过 IVIS 进行采集,然后传输到车载信息大数据处理平台进行处理。车载信息系统与车载信息大数据处理平台的关系是客户端与服务器之间的关系,IVIS 是客户端,车载信息大数据处理平台是服务端。IVIS 兼具两大特性,它既是车载信息大数据处理平台数据的提供者,又同时能接受车载信息大数据处理平台提供的各种服务。车载数据是指汽车传感器采集到的数据,并不包括用户请求服务发送的数据。综合考虑这些方面,将车载数据的上传策略设计为由客户端和服务器端来共同决定。

IVIS(客户端)与车载信息大数据处理平台(服务端)通过 4G 网络或 Wi – Fi 网络进行数据传输。4G 网络在城市道路中覆盖面较广,且在车辆行驶过程中通信也较为稳定。Wi – Fi 网络通信距离较短,且不能在车辆行驶过程中进行通信。因此,4G 网络适用于实时上传,Wi – Fi 则适用于车辆停在 Wi – Fi 覆盖的区域进行数据传输。现将车载数据传输策略根据车载信息大数据处理平台的需要,分为实时上传和延时上传。

(1) 实时上传。IVIS 采集的传感器数据是否实时地上传,由建立在车载信息大数据处理平台之上应用程序的功能来决定。例如,某个应用需要统计当前时刻某一路段上车辆的行车速度,那么自然它需要将数据的来源选取在该路段上,并请求这一路段上的所有 IVIS 将采集的车速实时传输到处理平台。这一应用场景就需要数据通过 4G 网络进行实时上传。

(2) 延时上传。IVIS 另一种上传策略就是延时上传,IVIS 先将采集的数据存储在本机中,这些并不实时进行上传,待接入 Wi - Fi 后,再进行数据上传。例如这样的应用,统计上一周某一路段的车流量,那么就不涉及当前时刻的实时数据,只需通过查询已存储在数据库中的相关数据就能得出结果。而存储在数据库中的这些数据就可通过延时上传的方式,这样一来大大节约了用户花费在数据通信上的资费。

车载数据的一个特点就是异构源多、数据量大,例如汽车上各种传感器、行车记录仪等每天产生海量数据。根据不同的需求将车载数据分为实时处理数据和非实时处理数据两种数据类型。对于非实时数据,通常用于历史统计和分析;而对于实时数据,具有流式数据的特点,通常用于当前时刻的数据分析和对未来的预测。

车载数据来源于汽车上的各类传感器,由车载信息系统进行收集,然后根据数据的实时性/非实时性特性来选择实时上传还是延时上传,数据传输给车载信息大数据处理平台后,对接收到的数据进行处理,将非结构化的数据根据需要处理为结构化的数据存储在数据库中,上述的过程包括了数据的采集、数据的传输、数据的处理和数据的存储。接下来就是在存储后的结构化数据(或称为"整理后的数据")基础上,统计分析并挖掘出我们真正感兴趣且有价值的信息。设计统一的应用程序访问接口(Application Programming Interface,API)是构建平台或框架使用的常用思想,它也是其中重要的组成部分。通过调用API,既增强了整个大数据处理平台的灵活性,也为上层应用的开发带来了极大的便捷。最后也是与用户最直接相关的就是各种应用,这些应用是整个大数据处理平台的外层结构,直接为用户提供各种有价值的服务。

为此,根据车载数据的特点,综合考虑实际应用的需求,可以设计构建一个面向车载信息的大数据处理平台,如图 9 - 19 所示。该平台使用现有的传感器技术、通信技术、大数据处理技术,采用分层设计的思想,一共划分为数据源、数据传输层、数据处理层、数据存储层、统一访问接口层和应用层六层结构。

(1) 数据源。数据源主要分为两种:一种是车载信息系统收集的由安装在汽车上的不同传感器产生的车载数据;另一种是来源于其他交通设备收集的数据。如图 9 - 20 所示为车载数据的构成。这两种数据源也正是车载信息大数据处理平台需要处理的原始车载数据,这其中有结构化的数据也有非结构化的数据,数据量巨大,且每时每刻都在不断的产生,数据中蕴含的潜在价值容易丢失。

车载数据除了大部分由汽车传感器产生之外,还有一部分数据是用户数据,包含用户的个人信息。车载数据有文本格式的,也有摄像头采集的图片和视频数据,不难看出,数据异构源复杂。另一种数据来源于公共交通管理系统上的设备,主要包括交通路口上的监控、道路上测量行车速度装置等。

根据这些数据的不同需求,划分为实时数据和非实时数据,由于实时数据是源源不断进行数据传输,于是又将其称为流式数据,与之对应非实时数据称为非流式数据。针对不同类型的数据,车载信息系统采用不同的数据传输策略。

(2) 数据传输层。数据传输层是 IVIS 与车载信息大数据处理平台之间信息交互的通信层。数据源产生的有实时数据和非实时数据,非实时处理数据是车载信息数据处理平台当前时刻不需要立即处理的数据,故不需要实时上传到车载信息大数据处理平台,但这些数据不是没有价值的,因而仍需要得到处理。对于非实时处理数据上传策略如下,

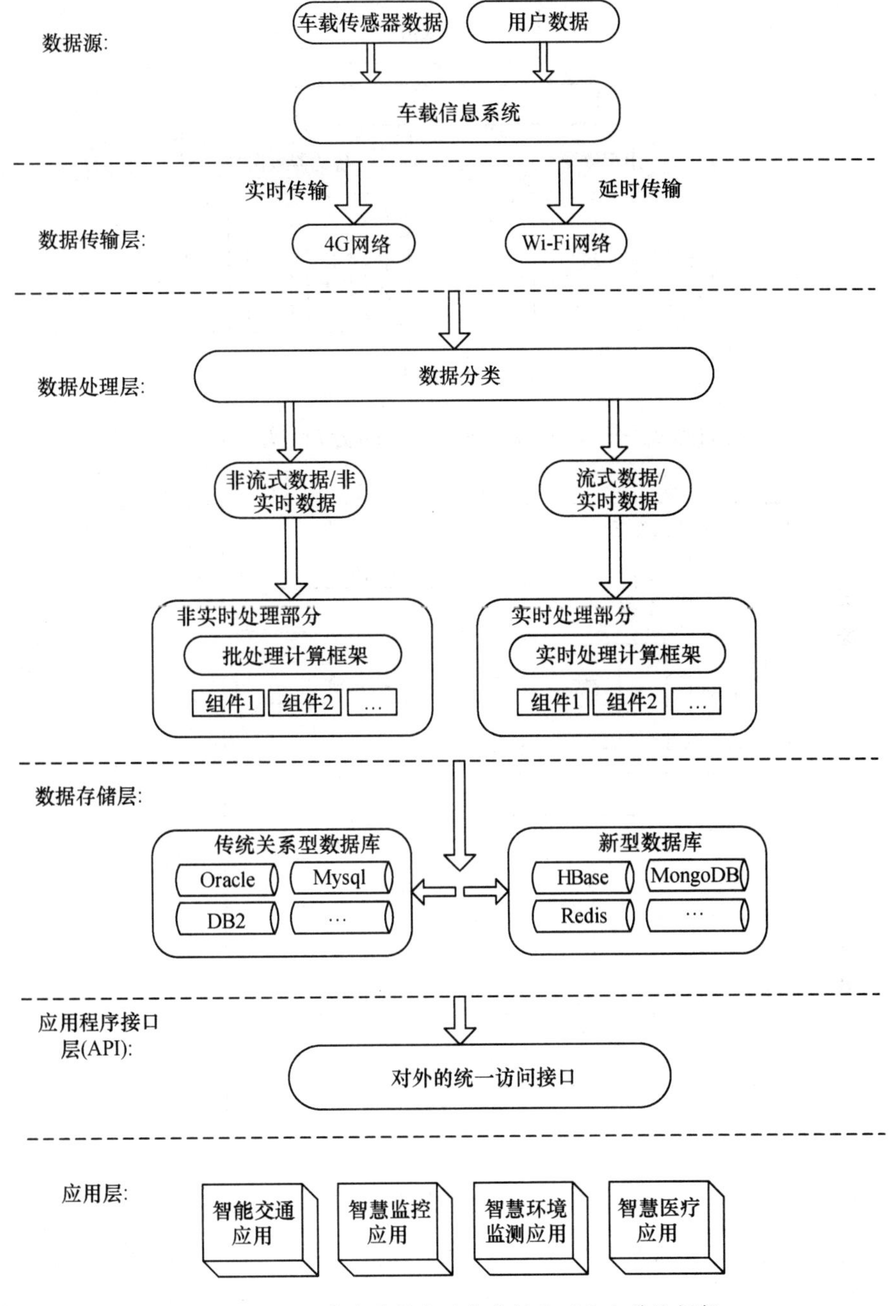

图 9－19　面向车载信息的大数据处理平台总体框架

IVIS 将采集的各类传感器数据、位置信息、图片数据等先保存在本机系统中，当 IVIS 接入 Wi－Fi 后，再将数据批量上传至大数据处理平台。非实时数据一般用来历史分析、历史查询或者数据仓库操作，如果数据存储使用的是 HDFS，则可以通过 Sqoop 这样的工具进行数据传输。

另一种数据是实时数据，车载信息大数据处理平台选择相关区域内的 IVIS，给予其采集数据并实时传输的指令。对于实时数据，IVIS 将在车辆行驶过程中通过 4G 网络实

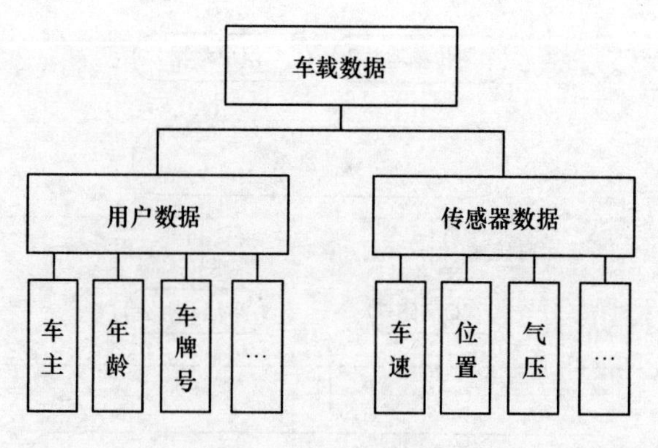

图 9-20　车载数据

时进行数据传输。实时数据一般用作实时监控、实时分析、实时查询等。图 9-21 所示为数据传输示意图。

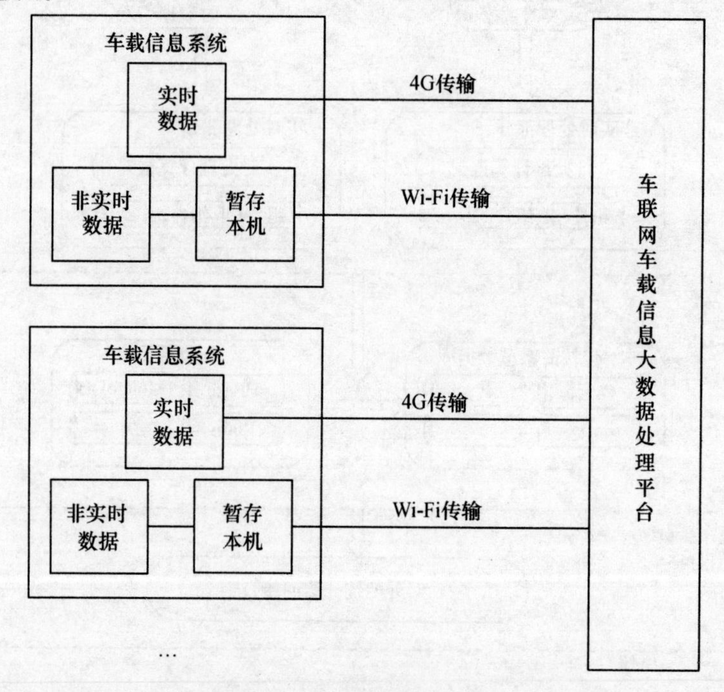

图 9-21　数据传输示意图

（3）数据处理层。数据处理层是车载信息大数据处理平台的核心层，它将对 IVIS 传输过来的车载数据进行有效处理。大数据处理层主要对两类数据进行处理，分别是实时处理数据和非实时处理数据。为了能够同时处理实时车载数据和非实时车载数据，将数据处理的计算框架分为实时处理计算框架和非实时处理计算框架，二者协同工作，共同完成对数据的处理。图 9-22 为数据处理层示意图。

当某些应用需要采集当前特定的车载数据集时，车载信息系统将采集的数据通过数据流的形式实时传输，实时数据计算框架就是用于处理这部分数据的。这部分数据的处理方式，往往是将数据保存在内存中，实时进行计算分析，而不是将其进行持久化操作存入数据库中，这部分数据的量总体上来讲不会太大，能够及时有效地使用相应的大数据技

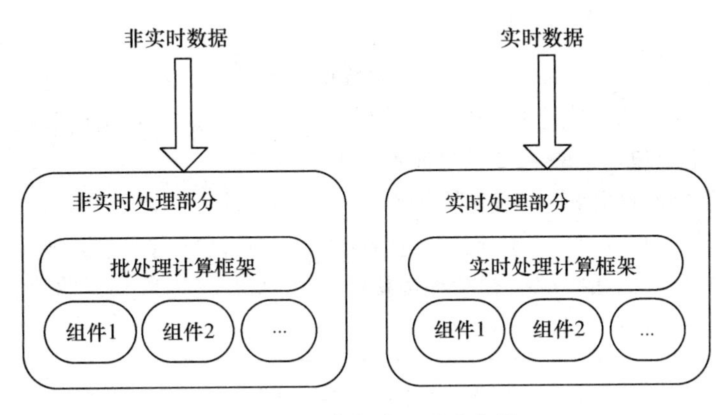

图 9-22　数据处理层示意图

术进行处理。Storm 大数据处理技术就可用作实时数据处理的计算框架,它的核心概念是流,专用于处理流式数据。此外,Spark 也可作为流式数据的计算框架。

对于延时上传的数据,即非实时数据,这部分数据是大批量上传的,处理这部分数据的非实时处理计算框架适合选择 Hadoop 技术。Hadoop 是批处理的数据处理技术,对 HDFS 上文件能够高效的进行处理,且容错机制良好。

(4) 数据存储层。如果数据源是非结构化或半结构化的数据,使用这样的数据存在诸多不便,且一般不能直接进行统计和分析。为此,数据处理层将不同数据按需求做相应处理后,将其转化为结构化数据,最终持久化存储在数据库中,以便接下来对这些数据的分析和挖掘。

数据存储层的意义重大,它将这些数据分门别类地进行存储,对各种传感器采集的数据再次进行整理存储。当搭建于该平台之上的其他应用需要使用车载数据进行历史分析或统计分析时,不再需要从数据源那里获得数据,只需直接与数据库进行交互,这也是数据库的作用和功能。

数据存储层将数据处理层输出的结果进行持久化操作,该层可采用关系型数据库和新型数据库并存的方式存储数据,混合的数据库能充分发挥各自的优势,以更好地存储不同类型的数据。传统的数据库是关系型的,关系数据库可采用 Oracle、Mysql、DB2 等,新型数据库通常具有"NoSQL"(Not Only SQL)的特点,可以采用 HBase、MongoDB。

(5) 统一访问接口层。统一访问接口层为上层应用的开发提供应用程序编程接口,预先定义访问相关车载数据的函数接口,开发人员在不需要知道底层数据的存储方式的情况下,通过调用这些接口实现高层应用程序的高效快捷开发。API 屏蔽了内部工作机制的细节,不需要了解函数具体实现的源码,只需知道它的功能,这给开发人员带来了极大的方便。

统一访问接口层提供的 API 主要作用是,应用程序调用这些接口实现对相关车载数据的访问。在这些接口函数的内部,有着大致相同的实现流程。对于非实时数据的访问接口,先从数据库中查询相关的车载数据,再按照函数的具体需求进行统计、计算,最后返回结果。对于实时数据的访问接口,先按其功能确定需要采集哪些 IVIS 上的车载数据,然后向这些 IVIS 发送实时传输数据的指令,接收数据后,进行统计、计算,最后返回结果。从上面的流程可以看出,统一访问接口层,正是起到连接上层应用程序与处理后的结构化数据之间的桥梁。

（6）应用层。应用层是整个车载信息大数据处理平台的最上层。这一层是有各种多样化功能的应用程序的集中表现，开发人员利用统一访问接口，开发出满足用户需求的应用程序，这里的用户包括驾驶人员和交通管理者。

常见的应用有流量分析、实时拥堵预测、智慧环境检测、交通诱导等。流量分析，统计路口的车流量，分析车流量的时间规律。实时拥堵预测，根据当前车流量状况实时预测未来某段时间内的交通拥堵状况。智慧环境检测，分析车载气体传感器的数据，分析空气污染情况。图 9－23 为应用层常见应用示意图。

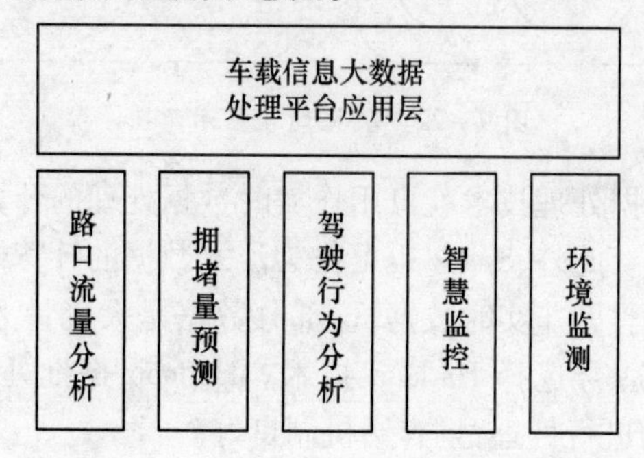

图 9－23　应用层常见应用

不难看出，应用层开发的程序功能丰富，它可以深入挖掘车载数据的潜在关联和价值，为人们的交通出行提供极大的便利，为交通管理人员对道路规划、交通诱导提供积极指导，并对智能交通产生深远影响。

参 考 文 献

[1] 刘云浩. 物联网导论[M]. 北京:科学出版社,2010.
[2] 孙利民,李建中,陈渝,等. 无线传感器网络[M]. 北京:清华大学出版社,2005.
[3] 刘鹏. 云计算[M]. 3版. 北京:电子工业出版社,2015.
[4] 文成林,徐晓滨. 多源不确定性信息融合理论及应用[M]. 北京:科学出版社,2012.
[5] 王小强,欧阳俊,黄宁淋. ZigBee无线传感器网络设计与实现[M]. 北京:化学工业出版社,2012.
[6] 赵勇,林辉,沈寓实. 大数据革命—理论、模式与技术创新[M]. 北京:电子工业出版社,2014.
[7] 王坚. 在线[M]. 北京:中信出版集团,2016.
[8] 范明,孟小峰. 数据挖掘概念与技术[M]. 北京:机械工业出版社,2012.
[9] 王汝传,孙力娟. 无线多媒体传感器网络技术[M]. 北京:人民邮电出版社,2011.
[10] 刘锋. 互联网进化论[M]. 北京:清华大学出版社,2012.
[11] 张俊林. 大数据日知录:架构与算法[M]. 北京:电子工业出版社,2014.
[12] 周志华. 机器学习[M]. 北京:清华大学出版社,2016.
[13] 蒋盛益. 商务数据挖掘与应用案例分析[M]. 北京:电子工业出版社,2014.
[14] 王斌. 大数据互联网大规模数据挖掘与分布式处理[M]. 北京:人民邮电出版社,2012.
[15] 杜军朝. Zigbee技术原理与实践[M]. 北京:机械工业出版社,2015.
[16] 葛广英,葛箐,赵云龙. Zigbee原理实践及综合应用[M]. 北京:清华大学出版社,2015.
[17] 刘乃琦,郭建东,张可. 系统与数据恢复技术[M]. 成都:电子科技大学出版社,2008.
[18] 黄玉兰. 物联网射频识别(RFID)核心技术详解[M]. 北京:人民邮电出版社,2010.
[19] 宁焕生. RFID与物联网[M]. 北京:电子工业出版社,2010.
[20] 高建良,贺建彪. 物联网RFID原理与技术[M]. 北京:电子工业出版社,2013.
[21] 黄友森. 射频识别(RFID)技术与应用[M]. 北京:电子工业出版社,2011.
[22] 余农,吴常泳,汤心溢,等. 红外成像自动目标识别技术研究[J]. 现代防御技术,2013,31(6):53-59.
[23] 李弼程,彭天强,彭波. 智能图像处理技术[M]. 北京:电子工业出版社,2004.
[24] 王强,张小溪,韩一红. 基于神经网络的图像识别[J]. 电子设计工程,2012(9):187-189.
[25] 张杰. 面向车载信息的大规模数据处理平台技术研究[D]. 成都:电子科技大学,2016.
[26] 宋建中. 图像处理智能化的发展趋势[J]. 中国光学,2011(5):431-440.
[27] 沈嘉妮. 图像处理智能化的发展趋势[J]. 电子制作,2014(15):208-209.
[28] 赵庶旭,马宏锋,王婷,等. 物联网技术[M]. 成都:西南交通大学出版社,2012.
[29] 宋吉鹏. 无线多媒体传感器网络数据融合路由及仿真平台研究[D]. 成都:电子科技大学,2009.
[30] 胡伟明. 云存储系统的设计与实现[D]. 北京:北京地质大学,2013.
[31] 白晓勇. 多媒体传感器网络目标检测与跟踪算法研究与实现[D]. 成都:电子科技大学,2009.
[32] 全丽. 机载多传感器数据融合目标跟踪技术研究与实现[D]. 成都:电子科技大学,2012.
[33] 钟大伟. 基于物联网海量数据处理的数据库技术分析[J]. 通讯世界,2015(16):59-60.
[34] 赵健,肖云,王瑞. 物联网概论[M]. 北京:清华大学出版社,2013.
[35] 王泽阳. 机载多传感器多目标航迹关联与融合技术研究[D]. 成都:电子科技大学,2013.
[36] 张燕. 基于物联网海量数据处理的数据库技术分析与研究[J]. 计算机光盘软件与应用,2014(19):97-99.
[37] 韩家炜,Micheline Kamber. 数据挖掘:概念与技术[M]. 北京:机械工业出版社,2007.
[38] 赵少锋. 云存储系统关键技术研究[D]. 河南:郑州大学,2013.
[39] 陈华. 机载多传感器数据融合态势评估关键技术研究[D]. 成都:电子科技大学,2012.

[40] Tom White. Hadoop 权威指南[M]. 北京:清华大学出版社,2015.
[41] 文艾,王磊. 高可用性的 HDFS:Hadoop 分布式文件系统深度实践[M]. 北京:清华大学出版社,2012.
[42] 陆嘉恒. Hadoop 实战[M]. 北京:机械工业出版社,2012.
[43] Hadoop PMC. Hadoop[EB/OL]. (2014) http:// hadoop. apache. org.
[44] 王家林,徐香玉. Spark 大数据实例开发教程[M]. 北京:机械工业出版社,2015.
[45] 潘泉,程咏梅,梁彦. 多源信息融合理论及应用[M]. 北京: 清华大学出版社,2013.
[46] 李弼程,黄洁,高世海. 信息融合技术及其应用[M]. 北京: 国防工业出版社,2010.
[47] 彭冬亮,文成林,薛安克. 多传感器多源信息融合理论及应用[M]. 北京: 科学出版社,2010.
[48] 何友,王国宏,彭应宁. 多传感器信息融合及应用[M]. 北京: 电子工业出版社,2007.
[49] 严怀成,黄心汉,王敏. 多传感器数据融合技术及其应用[J]. 传感器与微系统,2005,24(10)1 - 4.
[50] 李娟,李甦,李斯娜,等. 多传感器数据融合技术综述[J]. 云南大学学报(自然科学版), 2008,30 (S2):241 - 246.
[51] 藏大进,严宏凤,王跃才. 多传感器信息融合技术综述[J]. 工矿自动化,2005(6): 30 - 32.
[52] 杨万海. 多传感器数据融合及其应用[M]. 西安: 西安电子科技大学出版社, 2004.
[53] 汤晓君. 刘军华. 多传感器技术的现状和展望[J]. 仪器仪表学报,2005, 26(12): 1309 - 1312.
[54] 王欣. 多传感器数据融合问题的研究[D]. 长春:吉林大学,2006.
[55] 黄漫国, 樊尚春, 郑德智, 等. 多传感器数据融合技术研究进展[J]. 传感器与微系统,2010,29(3):5 - 12.
[56] Maniar K B, Khatri C B. Data Science: Bigtable, Mapreduce and Google File System[J]. International Journal of Computer Trends and Technology (IJCTT),2014,16(03): 115 - 118.
[57] Li, Bo, et al. Modeling and Verifying Google File System[C]. Shanghai:IEEE 16th International Symposium on High Assurance Systems Engineering (HASE), IEEE,2015.
[58] Shanahan J G, Laing Dai. Large scale distributed data science using apache spark[C]. Sydney, NSW, Australia: Proceedings of the 21th ACM SIGKDD International Conference on Knowledge Discovery and Data Mining, ACM, 2015.
[59] Karau, Holden, et al. Learning Spark: Lightning - Fast Big Data Analysis[M]. [S. L.]: O'Reilly Media, Inc., 2015.
[60] Harri J, Filali F, Bonnet C. Mobility models for vehicular ad hoc networks: a survey and taxonomy. IEEE Commun SurvTuto[J]. IEEE Communications Surveys & Tutorials, 2009, 11(4):19 - 41.
[61] Kaisler S, Armour F, Espinosa J A, et al. Big data: Issues and challenges moving forward[C]. Waite, Maui, HIUSA: System Sciences (HICSS), 46th Hawaii International Conference on. IEEE, 2013: 995 - 1004.
[62] Dittrich J, Quian, Ruiz J A. Efficient big data processing in Hadoop Map Reduce[J]. Proceedings of the VLDB Endowment, 2012, 5(12):2014 - 2015.
[63] Dean J, Ghemawat S. MapReduce: simplified data processing on large clusters[J]. Communications of the ACM, 2008, 51(1): 107 - 113.
[64] Dean J, Ghemawat S. MapReduce: a flexible data processing tool[J]. Communications of the ACM,2010,53(1):72 - 77.
[65] Lämmel, Ralf. Google's MapReduce programming model—Revisited[J]. Science of computer programming,2008,70 (1): 1 - 30.
[66] Borthakur, Dhruba. HDFS architecture guide. Hadoop Apache Project[EB/OL]. (2008 - 1 - 30). http://hadoop. apache. org/common/docs/current/hdfs design. pdf,2008.
[67] De Francisci Morales, Gianmarco. SAMOA: A platform for mining big data streams[C]. lyon, France: Proceedings of the 22nd international conference on World Wide Web companion. International World Wide Web Conferences Steering Committee, 2013.
[68] Allen S T, Jankowski M, Pathirana P. Storm Applied: Strategies for real - time event processing[M]. Illinois, United States: Manning Publications Co., 2015.
[69] Wei F, Bifet A. Mining big data: current status, and forecast to the future[J]. ACM SIGKDD Explorations Newsletter, 2013,14(2): 1 - 5.
[70] Agneeswaran, Vijay Srinivas. Big Data Analytics Beyond Hadoop: Real - Time Applications with Storm, Spark, and

More Hadoop Alternatives[M]. [S. L.] :FT Press, 2014.

[71] Capuccini, Marco, et al. Conformal Prediction in Spark: Large – Scale Machine Learning with Confidence[C]. Limassol, Cypras: IEEE/ACM 2nd International Symposium on Big Data Computing (BDC). IEEE, 2015.